Agile Unternehmen

W0075349

Dr. Jürgen Hoffmann hat seit 2003 Erfahrung mit agilen Methoden und Scrum. Nach der ersten großen Scrum-Einführung in Deutschland bei der WEB.DE AG hat er in den Rollen als Coach, Trainer, Product Owner, Scrum Master und Teammitglied in unterschiedlichen Branchen und Firmengrößen gearbeitet. Diese Erfahrung aus Branchen wie Automotive, Energie, Finanzen, IT & Internet mit Soft- und Hardwareentwicklung fließen in jeden Beratungsprozess ein. Heute arbeitet er als Geschäftsführer und Managementberater bei der Emendare GmbH & Co KG, die er 2013 mitgründete. Als Certified Scrum Trainer (CST) und Certified Enterprise Coach (CEC) ist er Teil einer starken Gemeinschaft von über 280 Scrum-Trainern und Coaches der weltweiten Scrum Alliance®, die in ständigem Austausch miteinander ihre Trainings und Beratungsideen kontinuierlich verbessern und um aktuelle Fragestellungen ergänzen.

Dipl.-Inform. Stefan Roock ist Gründungsmitglied der it-agile GmbH. Ihm ist es in seiner Beratungstätigkeit wichtig, dass sich wirklich etwas ändert – hin zu erfolgreichen Unternehmen mit zufriedenen Mitarbeitern, die sich immer neuen Herausforderungen stellen. Stefan hat seit 1999 die Verbreitung agiler Ansätze in Deutschland maßgeblich mit beeinflusst. Zunächst hat er als Entwickler, später als Scrum Master und Product Owner in Scrum-Teams gearbeitet. Heute gibt er seine Erfahrung als Berater und Trainer weiter und hilft Unternehmen dabei, agiler zu werden. Neben seiner Beratungstätigkeit für it-agile ist er regelmäßiger Sprecher zu agilen Themen auf Konferenzen, schreibt Zeitschriftenartikel und hat mehrere Bücher veröffentlicht.

Papier plus⁺ PDF.

Zu diesem Buch – sowie zu vielen weiteren dpunkt.büchern – können Sie auch das entsprechende E-Book im PDF-Format herunterladen. Werden Sie dazu einfach Mitglied bei dpunkt.plus⁺:

www.dpunkt.plus

Jürgen Hoffmann · Stefan Roock

Agile Unternehmen

Veränderungsprozesse gestalten,
agile Prinzipien verankern, Selbstorganisation
und neue Führungsstile etablieren

Jürgen Hoffmann
juergen.hoffmann@emendare.de

Stefan Roock
stefan.roock@it-agile.de

Lektorat: Christa Preisendanz
Copy-Editing: Ursula Zimpfer, Herrenberg
Satz: Birgit Bäuerlein
Herstellung: Susanne Bröckelmann
Umschlaggestaltung: Helmut Kraus, www.exclam.de
Druck und Bindung: M.P. Media-Print Informationstechnologie GmbH, 33100 Paderborn

Bibliografische Information der Deutschen Nationalbibliothek
Die Deutsche Nationalbibliothek verzeichnet diese Publikation in der Deutschen Nationalbibliografie;
detaillierte bibliografische Daten sind im Internet über http://dnb.d-nb.de abrufbar.

ISBN:
Print   978-3-86490-399-1
PDF   978-3-96088-437-8
ePub   978-3-96088-438-5
mobi   978-3-96088-439-2

1. Auflage 2018
Copyright © 2018 dpunkt.verlag GmbH
Wieblinger Weg 17
69123 Heidelberg

5 4 3 2 1

Inhaltsübersicht

Inhaltsverzeichnis

1 Einleitung

Märkte verändern sich immer schneller. Dadurch stehen viele Unternehmen heute vor der Herausforderung, schneller und flexibler auf diese Änderungen zu reagieren. Menschen mit Verantwortung in Unternehmen stellen die große Frage: »Wie werden wir agiler?«

Vor einigen Jahren hat Ken Schwaber bei einem Vortrag in Karlsruhe eine Idee dazu präsentiert. Das CIF (Continuous Improvement Framework) schlägt einen Satz von Unternehmensmetriken vor. In regelmäßigen Abständen prüfen Mitarbeiter aller Unternehmensebenen den Fortschritt anhand dieser Metriken und beschließen Verbesserungsmaßnahmen. Beispiele für diese Metriken waren »Die Anzahl der Kunden« oder »Die Zeitdauer zwischen zwei Versionen eines Produktes«. Bei diesem Vorschlag wird das Unternehmen als Blackbox angesehen. Ken Schwaber machte dabei keine Vorschläge zur inneren Gestalt des Unternehmens. Dieses Buch dagegen ist voll von solchen Schritten. Der Leser kann, wie mit einer Lupe, einzelne Organisationsbereiche und Situationen fokussieren und bekommt dazu Ideen und Handlungsanweisungen für den individuellen Weg zu mehr Agilität.

Zu diesem Prozess fügen wir als Katalysator unsere Erfahrung aus diversen Unternehmen der verschiedensten Branchen hinzu. Wir, Stefan Roock und »Mentos« Jürgen Hoffmann, sind als ihre Trainer, Berater und Coaches dicht am Puls der Firmen. Unserer Beobachtung nach gibt es auch nicht **das** agile Unternehmen. Jedes hat andere Mitarbeiter, Herausforderungen und eine andere Geschichte. Der Versuch, von einem auf den anderen Tag einfach alle Ideen und Werkzeuge aus der Agile Community mit einem Schlag einzuführen, würde die Menschen, die Produkte und damit das ganze Unternehmen überfordern.

Eines der Prinzipien beim Einsatz von Agilität ist das ständige Experiment: »Try, inspect and adapt« – »Ausprobieren, Erfolgskontrolle und Anpassung«. Das ist der Weg, auf dem die hier vorgeschlagenen Ideen auch Ihr Unternehmen beleben und erfolgreicher machen können.

1.1   Echte Agilität

Unserer Meinung nach stellt ein einfacher Zyklus den Kern agiler Entwicklung dar (siehe Abb. 1–1): Kunden haben Probleme, die ein selbstorganisiertes autonomes Team löst. Dieser Zyklus muss möglichst schnell und in direkter Interaktion stattfinden.

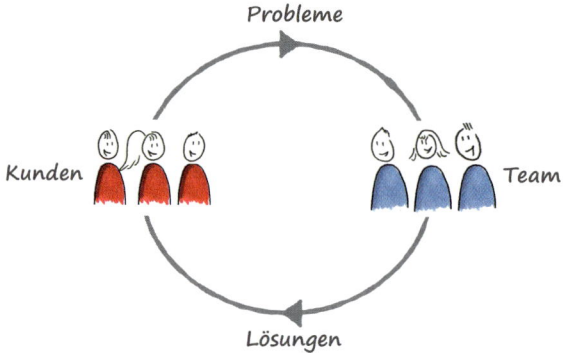

Abb. 1–1   *Kernidee agiler Entwicklung*

Ein agiles Entwicklungsframework wie Scrum soll die agile Kernidee unterstützen (siehe Abb. 1–2). Wichtig ist, dass dabei stets die agile Kernidee im Vordergrund bleibt und nicht vom Scrum-Framework in den Hintergrund verdrängt wird.

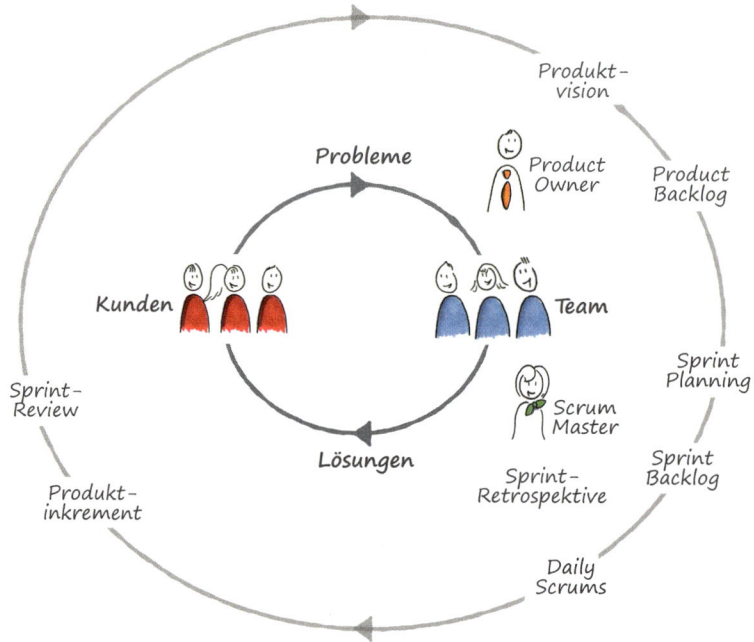

Abb. 1–2   *Scrum zur Unterstützung der agilen Kernidee*

Das klingt alles trivialer, als es ist. Faktisch haben die meisten Unternehmen sich Strukturen gegeben, die den beschriebenen Zyklus massiv stören (siehe Abb. 1–3). Die Beispiele für diese Störungen sind vielfältig:

- Das Team hat keinen direkten Kontakt zu den Kunden.
- Die Teammitglieder werden ständig zwischen Teams hin und her verschoben.
- Vorgesetzte geben den Teammitgliedern Aufgaben, die sie von der Lösung kundenrelevanter Probleme abhalten.
- Teammitglieder müssen Stage-Gate-Prozesse einhalten, die die Problemlösung für Kunden ganz erheblich verzögern.
- Etc.

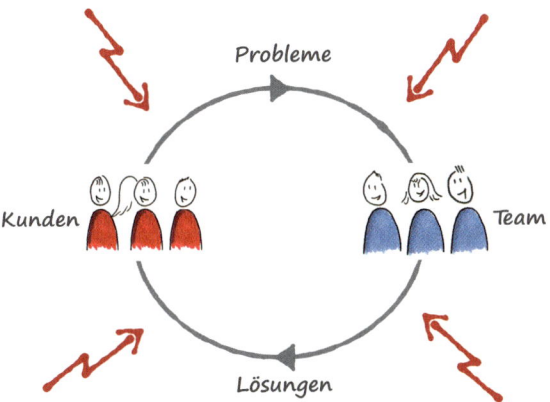

Abb. 1–3   *Unternehmensstrukturen stören die agile Kernidee.*

In der Konsequenz stecken die meisten »agilen« Implementierungen noch in den Kinderschuhen (auch die, die sich bereits seit Jahren daran versuchen). So findet sich in vielen Fällen die Struktur aus Abbildung 1–4: Das Team ist selbstorganisiert, hat aber keinen direkten Kundenkontakt. Den Kundenkontakt hält z. B. das Produktmanagement und überführt die Kundenprobleme in Anforderungen, die das Team dann umsetzt. Die entwickelte Software liefert das Team nicht direkt an Kunden aus, weil das Team keine vollständig lieferbare Software herstellen kann (es fehlen z. B. die Integrationstests).

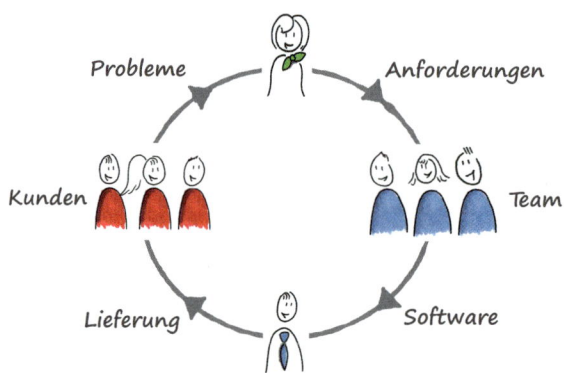

Abb. 1–4   *Selbstorganisiertes Team*

In dieser Struktur ist mit dem selbstorganisierten Team zwar bereits eine wichtige agile Idee implementiert. Die Wirksamkeit des Teams bleibt aber beschränkt.

Häufig entwickelt sich diese Struktur technisch weiter. Das Team liefert die Lösung direkt an den Kunden aus, nachdem es die Fähigkeit erworben hat, in kurzen Abständen wirklich lieferbare Software zu erstellen (siehe Abb. 1–5). Die extremste Ausprägung findet sich heute im Continuous Deployment – die Software wird nach jeder Änderung sofort (also mehrmals täglich) an Kunden ausgeliefert.

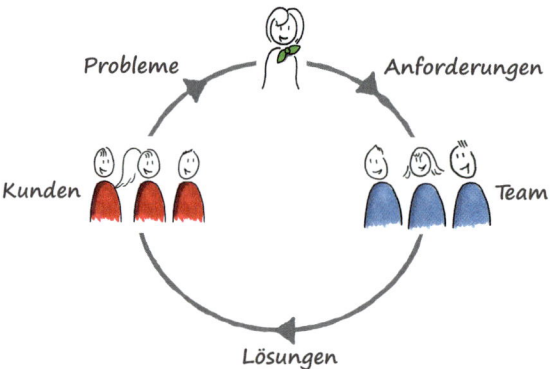

Abb. 1–5   *Lieferndes Team*

Wenn wir dann noch den oberen Teil des Zyklus von der Indirektion befreien und das Team direkt mit den Kunden über ihre Bedürfnisse und Probleme sprechen lassen, landen wir bei echter Agilität (siehe Abb. 1–6).

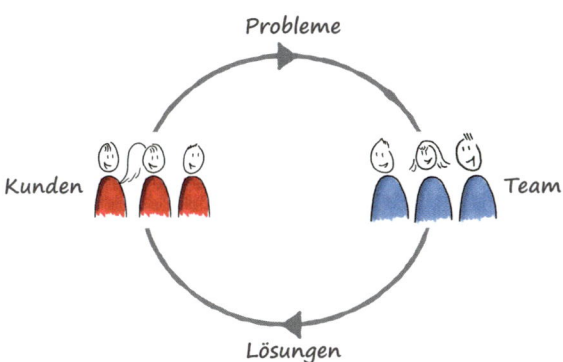

Abb. 1–6   *Kundenwertoptimierendes Team*

Vor diesem Hintergrund kann man agil arbeitende Teams in einem Satz folgen-
dermaßen definieren: *Business-fokussierte Teams, die für Produkt und Prozess
Verantwortung übernehmen.*

In diesem Buch beschreiben wir, was über selbstorganisierte, liefernde Teams
hinaus für echte Agilität notwendig ist. Wir gehen also davon aus, dass Sie als
Leser bereits selbstorganisierte, liefernde Teams erreicht haben oder sich anderswo
die Informationen besorgen, die dafür notwendig sind.

Wichtig ist uns hier noch, dass die beschriebenen »Stufen« nicht sequenziell
durchlaufen werden müssen. Sie können bei der Einführung agiler Entwicklung
auch direkt auf kundenwertoptimierende Teams abzielen und die für selbstorganisierte und liefernde Teams notwendigen Veränderungen gleichzeitig vollziehen.

1.2   Agile Fluency

Die beschriebenen Unterscheidungen haben Diana Larsen und Jim Shore vor einigen Jahren im Agile Fluency Model™ formalisiert. Das Modell verwendet das
Erlernen einer Fremdsprache als Metapher. Man kann eine Fremdsprache auf
verschiedenen Stufen sprechen. Auf einer Basisstufe kann man vielleicht nach
dem Weg fragen und Dinge des täglichen Gebrauchs einkaufen. Auf der nächsten
Stufe kann man einfache Gespräche führen. Auf der dritten Stufe kann man
anspruchsvolle Literatur verstehen und intellektuell anspruchsvolle Gespräche
führen. Auf der vierten Stufe kann man alles Erdenkliche in der Fremdsprache
ausdrücken. Fließend (fluent) ist man auf der jeweiligen Stufe, wenn man sie auch
in Stresssituationen beibehält.

Dieser Ansatz wird mit dem Agile Fluency Model™ auf Agilität übertragen –
es wird in der aktuellen Version allerdings nicht mehr von Stufen, sondern von
Zonen gesprochen. Es werden die vier Zonen aus Abbildung 1–7 unterschieden.

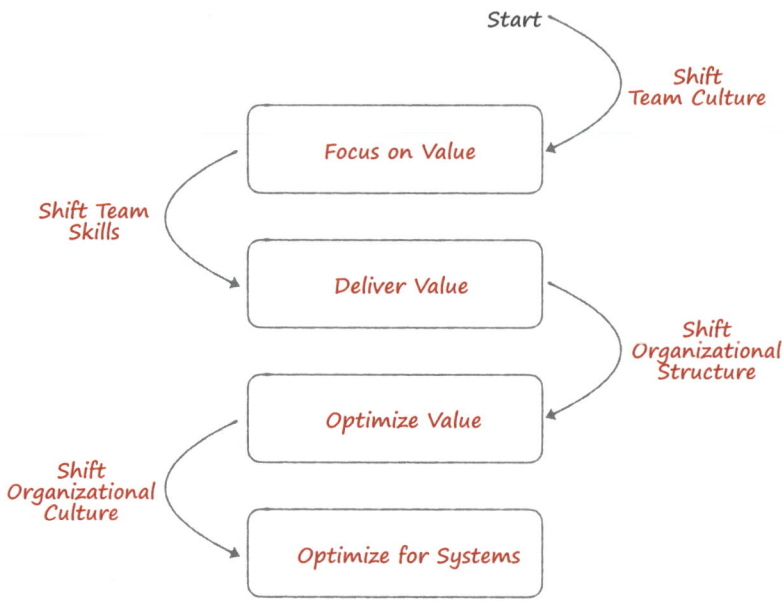

Abb. 1–7   *Das Agile Fluency Model™*

Das Modell geht davon aus, dass die Beteiligten in der Lage sind, Programmcode für Software zu schreiben (*Start*). Sie beherrschen also ihr grundsätzliches Handwerkszeug, um etwas herzustellen oder eine Dienstleistung zu erbringen. Für das Modell, wie wir es benutzen, ist die Art des Produktes nicht wichtig.

In der ersten Zone »Focus on Value« wird auf Wert fokussiert. Aus Geschäftssicht muss regelmäßig Fortschritt erkennbar sein und es muss die Möglichkeit geben, die Richtung zu ändern. Dazu ist in erster Linie ein Kulturwandel im Team notwendig – weg von einer technisch bestimmten wasserfallartigen Planung hin zu einer Planung aus Geschäftssicht. Regelmäßige Demonstrationen von Produktinkrementen schafft Transparenz über den Fortschritt. Regelmäßige Planungen erlauben das Umsteuern, wenn gewünscht. Ein einfaches iteratives Verfahren mit Planung und Review kann ausreichen, um »Focus on Value« zu erreichen. Diese Zone haben wir oben »selbstorganisiertes Team« genannt (siehe Abb. 1–4).

In der folgenden Zone wird auf die Lieferung von Wert fokussiert. Das Team muss in der Lage sein, so häufig an Kunden auszuliefern, wie es aus Geschäftssicht sinnvoll ist. Um diese Zone zu erreichen, müssen geeignete Entwicklungspraktiken wie Continuous Integration, automatisierte Unit Tests, testgetriebene Entwicklung, Pair Programming und Continuous Delivery installiert werden. Diese Zone haben wir oben »lieferndes Team« genannt (siehe Abb. 1–5).

In der dritten Zone wird auf die Optimierung von Wert durch das Team fokussiert. Hier geht es um die Frage, welche Produkte und Produkteigenschaften wirklich wertvoll für Kunden sind. Es müssen exzellente Produktentscheidungen gefällt werden. Hierzu ist sowohl eine Veränderung der Unternehmensstruktur als auch Fachexpertise im Team notwendig. Das kann durch die Integration von Business-Analysten oder sogar direkt von Kunden ins Team erfolgen.

In der vierten Zone »Optimize for Systems« werden schließlich Gesamtsysteme optimiert. Dazu werden Gesamt-Wertschöpfungsketten optimiert und systematisch marktrelevante Innovationen erzeugt. Um diese Zone zu erreichen, ist ein Wandel der Unternehmenskultur notwendig. So muss es z. B. möglich sein, Dinge auszuprobieren, die vermeintlich nichts mit dem Geschäftszweck zu tun haben. Es muss auch erlaubt sein, Fehler zu machen. Und nicht zuletzt muss global optimiert werden.

Wichtig ist bei allen Zonen der Fluency-Aspekt. Ein Team ist in einer Zone *fluent*, wenn es auch in Stresssituationen innerhalb dieser Zone bleibt. Ein Team ist also dann in der Zone »Deliver Value« fluent, wenn es auch bei anspruchsvollen Terminen und großem Druck durch das Management die agilen Entwicklungspraktiken wie testgetriebene Entwicklung einsetzt.

Das Agile Fluency Model™ ist nicht als Reifegradmodell gedacht. Zum einen werden die Zonen nicht vollständig sequenziell erreicht. Es kann also durchaus sein, dass man die Praktiken für »Deliver Value« einführt, bevor man in »Focus on Value« fluent ist. Zum anderen muss die Reihenfolge auch nicht in allen Fällen wie beschrieben ablaufen. Die dargestellte Reihenfolge deckt sich allerdings mit dem, was viele Agile Coaches in ihrer täglichen Arbeit beoachten.

1.3 Fokus dieses Buches: echte Agilität oder auch »Optimize Value«

Dieses Buch fokussiert auf echter Agilität alias »Optimize Value« nach dem Agile Fluency Model™ – aber nicht beschränkt auf einzelne Projekte, sondern als relevanter Aspekt der Unternehmensorganisation. Das Buch erläutert nicht, wie »Focus on Value« oder »Deliver Value« erreicht werden, sondern geht davon aus, dass die dafür notwendigen Praktiken bereits erfolgreich eingeführt wurden.

Teams, die »Optimize Value« erreicht haben, liefern größeren Wert an Kunden und treffen bessere Produktentscheidungen. Diese Verbesserung kann direkt mit geschäftsrelevanten Metriken (z. B. Kundenzufriedenheit und Umsatz) gemessen werden.

Kundenwertoptimierende Teams liefern im Verhältnis zur Investition den größtmöglichen Wert. Sie verstehen, was der Markt wünscht, was das Unternehmen benötigt und wie beide Bedürfnisse befriedigt werden können. In einer Start-up-artigen Umgebung weiß das Team, was es lernen muss und wie es das lernen kann.

Diese Teams nutzen z. B. Lean Startup und Design Thinking sowie weitere Techniken zur Product Discovery. Sie arbeiten mit adaptiver Planung, haben das Produktmanagement ins Team integriert und interagieren direkt und persönlich mit Endkunden.

Sie schaffen Transparenz, indem sie mit konkreten Geschäftsmetriken (z. B. Return on Investment, Kundenzufriedenheit, Umsatzrendite pro Mitarbeiter) ins Unternehmen berichten.

Gegenseitiges Vertrauen zwischen Team und Unternehmen führt zu schnellen und effektiven Aushandlungsprozessen. Das Team ist so breit bzgl. seiner Fähigkeiten aufgestellt, dass Übergaben eliminiert werden und Entscheidungen schnell gefällt werden können.

Kundenwertoptimierende Teams erkennt man daran, dass sie mit Geschäftsmetriken arbeiten, auf Kundenbegeisterung hin optimieren und profitabel sind. Weisen relevante Geschäftsmetriken (z. B. Kundenzufriedenheit) auf Probleme hin, reagieren kundenwertoptimierende Teams sofort darauf und ändern ggf. selbstständig die Richtung. Im Extremfall schlägt das Team vor, das Projekt oder Produkt zu beenden.

Um kundenwertoptimierende Teams zu erhalten, muss das Unternehmen in sie investieren und Business-Experten ins Team integrieren. Diese müssen reguläre Vollzeit-Teammitglieder sein.

Darüber hinaus können diese Teams nur dann erreicht werden, wenn organisatorische Hindernisse bei Werterzeugung und Wertlieferung beseitigt werden. Dazu muss das Management im ganzen Unternehmen kooperativ zusammenarbeiten. In den meisten Fällen müssen die Manager dabei gecoacht werden, wie sie diesen veränderten Herausforderungen gerecht werden können.

1.3.1   Eigenschaften von »Optimize Value«-Unternehmen

Damit dies alles möglich wird, müssen Unternehmen in der Regel die folgenden Eigenschaften herausbilden:

- Jeder Mitarbeiter sieht die Wertschöpfung des Unternehmens durch die Augen des Kunden.
- Jeder Mitarbeiter versteht, wie er zu dieser Wertschöpfung beiträgt.
- Jeder Mitarbeiter engagiert sich in der kontinuierlichen Verbesserung der Wertschöpfung.
- Jedes Teammitglied versteht sich als Bestandteil eines Teams mit gegenseitigen Abhängigkeiten.
- Jedes Teammitglied bringt sich so in das Team ein, wie es gerade notwendig ist – auch außerhalb der eigenen Spezialisierung und Komfortzone. Titel und Positionen treten in den Hintergrund.
- Karrierepfade im Unternehmen orientieren sich nicht mehr an fixen Positionen. Stattdessen tritt der Beitrag zum großen Ganzen in den Vordergrund. Für Gehaltserhöhungen spielt daher das Ansehen der Kollegen eine große Rolle. Sie wissen durch die Arbeit im Team am besten um den Beitrag ihres Kollegen.

▒ Mitarbeiter wechseln die Rolle im Team sowie die Teammitgliedschaft so, wie es für die Generierung von Kundennutzen optimal ist.

▒ Das Unternehmen sorgt dabei dafür, dass sich die Mitarbeiter weiterentwickeln können und maximiert mit ihren Stärken arbeiten können.

Es ist also sowohl ein struktureller wie auch kulturellen Wandel notwendig.

1.3.2   »Focus on Value« und »Deliver Value«: Literaturempfehlungen

Für »Focus on Value« nach dem Agile Fluency Model™ empfehlen wir die folgenden Bücher:

▒ Stefan Roock: »Scrum auf dem Bierdeckel erklärt«. dpunkt.verlag, 2016. Freies PDF: *http://www.dpunkt.de/ebooks_files/free/12551.pdf*.

▒ Henning Wolf, Wolf-Gideon Bleek: »Agile Softwareentwicklung«. dpunkt.verlag, 2010.

▒ Stefan Roock, Henning Wolf: »Scrum – verstehen und erfolgreich einsetzen«. dpunkt.verlag, 2015.

▒ David J. Anderson: »Kanban: Evolutionäres Change Management für IT-Organisationen«. dpunkt.verlag, 2011.

▒ Henning Wolf (Hrsg.): »Agile Projekte mit Scrum, XP und Kanban«. dpunkt.verlag, 2015.

Für »Deliver Value« nach dem Agile Fluency Model™ empfehlen wir die folgenden Bücher:

▒ Robert C. Martin: »Clean Code: A Handbook of Agile Software Craftsmanship«. Prentice Hall, 2008.

▒ Roman Pichler, Stefan Roock (Hrsg.): »Agile Entwicklungspraktiken mit Scrum«. dpunkt.verlag, 2011.

▒ Henning Wolf, Stefan Roock, Martin Lippert: »eXtreme Programming«. dpunkt.verlag, 2005.

▒ Eberhard Wolff: »Continuous Delivery: Der pragmatische Einstieg«. dpunkt.verlag, 2016.

1.4   An wen richtet sich das Buch?

Das Buch richtet sich an alle, die bereits selbstorganisierte, liefernde Teams erreicht haben und den nächsten Schritt in Angriff nehmen wollen. Da hierfür eine Änderung der Unternehmensstruktur notwendig ist, adressiert das Buch insbesondere diejenigen, die diese Strukturen verändern können. Es wendet sich außerdem an alle, die vielleicht nicht die Macht haben, die Unternehmensstrukturen zu verändern, aber den Einfluss, um die »Mächtigen« dazu zu bringen.

Konkret wendet sich das Buch also an folgende Gruppen:

- Unternehmensgründer
- Geschäftsführer
- Hochrangige Manager (CxO-Ebene, Senior Vice Presidents, Vice Presidents, Bereichs- und Abteilungsleiter)
- Berater obengenannter Menschen

1.5   Überblick über das Buch

Dieses Buch ist entlang der Herausforderungen aufgebaut.

Kundenwertoptimierende Teams müssen ein gutes Verständnis darüber haben, was Wert für Kunden schafft. Sie verstehen die Kundenbedürfnisse und arbeiten effektiv mit Produktvisionen. Ihnen ist außerdem klar, dass neue Produkte für neue Kundensegmente ganz anders entwickelt werden müssen als neue Features für bereits existierende Produkte. Das 3-Horizonte-Modell stellt ein leicht verständliches und trotzdem nützliches Denkmodell für die verschiedenen Produktstadien dar. All diese behandeln wir in Kapitel 2.

Kapitel 3 widmet sich dem Team. Kundenwertoptimierende Teams verstehen sich nicht als Lieferanten für die Bestellungen der Fachseite oder eines Product Owners. Sie sehen die Wertschöpfung für Kunden als gemeinsame Teamaufgabe an. Daher muss die entsprechende Fachkompetenz bzgl. Kunden, Markt, Business-Modell etc. im Team vorhanden sein. Das kann durch die Integration der entsprechenden Experten erfolgen oder dadurch, dass sich das Team die Kompetenzen aneignet. Mit einem so breit aufgestellten Team ändert sich auch die Sichtweise auf die Product-Owner-Rolle. Solche Teams berichten mit Metriken ins Unternehmen, die direkte Geschäftsrelevanz haben (z.B. Kundenzufriedenheit, Umsatz). Nicht zuletzt stellt sich an dieser Stelle für viele Produkte die Frage nach der Skalierung der Teams: Wenn ein Team nicht genügt, um das Produkt ausreichend schnell zu entwickeln, müssen mehrere Teams am selben Produkt arbeiten. Abhängig von Produkttyp muss das geeignete Skalierungsmodell ausgewählt oder entwickelt werden.

Damit das alles Wirklichkeit werden kann, muss die Organisation die Arbeit kundenwertoptimierender Teams geeignet unterstützen. Das bedeutet in erster Linie, dass die Organisation die Arbeit des Teams nicht behindern darf. Zielsysteme (z. B. Management by Objectives – MbO, Objectives and Key Results – OKRs), Bonussysteme, Aufgaben und Verantwortungen von Führungskräften sowie Roadmap- und Portfolioplanung müssen sich der Wertschöpfung für den Kunden unterordnen. In Kapitel 4 diskutieren wir, was das für Unternehmen konkret bedeutet.

In Kapitel 5 beleuchten wir schließlich den Weg hin zu kundenwertoptimierenden Teams und Organisationen. Dieses Vorhaben ist ebenso wenig komplett planbar wie die Entwicklung eines innovativen Softwareproduktes. Daher muss auch hier ein iterativer Ansatz wie z. B. Scrum oder Kanban verwendet werden. Mit dem Nordstern-Konzept kann sichergestellt werden, dass die notwendigen organisatorischen Veränderungen von vielen Schultern getragen und dennoch in eine einheitliche Richtung betrieben werden.

Im Anhang A beschreiben wir detaillierter konkrete Methoden zum User Research, namentlich Design Thinking, Design Sprints und Lean Startup.

Für die Entwicklung größerer Produkte reicht ein einzelnes Team nicht aus. Mehrere Teams müssen koordiniert an dem Produkt zusammenarbeiten. Anhang B stellt mit dem LeSS-Framework einen sehr leichtgewichtigen Scrum-basierten Ansatz dafür vor.

1.6 Danksagung

Dieses Buch wäre ohne die Mitarbeit und Offenheit vieler anderer Menschen nicht möglich gewesen. Wir danken konkret

- dem dpunkt.verlag und besonders unserer Lektorin Christa Preisendanz für die Unterstützung,
- Corinna Baldauf (sipgate) und Frank Schlesinger (ImmobilienScout24) für ihre offenen Antworten zu Fragen der agilen Mitarbeiterführung,
- unseren Kunden für die partnerschaftliche Arbeit, aus der viele der hier vorgestellten Erkenntnisse erwachsen sind,
- den it-agile-Kollegen für den unermüdlichen Einsatz, it-agile immer ein Stück weiter in Richtung eines noch agileren Unternehmens zu entwickeln,
- den Emendare-Kollegen für den ständigen Gedankenaustausch und gemeinsames Lernen sowie
- den Reviewern der Vorabversion dieses Buches, die uns wertvolles Feedback für den letzten Feinschliff gegeben haben.

Jürgen Hoffmann, Stefan Roock
Karlsruhe, Hamburg, Dezember 2017

2 Begeisterte Kunden

Begeisterte Kunden sind der Garant für jedes Unternehmen, langfristig zu wachsen. Die Aufgabe der Produktentwicklung ist es, die Grundlage für dieses Wachstum zu schaffen. Kundenwertoptimierende Teams (»Optimize Value« nach dem Agile Fluency Model™ [Larsen & Shore]) übernehmen für die Kundenbegeisterung als Team die Verantwortung. Sie müssen also ein gutes Verständnis darüber haben, was Wert für Kunden schafft. Sie verstehen die Kundenbedürfnisse und arbeiten effektiv mit Produktvisionen. Sie verstehen außerdem, dass neue Produkte für neue Kundensegmente ganz anders entwickelt werden müssen als neue Features für bereits erfolgreiche Produkte.

Wir betrachten in diesem Kapitel zuerst, was Wert bedeutet. Anschließend diskutieren wir, wie Wert identifiziert werden kann. Die konkreten Techniken unterscheiden sich je nach Kontext. Wir stellen mit dem 3-Horizonte-Modell ein Instrument vor, das hilft, die passenden Techniken zur Wertidentifikation zu finden.

2.1 Definieren, was Wert bedeutet und schafft

In einem kundenwertoptimierenden Team muss jede(r) Einzelne verstehen, was Wert für Kunden bedeutet und wie zusätzlicher Wert (Kundennutzen) geschaffen werden kann. So bekommt die Arbeit Sinn, die gegenseitige Abhängigkeit im Team wird sichtbar gemacht und es wird eine Orientierung gegeben, was Fortschritt bedeutet. Dadurch können (Produkt-)Visionen und Strategien selbstorganisiert (ohne Command & Control) erreicht werden.

2.1.1 Wert aus Kundensicht

Wenn man heute die Menschen in einer Firma fragt, was wichtig und wertvoll ist, wird man meist sehr unterschiedliche Antworten bekommen. Der Mitarbeiter vom Empfang wird vielleicht sagen: »Wichtig ist, dass die Besucherlisten korrekt ausgefüllt sind.« Die Antwort des Softwareentwicklers könnte sein: »Die hausinternen Richtlinien für guten Softwarecode sind wertvoll – wenn wir sie einhalten.« Der CFO würde antworten: »Relevant ist die Umsatz- und Gewinnsteigerung in allen Quartalen.«

Gemeinsam an diesen Antworten ist die Fokussierung auf die Innenansicht der Unternehmung. Es fließt viel Energie in interne Vorgänge, in Karriereplanung und -schritte, Absicherung und absolute Fehlervermeidung.

Meist ergeben sich interessante andere und neue Perspektiven, wenn man das eigene Unternehmen und die eigenen Produkte durch die Augen der Kunden betrachtet. In vielen Fällen werden sich dabei große Diskrepanzen zwischen Außen- und Innenwahrnehmung ergeben. So halten die meisten Entwickler von Internetanwendungen ihr Unternehmen für eine »Product Company« und glauben folglich, sie würden ein Produkt entwickeln. Die Kunden kaufen meist aber gar kein Produkt. Sie nehmen einen Service in Anspruch. Kunden von mobile.de kaufen oder verkaufen Autos. Kunden bei ImmobilienScout24 suchen nach Häusern oder Wohnungen bzw. bieten diese an. Tatsächlich wäre das Softwaresystem als Produkt für die Kunden nutzlos. Der Mehrwert entsteht erst durch die im System vorhandenen Daten über die Autos, die Wohnungen, die Häuser etc.

Diese geänderte Sichtweise ist relevant und nicht bloß Wortklauberei. Mit der Produktsichtweise wird mobile.de vielleicht darüber nachdenken, wie man per Handy aufgenommene Fotos von Fahrzeugen einfacher auf der Plattform einstellen kann. Man wird aber nicht darüber nachdenken, den Händlern einen Fotoservice anzubieten: Professionelle Fotografen machen ansehnlichere Fotos der Fahrzeuge, sodass die Verkaufschancen erhöht werden. Mit der Serviceperspektive ist mobile.de offener, noch unbefriedigte Bedürfnisse seiner Kunden zu identifizieren und mehr Wert zu schaffen.

Eine Änderung der Sichtweise von Produkt auf Service bedeutet nicht nur ein Umdenken, sondern häufig auch eine Reorganisation. Die Organisationsstruktur muss diese Sichtweise abbilden, um Friktionen zu minimieren.

Eine Wertstromanalyse[1] jedes Unternehmens wird schnell offenlegen, ob das Unternehmen sich im Produkt- oder Servicegeschäft bewegt und dass Wertbildung beim Kunden beginnt. Echte Bedürfnisse von Menschen, die zu Kunden werden, bilden das Fundament langfristig tragfähiger Werterzeugung. Wer die Kunden und ihre Bedürfnisse aus den Augen verliert, wird durch den Wettbewerb leicht angreifbar.

Götz Werner schreibt in seiner Autobiographie [Werner 2015] über den Kundengrundsatz von dm-drogerie markt: »*Wir sehen als Wirtschaftsgemeinschaft die ständige Herausforderung, ein Unternehmen zu gestalten, durch das wir die Konsumbedürfnisse unserer Kunden veredeln.*« Damit stellt sich Götz Werner und das Unternehmen dm-drogerie markt auf den Standpunkt, dass dauerhafter Wert nicht geschaffen wird durch die Stimulation von Bedürfnissen, die die Menschen gar nicht haben. So gibt es zum Beispiel im dm-drogerie markt vor der Kasse

---

1. Eine Wertstromanalyse verdeutlicht, in welchen Schritten eines Prozesses Wert geschaffen wird.

keine »Quengelregale« mit Süßigkeiten für Kinder. Stattdessen versuchen die Mitarbeiter von dm die latent vorhandenen echten Bedürfnisse zu identifizieren. Götz Werner formuliert das in seinen Worten so: »*Die Kunst ehrlicher Kommunikation ist es – beharrlich und bescheiden –, an der Zielsetzung zu arbeiten, den Kunden auf Augenhöhe anzusprechen, damit auf Dauer wirklich erlebbar wird, dass der Kunde nicht das Objekt unserer Begierde ist, sondern das Ziel unserer Anstrengungen.*« Wert definiert sich also vom Kunden, vom Menschen, her.

Wir können von dm-drogerie markt noch mehr lernen. Kapitel 11 seines Buches »Womit ich nie gerechnet habe« [Werner 2015] ist überschrieben mit den Worten »Radikale Kundenorientierung«. Dieser Gedanke, sich ganz auf den Kunden zu fokussieren – und nicht nur auf sein Geld –, ist es wert, zu Ende gedacht zu werden. Für Götz Werner war 1992 der Gedanke, auf Sonderangebote zu verzichten, bestechend: »*Der Kunde soll doch die Ware dann kaufen, wenn er sie braucht, und nicht, wenn sie bei uns billig ist.*« Das ist vom Kundenbedürfnis her gedacht und nicht aus Händlersicht. In der Handelsbranche ist es üblich, mit Sonderangeboten Menschen in die Läden zu locken und nebenbei Restposten loszuwerden. Insofern sieht der Verzicht auf Sonderangebote aus Sicht der Handelsbranche wie eine sehr verrückte Idee aus. Ohne Angebote kann man auch keine wöchentlichen Werbeflyer in die Briefkästen verteilen lassen – was sollte da auch draufstehen? Diese Woche kostet eine Tube Zahnpasta dasselbe wie letzte Woche? Also musste dm-drogerie markt mit einer solchen Entscheidung auch neu herausfinden, wie man sich als Unternehmen im Leben der Menschen einen Platz sucht, ohne ständig nach Aufmerksamkeit zu schreien. Rückblickend können wir sagen: Der langfristige Erfolg gibt der Entscheidung von Götz Werner recht.

In der Menschheitsgeschichte sind auch kurzlebigere Modelle entwickelt worden. Sie basieren auf Betrug oder der Einflüsterung von Bedürfnissen, die nicht wirklich vorhanden oder nicht wirklich gestillt werden. Die populäre Geschichte von dem »besten Verkäufer«, der es schafft, Eskimos einen Kühlschrank zu verkaufen, ist ein Beispiel dafür. Wir würden so einem Verkäufer sicher ein überzeugendes Auftreten und rhetorisches Geschick attestieren. Ein guter Verkäufer ist er aber nicht. Schließlich bekommt der Kunde etwas, was er nicht braucht. Dieser Kunde wird vermutlich nicht nochmal etwas bei diesem Unternehmen kaufen und es auch nicht weiterempfehlen. Der Verkäufer hätte seinem eigenen Unternehmen also geschadet.

Leider ist die Fokussierung auf kurzfristige Umsätze immer noch gang und gäbe. So hat in Deutschland der Gesetzgeber darauf reagiert und gibt Endkunden die Möglichkeit, von Haustürgeschäften oder telefonisch vereinbarten Verträgen innerhalb vernünftiger Fristen zurückzutreten.

2.1.2   Bedürfnisse identifizieren

»Wenn ich die Kunden gefragt hätte, was sie wollen, hätten sie gesagt ›schnellere Pferde‹«. Dieser Ausspruch wird Henry Ford zugeschrieben[2]. Ford hat aber keine schnelleren Pferde gezüchtet, sondern erschwingliche Autos produziert. Er hat das eigentliche Bedürfnis identifiziert: schnell von A nach B zu kommen.

Das Beispiel zeigt, dass es meist nicht zielführend ist, Menschen direkt nach ihren Bedürfnissen zu fragen. Ein Bedürfnis ist ein Mangel – etwas, das fehlt. Ein Produkt oder Service füllt diese Lücke und beseitigt oder mildert damit den Mangel. Dem Aufdecken von Bedürfnissen stehen zwei Aspekte im Weg:

1. Wir haben uns mit den meisten Mängeln so weit arrangiert, dass sie uns nicht ständig bewusst sind. (Sonst hätten wir vermutlich notorisch schlechte Laune.) Was uns nicht bewusst ist, können wir auf direkte Nachfrage auch nicht benennen.

2. Wir sind so konditioniert, dass wir sehr schnell in Lösungen denken und das tun wir stets in dem uns bekannten Lösungsrahmen. Wenn die Menschen gewohnt sind, per Pferd zu reisen, wird die Frage nach ihren Bedürfnissen ganz natürlich mit »schnelleren Pferden« beantwortet. Das ist allerdings nicht das Bedürfnis, sondern der Lösungsvorschlag. Diese Lösungsvorschläge sind nicht per se unsinnig, aber selten innovativ.

Es ist also keineswegs trivial, Kundenbedürfnisse zu identifizieren. Das ist den meisten Unternehmen klar. Häufig versuchen Unternehmen, das Problem über Expertenmeinungen zu lösen. Sie kaufen Experten für Produktdesign und Produktentwicklung ein und die starten Versuchsballons – fliegt der Ballon gut, so wird die Produktion ausgebaut. Jedes Produkt ist dann eine Mischung aus Erfahrung und Kompromissen dieser Experten. Dieses Verfahren funktioniert ganz gut im Bereich von »Me-too«-Produkten: Ein anderes Unternehmen hat eine neue Dienstleistung oder eine neue Klasse von Produkten erfunden. Wir beobachten die Stärken und Schwächen des Konkurrenzproduktes und bieten möglichst bald eine bessere Version des Produktes an. Die Verbesserung kann in einem größeren Funktionsumfang, geringerem Preis, höherer Qualität, Verfügbarkeit in einem bestimmten Land etc. bestehen. So hat Zalando z.B. die US-Plattform Zappos als Vorbild und im Grunde den gleichen Service für den deutschen Markt angeboten.

Ein alternativer Weg zu den eingekauften Produktexperten führt über die Kunden als Experten für ihre eigenen Bedürfnisse. Hier versuchen wir aus einem ständigen Dialog mit den Menschen Entscheidungen für das Produkt oder den Service abzuleiten. In den meisten Fällen generiert dieser Dialog schneller vali-

---

2.   Ob Henry Ford das wirklich gesagt hat, ist unerheblich. Es ist plausibel, dass die Kunden wie beschrieben reagiert hätten, und damit taugt der Ausspruch zur Illustration des Sachverhaltes.

diertes Wissen und ist daher für die Entwicklung innovativer Produkte oder Services effektiver. Wir stellen in diesem Kapitel Techniken vor, mit denen der Dialog mit den Menschen über ihre Bedürfnisse gelingen kann.

Allerdings ist nicht jede Technik in jedem Kontext effizient. Wir klassifizieren die Kontexte nach ihrem Innovationsgrad über das 3-Horizonte-Modell, das wir im nächsten Abschnitt vorstellen. Anschließend betrachten wir, welche Techniken in welchem der drei Horizonte nützlich sind.

2.2   Drei Horizonte für Wachstum und Innovation

Das 3-Horizonte-Modell unterscheidet drei Innovations- und Wachstumshorizonte [Baghai et al. 2000], die in Abbildung 2–1 dargestellt sind. Jedes Unternehmen, das langfristig wachsen möchte, muss alle drei Horizonte abdecken.

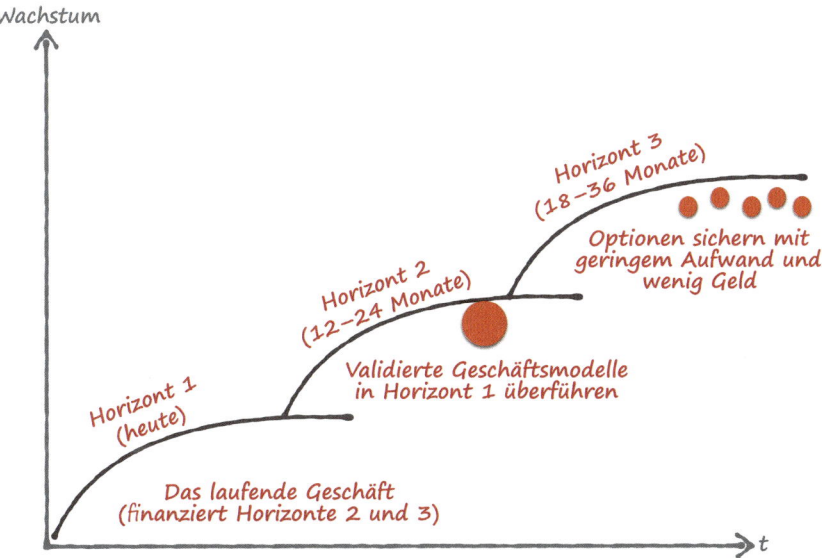

Abb. 2–1   *3-Horizonte-Modell für Wachstum*

In Horizont 1 findet das aktuelle Geschäft statt; dort wird aktuell das Geld verdient. Wenn ein Start-up erfolgreich wird, wächst es schnell bezüglich der Umsätze. Irgendwann tritt allerdings eine Sättigung in dem Geschäftsfeld ein: Die Wachstumskurve verläuft logarithmisch (siehe Abb. 2–2).

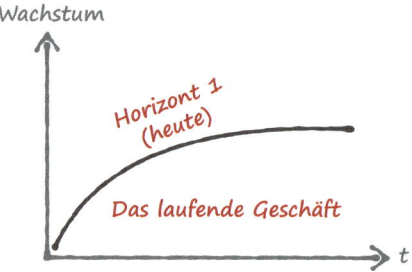

Abb. 2–2   *Das Wachstum des aktuellen Geschäfts ist endlich*

Irgendwann ist weiteres Wachstum nicht mehr möglich: Der Markt ist insgesamt gesättigt und zwischen den Wettbewerbern aufgeteilt. Diese Aufteilung kann sich natürlich prinzipiell verschieben. Das passiert meist aber nur langsam. Und spätestens wenn ein Unternehmen ein Quasi-Monopol herausgebildet hat, stagniert das Wachstum. Auch wenn das Wachstum bereits stagniert, können Unternehmen über lange Zeit sehr profitabel arbeiten. Unternehmen wie mobile.de können im deutschen Gebrauchtfahrzeugmarkt kaum noch wachsen, fahren jedes Jahr aber beträchtliche Gewinne ein.

Damit klingt der Horizont 1 möglicherweise langweiliger, als er ist. Es wird dort nicht nur das Geschäft abgewickelt. Es finden auch Innovationen statt, und zwar immer mit dem Ziel, die existierenden Kundenbedürfnisse mit den existierenden Produkten und Services besser zu erfüllen. Viele der Innovationen in Horizont 1 haben mit Effizienzoptimierung und Qualitätssteigerung zu tun.

Wenn das Unternehmen wachsen will, müssen über den Horizont 1 hinausgehende Innovationen her. In Horizont 2 werden die Produkte oder Geschäftsbereiche entwickelt, die später den existierenden Horizont 1 deutlich erweitern oder gar ersetzen sollen. In der Softwareentwicklung erstreckt sich dieser Horizont meist 12–24 Monate in die Zukunft. Im Idealfall beginnt man also mit der Entwicklung eines neuen Produktes in Horizont 2 ein bis zwei Jahre, bevor das aktuelle Wachstum stagniert. Dann ist ein nahtloses weiteres Wachstum möglich.

Die Entwicklungen in Horizont 2 finden nicht auf gut Glück statt. Sie basieren auf validierten Geschäftsmodellen und vorher gesicherten Optionen. Und genau das findet in Horizont 3 statt (in der Softwareentwicklung meist 18–36 Monate in der Zukunft). Hier werden viele Ideen mit jeweils wenig Aufwand parallel bearbeitet. Es geht darum, mit wenig Aufwand und Kosten viele Optionen für die Zukunft zu sichern.

Ein Ölförderer sichert sich in Horizont 3 z.B. Bohrrechte in einer bestimmten Region und entscheidet später, ob er das Feld überhaupt erschließt. Mitunter staunen wir über Firmenkäufe, weil wir den Bezug zum Geschäft des Käufers nicht erkennen. Beispiele dafür sind der Kauf von Skype durch eBay oder der Kauf von Boston Dynamics (Militärroboter) durch Google sowie der Verkauf von Skype durch eBay später an Microsoft. Als Horizont-3-Aktionen ergeben solche Firmenkäufe aber durchaus Sinn. Man sichert sich Optionen für zukünftiges Geschäft, das eben nicht in Horizont 1 liegt. Später entscheidet man, ob man die Option in den Horizont 2 zieht und das Geschäft wirklich entwickelt. Die meisten Optionen wird man nicht realisieren. Dann kann man noch versuchen, diese durch Verkauf zu Geld zu machen. Wenn ein so getriebener Kauf und Verkauf von Unternehmen mitunter mit Verlust erfolgt, ist das hier tatsächlich nachrangig.

2.2.1   Herausforderungen bei der Umsetzung des 3-Horizonte-Modells

Die meisten Unternehmen haben Defizite bei der Umsetzung des 3-Horizonte-Modells. Sie fokussieren zu sehr auf das aktuelle Geschäft in Horizont 1 und kümmern sich zu wenig um die Horizonte 2 und 3. (Es ist natürlich vollkommen richtig, die wesentlichen Kapazitäten auf das aktuelle Geschäft zu richten. Denn dort schaffen die Unternehmen ja zurzeit Wert für Kunden.)

Die Investitionen in die Horizonte 2 und 3 sind nur eine der Herausforderungen. Den meisten Unternehmen ist bewusst, dass sie investieren müssen, und sie sind dazu auch bereit und fähig. Viel problematischer sind meist die Übergänge zwischen den Horizonten. So schaffen Unternehmen vielleicht viele Optionen in Horizont 3, haben aber keinen geeigneten Prozess zur Auswahl der Optionen, die in Horizont 2 realisiert werden. Sie haben vielleicht keine geeigneten Bewertungskriterien für die Optionen oder scheuen die vergleichsweise großen Investitionen, die mit Entwicklungen in Horizont 2 einhergehen.

Dabei spielt auch Widerstand aus Horizont 1 eine wichtige Rolle. Die in Horizont 1 tätigen Manager wollen dort verdientes Geld meist lieber in Horizont 1 investieren. Ihre Argumentation ist aus finanzieller Sicht vollkommen plausibel: »Warum sollen wir 10 Mio. Euro in die Entwicklung eines Produktes investieren, von dem wir nicht sicher wissen, ob es erfolgreich sein wird? Lasst uns doch lieber die 10 Mio. Euro in besseres Marketing und mehr Vertrieb investieren. Das erhöht unsere Umsätze ziemlich sicher um 50 Mio. Euro.« Dieser Argumentation regelmäßig zu folgen, bedeutet allerdings das langfristige Wachstum den kurz- bis mittelfristigen Umsätzen zu opfern.

Ein verwandtes Problem betrifft die Kannibalisierung des eigenen Geschäfts. Mitunter ist es sinnvoll, in Horizont 2 ein Produkt zu entwickeln, das existierende Produkte in Horizont 1 gefährdet. Als Apple das erste iPhone entwickelte, wusste man, dass man damit vermutlich den iPod-Markt zerstört oder stark beschädigt. Natürlich ist es besser, man kannibalisiert seinen eigenen Markt selbst, als dass es jemand anderes tut. Wenn man als Vertriebschef allerdings für die iPod-Verkäufe verantwortlich ist und vielleicht noch der eigene Bonus an Umsatzziele gekoppelt ist, hat man wenig Anreiz, so langfristig unternehmerisch zu denken.

Möglicherweise gäbe es heute kein Apple iPhone auf dem Markt, wenn nicht Steve Jobs selbst die iPhone-Entwicklung im Unternehmen vertreten hätte. Mit seinen breiten CEO-Schultern konnte er die Entwicklung in Horizont 2 und die Überführung in Horizont 1 sicherstellen.

2.2.2   Das 3-Horizonte-Modell und agile Entwicklung

Die Ursprünge von Scrum stammen aus Horizont-2-Entwicklungen (siehe [Takeuchi & Nonaka 1986]). Inzwischen ist Scrum und generell agile Entwicklung aber auch erfolgreich in den Horizonten 1 und 3 verwendet worden – in jeweils unterschiedlichen Ausprägungen. Insbesondere die Verwendung agiler Entwicklung in Horizont 1 mag in der Theorie unnötig erscheinen. Das Unternehmen ist ja bereits erfolgreich in seinem Geschäftsbereich unterwegs. Es kennt seine Zielgruppen, deren Bedürfnisse und hat offensichtlich Produkte und Services, um diese Bedürfnisse zu befriedigen.

Größere Marktdynamik

Nun hat sich allerdings in den letzten Jahren insgesamt die Marktdynamik deutlich erhöht, sodass in vielen Branchen auch in Horizont 1 adaptive Vorgehensweisen notwendig sind.

Zum Beispiel ist die Europäische Kommission ständig auf der Suche nach Marktineffizienzen und versucht im Sinne der Bürger, Monopole aufzulösen und durch Deregulierung Marktzugänge zu schaffen. Im Energiesektor waren in Deutschland lange Zeit vier große Unternehmen marktbeherrschend unterwegs und konnten über ihre Strompreise Milliardengewinne erzielen. Der Gesetzgeber löste vor Jahren die Bindung an den örtlichen Lieferanten und damit die räumlichen Monopole auf. Heute kann jeder Kunde im Internet über Preisvergleichsportale zwischen vielen Stromanbietern wählen und auch Kriterien wie räumliche Nähe oder Grad der CO_2-Erzeugung in seine Entscheidung einfließen lassen. Für die großen Energiekonzerne entstand eine erhebliche zusätzliche Dynamik, als nach der Fukushima-Katastrophe entschieden wurde, in Deutschland sehr schnell aus der Atomenergie auszusteigen.

Auch im Bereich Telekommunikation interveniert die EU. Die Endkundenpreise sind in der EU inzwischen nach oben gedeckelt und auch teure Nischen wie Roaminggebühren werden gerade ausgetrocknet. Die praktisch über Nacht zufällig als Erfolgsprodukt entdeckte SMS wurde vor Kurzem durch Internetdienste wie zum Beispiel WhatsApp bei den meisten Nutzern abgelöst. Die Telekommunikationsunternehmen sind sehr rege auf der Suche nach neuen Produkten und Geschäftsmodellen.

Wenn man sich den Markt für Handys anschaut, gab es um die Jahrhundertwende einen Platzhirsch: Nokia. Zu dem Zeitpunkt war dieser Markt – verglichen z.B. mit dem Automobilmarkt – noch sehr jung. Damals haben die meisten

Menschen auf die Frage, wohin die Entwicklung geht, gesagt: Die Handys werden immer kleiner. Dass sie ausgestattet mit einem Touchscreen auch mal wieder größer werden würden, hat das Management bei Nokia wohl nicht erwartet. Heute sind Nokia-Handys ein Nischenprodukt.

Die Verknüpfung der Telekommunikation mit einem tragbaren Gerät mit Touchscreen hat wiederum neue Märkte eröffnet: AppStores. Und auch diese Märkte neigten zeitweise zu Übertreibungen und sind sehr dynamisch.

Preisvergleichsportale decken praktisch alle Produkte und Dienstleistungen für Endanwender ab. Diese Transparenz erhöht ebenfalls die Marktdynamik. Der Kunde ist unter Umständen informierter als der Fachhändler.

> **Fallbeispiel: DVDs (von Jürgen Hoffmann)**
>
> Ich erinnere mich noch gut, als ein Freund von mir seinen ersten DVD-Spieler direkt aus den USA bekam. Er packte das Gerät aus und lötete am selben Abend noch den Baustein für den Ländercode aus und baute ihn so um, dass er per Fernbedienung einen Ländercode wählen konnte. Im deutschen Fachhandel hatte man zu dem Zeitpunkt gerade Zugang zu einer Handvoll DVDs mit Ländercode 2 für Europa. Mein Freund, der Kunde, erklärte dem Fachhändler, was es damals gerade an Neuerscheinungen gab und hatte zu Hause eine größere Sammlung, als der Händler in sein Regal stellen konnte. Die entsprechenden Informationen waren dem interessierten Publikum im Internet zugänglich.

Zeithorizonte

Die oben angegebenen Zeitspannen für die Horizonte 2 und 3 mögen sehr lang erscheinen. Schließlich arbeiten wir doch längst agil und können viel schneller reagieren. Theoretisch wäre dem so, aber selbst in den meisten jüngeren Internetunternehmen sieht die Praxis deutlich anders aus. Entscheidungen müssen durch viele Bereiche und Hierarchieebenen wandern, bis man tatsächlich beschließt, ein neues Produkt in Horizont 2 zu entwickeln. Hier macht sich negativ bemerkbar, dass Agilität in den meisten Unternehmen nach wie vor auf die Entwicklung beschränkt ist, während der Rest des Unternehmens bei seinen alten Strukturen geblieben ist.

2.2.3   Wert bedeutet in jedem Horizont etwas anderes

In jedem Horizont definieren die Kunden, was Wert schafft. Nur, wenn sie vom Unternehmen etwas bekommen, was für sie wertvoll ist, sind sie bereit, dafür im Gegenzug Geld zu bezahlen. Dieser Tauschhandel findet in Horizont 1 sehr unmittelbar, in Horizont 2 und 3 etwas indirekter statt. Wir betrachten in den folgenden Abschnitten je Horizont, was Wert bedeutet.

2.3   Wert in Horizont 1

In Horizont 1 findet das aktuell profitable Geschäft statt. Man kann also davon ausgehen, dass die existierenden Produkte und Services die Kundenbedürfnisse ausreichend gut befriedigen. Umsätze und Kundenzufriedenheit sind geeignete Indikatoren für den geschaffenen Wert.

2.3.1   Umsatz als Indikator für Wertschöpfung

Der für Kunden geschaffene Wert in Horizont 1 lässt sich finanziell messen. Je höher der geschaffene Wert, desto mehr sollten die Kunden bereit sein, für das Produkt oder den Service zu bezahlen.

Allerdings führt ein reiner Fokus auf finanzielle Kennzahlen zu einer Engführung des Produktes oder Unternehmens. Um dem zu entgehen, hat Porsche im Jahr 2001 die Quartalsberichterstattung abgeschafft und wurde mit einem Rauswurf aus dem MDAX bestraft. Bei zu starkem Fokus auf die reinen Umsatz- und Gewinnzahlen blendet man den Kunden und seine Bedürfnisse aus. Mittelfristig führt das zu unzufriedenen Kunden, die dem Unternehmen und seinen Produkten den Rücken kehren. Heutzutage sind die Kunden über Social-Media-Systeme viel stärker miteinander vernetzt, als das noch im letzten Jahrhundert der Fall war. Ein positiver oder auch negativer Eindruck verstärkt sich durch solche Systeme.

Daher sollte man neben der finanziellen Seite auch direkt die Kundenzufriedenheit betrachten.

2.3.2   Net Promoter System (NPS)

Für das Net Promoter System (NPS)[3] wird die Weiterempfehlungswahrscheinlichkeit ermittelt und mindestens eine offene Anschlussfrage gestellt [Reichheld 2003]. Für den Wert wird auf einer Skala von 0–10 abgefragt, mit welcher Wahrscheinlichkeit Kunden das Produkt oder den Service an Freunde oder Kollegen weiterempfehlen würden. 0 bedeutet »ganz sicher nicht«, 10 bedeutet »ganz sicher« (siehe Abb. 2–3).

---

3.   Mitunter ist auch vom Net Promoter Score die Rede. Damit läuft man allerdings Gefahr, nur auf die ermittelte Zahl abzuzielen und das qualitative Lernen auszublenden. Wir nutzen daher »Net Promoter System«.

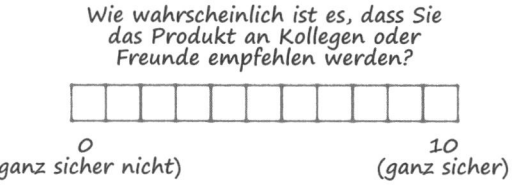

Abb. 2–3   *NPS-Frage*

Die Kunden, die Werte zwischen 0 und 6 angegeben haben, gelten als Detraktoren. Sie raten anderen Leuten aktiv von dem Produkt oder Service ab. Die Kunden, die Werte von 9 oder 10 angegeben haben, gelten als Promotoren. Sie raten anderen Leuten aktiv zu dem Produkt oder Service. Die Kunden, die Werte zwischen 7 und 8 angegeben haben, gelten als Neutrale. Sie raten anderen Leute weder zu dem Produkt oder Service noch raten sie davon ab. Abbildung 2–4 visualisiert die Abbildung der Werte auf Detraktoren, Neutrale und Promotoren.

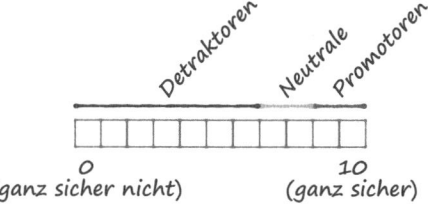

Abb. 2–4   *Bedeutung der NPS-Werte*

Aus der Summe der Antworten wird der NPS-Wert nach der Formel aus Abbildung 2–5 berechnet.

$$NPS = \frac{Promotoren - Detraktoren}{Gesamtzahl}$$

Abb. 2–5   *Berechnung des NPS-Wertes*

NPS-Beispiel

Nehmen wir an, es hätten 1.000 Kunden an einer NPS-Umfrage teilgenommen. 600 haben Werte zwischen 9 und 10 angegeben (Promotoren), 100 zwischen 7 und 8 (Neutrale) und 300 zwischen 0 und 6 (Detraktoren). Dann berechnet sich der NPS-Wert wie folgt:

(600-300)/1.000=30%.

Der maximale NPS-Wert liegt also bei 100%, der minimale bei -100%.

Mit der Frage nach der Weiterempfehlungswahrscheinlichkeit dient der NPS-Wert als Indikator für Wachstum. Je höher der NPS-Wert, desto stärker wird das Produkt bzw. der Service weiterempfohlen und desto mehr Kunden wird man am Ende haben.

Allerdings lässt sich aus der Weiterempfehlungsrate auch ausreichend gut die Kundenzufriedenheit ableiten. Wer das Produkt weiterempfiehlt, wird mit dem Produkt vermutlich auch zufrieden sein.

NPS und offene Fragen

Anhand des reinen NPS-Wertes kann man in einer historischen Betrachtung analysieren, ob der Wert gestiegen oder gesunken ist. In einer langfristigen Betrachtung kann man daran erkennen, ob bestimmte Maßnahmen zur Verbesserung von Produkten oder Services wirksam sind.

Wenn man die NPS-Werte von Wettbewerbern oder den NPS-Branchendurchschnitt kennt, kann man anhand des eigenen NPS-Wertes auch die eigene Stellung im Markt analysieren.

An den NPS-Wert der Wettbewerber kann man übrigens relativ einfach gelangen: Dazu lässt man ein Marktforschungsinstitut nicht nur den eigenen NPS-Wert, sondern auch den der Konkurrenten ermitteln.

Man kann dem NPS-Wert allerdings nicht ansehen, warum er gestiegen oder gesunken ist. Daher ist es notwendig, die Wertabfrage um mindestens eine offene Frage zu ergänzen, z.B. »Was ist ausschlaggebend für den NPS-Wert?«. Damit wird klarer, in welche Richtung Verbesserungen des Produktes oder des Service zu suchen sind. Vielleicht noch wichtiger ist, dass damit ein Dialog mit dem Kunden initiiert werden kann.

Fallbeispiel: Offene NPS-Frage (von Stefan Roock)

Bei einem meiner Kunden konnte ich beobachten, dass die Entwickler sehr sensibel auf das NPS-Feedback reagierten. Insbesondere bei Unklarheiten traten sie in direkten Kontakt mit dem Kunden, um sein Bedürfnis besser zu verstehen. Natürlich konnte nicht jeder Wunsch erfüllt werden, aber die größere Nähe zwischen Entwicklern und Kunden wirkte sich überaus positiv aus: Die Entwickler verstanden den Zweck ihrer Arbeit besser und wurden zufriedener. Die Kunden fühlten sich gehört und bekamen am Ende eine bessere Gesamtlösung.

2.3.3 NPS: Bitte beachten

NPS ist ein einfaches und effektives System, um sich mit Kundenzufriedenheit zu befassen. Die NPS-Metrik lässt sich aber wie jede andere Metrik auch missbrauchen. Es sollte daher regelmäßig darüber reflektiert werden, wie der NPS-Wert verwendet wird und ob er als Werkzeug die erhoffte Transparenz über die Kundenzufriedenheit liefert.

Fallbeispiel: NPS-Wert als Zielvorgabe (von Stefan Roock)

In einem Unternehmen haben die Product Owner die Vorgabe bekommen, den NPS-Wert in einem Jahr um 20 Prozentpunkte zu erhöhen. Ein solcher Sprung in der Kundenzufriedenheit eines Produktes in einem Jahr ist extrem anspruchsvoll und lässt sich mit Sicherheit nicht dadurch erreichen, dass man ein paar neue Features in ein existierendes Produkt einbaut. Dazu sind massive Änderungen notwendig. Wenn das Ziel so schwer erreichbar ist, sind Product Owner verleitet, nach anderen Möglichkeiten zu suchen, den NPS-Wert zu erhöhen. Und dann entsteht eine Dysfunktion. Statt sich um die Wertschöpfung für den Kunden zu kümmern, wird viel Energie investiert, um einen besseren NPS-Wert zu erreichen.

Fallbeispiel: Wundersame NPS-Wert-Verbesserung (von Stefan Roock)

Bei einem Internetunternehmen stieg der NPS-Wert plötzlich sprunghaft an. Der Grund war ein Umbau der Webseite. Ursprünglich wurde der NPS-Wert auf der Supportseite abgefragt. Später hatte man die NPS-Abfrage auf die Registrierungsseite verlegt und dadurch stieg der NPS-Wert sprunghaft an.

Das lässt sich ganz einfach erklären: Wenn die Benutzer auf der Supportseite sind, haben sie gerade ein Problem und ihre aktuelle Stimmung wird den NPS-Wert negativ beeinflussen. Außerdem wird man keinen NPS-Wert von den Kunden erhalten, die das Produkt reibungslos nutzen und nie auf die Supportseite gehen. Wenn Kunden sich hingegen gerade neu registriert haben, sind sie wohl der Meinung, dass es sich um ein nützliches Produkt handelt, und werden selten niedrige Werte geben. Gleichzeitig haben sie noch keine oder wenig echte Erfahrung mit dem Produkt und können daher eigentlich noch gar nicht einschätzen, wie zufrieden sie mit dem Produkt sein werden.

2.3.4   Produktreview/Sprint-Review

Ein häufig unterschätztes Instrument zur Bewertung der Wertschöpfung ist das Produktreview (in Scrum: Sprint-Review). Im Produktreview wird das Produktinkrement möglichst produktionsnah demonstriert. Auf dieser Basis wird Feedback zum Produkt eingesammelt und ausgewertet mit dem Ziel, das Produkt zu verbessern.

In der Praxis wird das Review leider häufig zu einem Abnahmemeeting reduziert: Das Produktinkrement wird demonstriert, um eine »Abnahme« durch den internen Auftraggeber oder Product Owner zu erhalten. Solche Abnahmen sind noch geprägt von der klassischen Denkweise, dass Erfolg dann vorliegt, wenn Plan und Ist übereinstimmen: Wenn das Team die Features entwickelt hat, die »bestellt« wurden, bekommt es dafür eine Abnahme und war erfolgreich.

In der agilen Welt geht das Team aber mit einem anderen Grundverständnis an die Entwicklung. Das Team ist dann erfolgreich, wenn Wert für den Kunden geschaffen wurde. Ob dazu genau das entwickelt wurde, was vorher besprochen wurde, ist eher zweitrangig.

Für kundenwertoptimierende Teams muss daher auf jeden Fall im Review Feedback zum Produkt generiert werden und dieses Feedback muss von Endkunden und Anwendern kommen. Entsprechend müssen diese auch im Review anwesend sein.

Fallbeispiel: Sprint-Review mit echten Kunden (von Jürgen Hoffmann)

Vor einigen Jahren begleitete ich ein Team von einem Dienstleister bei einem Automobilunternehmen. Das Team reiste einmal monatlich nach Ingolstadt und lud dort zum Sprint-Review ein. Es waren Manager von verschiedenen Standorten versammelt, um die aktuelle Version der Software kennenzulernen. Beim ersten Mal ging die Vorführung daneben. Elementare Dinge funktionierten nicht, weil über Nacht automatisiert bestimmte Firewallregeln aktiviert wurden, sodass die zentrale Datenbank nicht erreichbar war. Das Feedback der versammelten 15 Manager war direkt und deutlich.

Beim nächsten Mal war das Team perfekt vorbereitet. Das Produkt wurde so begeisternd gezeigt, dass ein Manager nach dem anderen seinen Laptop zuklappte, um ja nichts zu verpassen. Am Ende standen die Manager auf und bedankten sich bei den Teammitgliedern mit Handschlag für dieses Review. Das Team schwebte auf der Welle der Begeisterung über die Autobahn nach Hause.

Während der Sprints war der vom Dienstleister beauftragte Product Owner immer vor Ort beim Kunden und beobachtete, wie die Nutzer mit dem System arbeiteten. Jeder Fluch und jedes Lob der Nutzer beim Arbeiten mit dem System hatte direkten Einfluss auf die Priorisierung des Backlogs.

Produktreview mit Feedback aus dem Livebetrieb

Insbesondere bei Internetplattformen oder Smartphone-Apps kann der Kundenkontakt häufig noch intensiver gestaltet werden, indem neue Features kontinuierlich ausgeliefert werden. Man spricht von *Continuous Deployment* oder *Continuous Delivery* [Wolff 2016].

Viele Internetunternehmen liefern nach diesem Modell mehrfach täglich neue Versionen an ihre Kunden. Amazon, Flickr oder auch Otto eCommerce sind nur einige wenige Beispiele.

Auf diesem Wege kann zusätzlich zum qualitativen Feedback im Produktreview auch Feedback aus dem Livebetrieb ausgewertet werden. Dieses wird oftmals quantitativer Natur sein. Häufig wird mit A-/B-Tests gearbeitet: Ein neues Feature oder eine neue Version eines existierenden Features wird nur einer Teilgruppe der Nutzer angeboten. Bei der Auswertung wird dann analysiert, welche Version besser angekommen ist. Wichtig ist hier, dass A-/B-Tests gut geeignet sind, um sehr konkrete Annahmen darüber zu validieren, wie einzelne Features ausgestaltet sein müssen. Daher sind sie in Horizont 1 viel effektiver anwendbar als z. B. in den Horizonten 2 und 3, in denen die Unklarheiten noch so groß sind, dass qualitatives Feedback unumgänglich ist.

2.4   Wert in Horizont 2

In Horizont 2 haben wir es mit größeren Unsicherheiten als in Horizont 1 zu tun. Wir wollen ja einen neuen Geschäftsbereich für unser Unternehmen erschließen. Es wird in der Regel noch keine zahlenden Kunden geben. Daher können wir weder den Umsatz als Indikator für Wertschöpfung verwenden noch eine Kundenzufriedenheitsmetrik wie das Net Promoter System.

Wir gehen davon aus, dass wir in Horizont 3 bereits validiert haben, dass das adressierte Bedürfnis bei einer ausreichend großen Zielgruppe real existiert. Daher können wir uns in Horizont 2 darauf fokussieren, eine passende Lösung zu erstellen. Wir arbeiten also wertschöpfend, wenn unsere Lösung schrittweise besser geeignet ist, um das Kundenbedürfnis zu befriedigen.

Eine gute Produktvision hilft allen Beteiligten bei der Orientierung. Sie sollte Aufschluss darüber liefern, welche Bedürfnisse welcher Zielgruppe(n) durch welchen Lösungsansatz adressiert werden. Aber erst wenn Kunden und Lösung aufeinandertreffen, erlangen wir die Sicherheit, dass wir die Bedürfnisse richtig verstanden und eine passende Lösung gewählt haben. Diese Prüfung kann mit Produktreviews bzw. Sprint-Reviews erfolgen.

2.4.1   Produktvision

Roman Pichler schlägt ein Product Vision Board als Darstellung der Produktvision vor [Pichler 2016][4]. In der einfachsten Form besteht es aus einem Visionsstatement, den Zielgruppen, deren Bedürfnissen und der Produktskizze (häufig als Liste der Key Features).

Ein Beispiel zeigt Abbildung 2–6 für eine Internetanwendung, mit der Studenten Wohnungen bzw. WGs finden können.

---

4.   Es handelt sich dabei um eine vereinfachte Form eines Business Model Canvas [Osterwalder & Pigneur 2011].

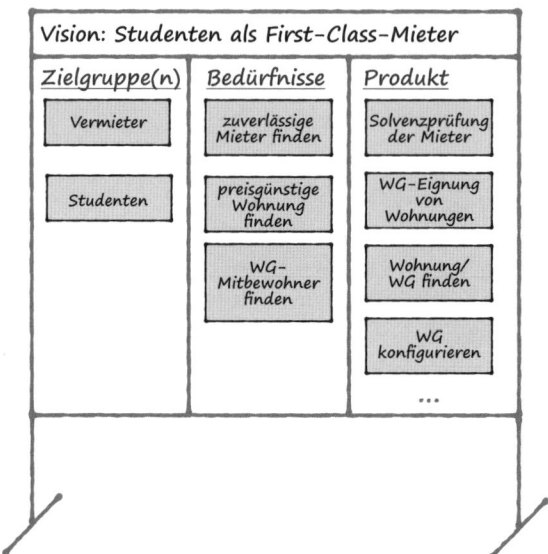

Abb. 2–6   *Product Vision Board nach R. Pichler*

Das Visionsstatement sollte kurz, einprägsam und motivierend sein. Es sollte auch Richtung geben und nicht mit »Marketing-Sprech« vernebelt werden. »Best-In-Class Cloud-Infrastruktur« wird in den meisten Kontexten zu schwammig sein.

Unterhalb des Visionsstatements gibt es die drei Bereiche »Zielgruppe(n)«, »Bedürfnisse« und »Produkt«. Unter »Zielgruppe(n)« werden die Zielgruppen beschrieben. Das kann wie im Beispiel gezeigt durch Akteurnamen geschehen. Personas [Wikipedia Persona] sind genauso möglich. Unter »Bedürfnisse« finden sich die Bedürfnisse bzw. Probleme der Zielgruppen. Es ist vollkommen in Ordnung, bei Zielgruppen und Bedürfnissen breit zu denken. Je näher wir der Entwicklung kommen, desto fokussierter sollte allerdings das Bild werden. Wir wollen nicht irgendwann in ferner Zukunft alle Bedürfnisse aller denkbaren Kunden lösen, sondern in sehr naher Zukunft sehr relevante Bedürfnisse wichtiger Zielgruppen. Meist ist es eine gute Idee, sich bei den Zielgruppen auf das Minimum zu beschränken, das notwendig ist, um das Produkt nutzen zu können. Im o.g. Beispiel werden Anbieter (Vermieter) und Nachfrager (Studenten) der Wohnungen benötigt. Auf Makler kann man im ersten Schritt als Zielgruppe aber verzichten. Bei den Bedürfnissen fokussieren wir auf das Zusammenbringen von Vermietern und Studenten.

Im Abschnitt »Produkt« wird das Produkt skizziert. Im ersten Schritt wird man häufig mit einer kurzen Liste von Key Features beginnen. Eine Menge von 5–8 Key Features hat sich in der Praxis bewährt. Bei deutlich mehr Features läuft man Gefahr, schon die gesamte Produktbeschreibung (das Product Backlog) in die Vision zu schreiben. Wenn sich das Bild des zu entwickelnden Produktes schärft, finden sich im Abschnitt »Produkt« häufig auch Oberflächenskizzen, das Geschäftsmodell und die Wettbewerber.

Streng genommen handelt es sich nur bei dem Visionsstatement um die Vision. Die restlichen drei Aspekte skizzieren eher die Produktstrategie. Vermutlich werden wir während der Entwicklung noch mehr über unsere Zielgruppen und deren Bedürfnisse lernen und dann die entsprechenden Aspekte anpassen, während die eigentliche Vision stabil bleibt.

Die Visualisierung mit dem Product Vision Board schafft Wert auf mehreren Ebenen. Zum einen bekommt die Geschäftsführung einen schnellen und einfachen Zugang zu ihren Produkten. Und zum anderen wird, wenn man es im Rahmen eines Workshops mit einer Gruppe von Menschen erarbeitet, allen Beteiligten klar, was ihr eigentliches Produkt ist und wie damit Wert für die Kunden erzeugt wird. Besonders gute Ergebnisse erhält man, wenn an der Erstellung der Produktvision das Team, der Sponsor, Kunden und Stakeholder partizipieren. Dabei hilft insbesondere auch die Erarbeitung der Produktvision an einer Wand, Pinnwand oder auf einem großen Blatt Papier.

Überraschenderweise können viele Mitarbeiter für das Produkt, an dem sie arbeiten, das Product Vision Board nur sehr lückenhaft ausfüllen – insbesondere fehlt häufig eine klare Vorstellung der Bedürfnisse, die das Produkt befriedigen soll. Das liegt an der traditionell tayloristischen Arbeitsteilung in Unternehmen, bei der Menschen nur einen sehr kleinen Ausschnitt an Informationen bekommen und brauchen, um ihren Beitrag zum Produkt zu liefern. Dieser Informationsmangel führt aber auch zu langsamen Prozessen in der Organisation und mangelnder Flexibilität im Markt.

Fallbeispiel: Produktvision bringt Klarheit (von Jürgen Hoffmann)

Bei einem Konzern wurde ich mit einem Kollegen gebeten, einen eintägigen Workshop zu moderieren, um die Produkt-Roadmap für die nächsten vier Quartale zu definieren. Als wir am Morgen vor den 40 versammelten Mitarbeitern aus der Fachabteilung standen, fragten wir als Erstes nach den Erwartungen an den Tag.

Die erste Wortmeldung war sinngemäß:»Können wir bitte die Produktvision formulieren? Ich weiß nicht, wofür das Produkt da ist.« Die zweite Wortmeldung lautete in etwa:»Für welche Kundengruppen machen wir das Produkt? Die sollten wir mal definieren.«

Das Schockierende an diesen Fragen war die Tatsache, dass insgesamt etwa 140 Menschen seit 1,5 Jahren an dem Produkt arbeiteten. Manche von ihnen konnten keinen sinnvollen Beitrag zum Produkterfolg liefern, weil ihnen elementare Informationen fehlten. Dass diese Szene auch ein interessantes Licht auf die Unternehmens- und Zusammenarbeitskultur wirft, ist hier nur ein Nebenthema.

In dem Workshop haben wir dann in Absprache mit der ebenfalls im Raum anwesenden Produktverantwortlichen die Agenda für den Tag umgestellt und erst im Plenum die Fragen nach Produktvision und Kundensegmenten beantwortet, bevor wir am Nachmittag mit der ganzen Gruppe die Quartalsplanung erarbeitet haben.

2.4.2   Produktreview/Sprint-Review

Ob wir mit der Produktvision richtig lagen, können wir mit Sicherheit erst wissen, wenn wir die Kunden mit dem Produkt konfrontieren. Dazu eignen sich Produktreviews/Sprint-Reviews.

Zum Produktreview gilt hier grundsätzlich dasselbe, wie wir es bereits bei Horizont 1 beschrieben haben: Das Produktinkrement muss möglichst produktionsnah vor Endkunden und Anwendern demonstriert werden, die Feedback zum Produkt geben. Eine klare Produktvision hilft bei der Bewertung des Feedbacks und erlaubt es insbesondere auch, Feedback nicht umzusetzen, wenn dieses der Vision nicht zuträglich ist.

Häufig wird Continuous Delivery in Horizont 2 weniger effektiv für Feedback sein als in Horizont 1. Schließlich gibt es noch keine große Menge von Anwendern, deren Nutzungsverhalten man sinnvoll quantitativ auswerten könnte. Zuerst müssen wir eine nützliche Lösung entwickeln, *dann* können wir viele Anwender gewinnen.

2.4.3   Design Sprints

Design Sprints[5] stellen einen strikten Rahmen zur Verfügung, mit dem in einer Woche fokussiert ein Prototyp entwickelt und Feedback dazu eingeholt werden kann.

Auf diese Weise kann in kurzer Zeit ein Lösungsansatz erstellt und mit echten Kunden und Anwendern validiert werden.

Jeder Tag der Sprint-Woche ist einem Prozessschritt gewidmet:

Montag: Ziel des Design Sprints festlegen

Der erste Tag beginnt mit dem Warum und dem Ziel des Design Sprints. Das Team wird sich klar darüber, welches Problem insgesamt in welchem Zeitraum gelöst werden soll.

Anschließend erzeugt das Team eine einfache Karte, um die Customer Journey durch oder mit dem Produkt zu visualisieren.

Zum Tagesabschluss formuliert das Team das Ziel des Design Sprints. Es sollte klar werden, wer der wichtigste Kunde und wo der kritischste Punkt in der Customer Journey ist. Wo liegen die größten Risiken und größten Chancen?

---

5.   Nicht zu verwechseln mit dem Sprint-Konzept aus Scrum. Das Konzept der Design Sprints
     wurde bei Google entwickelt.

Dienstag: Lösungsansätze skizzieren

Am zweiten Tag startet das Team zur Inspiration mit Mixen und Verbessern. Existierende Ideen aus anderen Anwendungen, anderen Fachdomänen oder anderen Produkten werden betrachtet und diskutiert.

Inspiriert durch diese Ansätze skizziert das Team eine große Menge von Lösungsideen auf Papier.

Mittwoch: Auswahl und Klärung von Lösungsansätzen

Am dritten Tag wird entschieden, welche der generierten Lösungsskizzen weiterverfolgt werden. Gegebenenfalls werden mehrere unterschiedliche Lösungsansätze integriert.

Für den gewählten Lösungsansatz erstellt das Team ein *Story Board*, das die Interaktion des Kunden mit dem Produkt in seinen einzelnen Schritten darstellt.

Unklare Punkte im »Was?« werden jetzt angesprochen und diskutiert – sodass das Team am Donnerstag den Fokus auf die Umsetzung, das »Wie?«, legen kann.

Donnerstag: Prototyp gestalten

Am vierten Tag wird der Prototyp gestaltet. Im Kern ist der Prototyp wie eine Kulisse beim Film: Großartig anzuschauen, aber nix dahinter. Und vom Film lernen wir auch: Alles kann als Prototyp realisiert werden. Und für den Kinogänger, in unserem Fall der Kunde, sollte die Kulisse glaubhaft und echt wirken.

Das Team sollte nicht vergessen, dass der Prototyp nach dem Test weggeworfen wird.

Freitag: Feedback einsammeln

Am letzten Tag wird der Prototyp demonstriert und es wird Feedback zum Prototyp eingesammelt.

Fallbeispiel: Design Sprints (von Jürgen Hoffmann)

Wir haben Design Sprints in Deutschland in der Automobilindustrie und bei einem Handelskonzern erfolgreich angewandt. Wenn das Unternehmen mutig genug ist, sich darauf einzulassen, steht am Ende meistens eine klare Antwort, ob das Produkt funktionieren wird und ob es den Kunden einen echten Nutzen bringen kann. Wenn die Antwort nach dem Design Sprint nicht eindeutig ist, kann das ein Indiz dafür sein, dass die ganze Geschichte zu groß und schwammig ist und man lieber kein weiteres Geld in das Produkt investieren sollte.

Weitere Infos zu Design Sprints

Details zu Design Sprints finden sich im Anhang A.2 und in [Knapp et al. 2016].

2.5   Wert in Horizont 3

In Horizont 3 geht es darum, Optionen für die Zukunft zu schaffen. Dabei weiß man noch nicht, welche Optionen wie wertvoll sein können. Eine Dating-Plattform für Katzen könnte viele Millionen Euro Umsatz generieren, wenn man sich ansieht, wie viele Katzenbesitzer es weltweit gibt. Genauso gut könnte es aber auch sein, dass damit gar kein Umsatz generiert wird, weil wir mit dem Produkt gar kein kundenrelevantes Problem lösen.

Unsere Schwierigkeit, in Horizont 3 gesicherte Aussagen über den Wert zu treffen, sollte aber nicht dazu führen, dass wir diese Fragestellung ignorieren und einfach aufs Geratewohl hinaus irgendwelche Produkte entwickeln. Stattdessen sollten wir Zeit und Geld investieren, um zumindest einen Teil der Unsicherheit zu beseitigen.

Don Reinertsen beschreibt dazu in [Reinertsen 2009] ein Gedankenexperiment. Wir stellen uns eine sehr einfache Lotterie vor, in der eine Zahl bestehend aus maximal drei Ziffern (also zwischen 0 und 999) zu raten ist. Wenn wir einmal raten, haben wir eine Chance von 0,1 %, die gesuchte Zahl zu erraten. Nehmen wir weiter an, wir würden 1.000 Euro Preisgeld bekommen, wenn wir die Zahl komplett richtig raten. Dann wäre das Mitspielen bei dem Ratespiel ökonomisch eine sichere Angelegenheit, wenn das Los weniger als 1 Euro kostet. Wenn wir alle 1.000 Zahlen ausprobieren würden, würden wir weniger als 1.000 Euro investieren bei einem sicheren Umsatz von 1.000 Euro. Wenn wir immer wieder an solchen Lotterien teilnehmen, können wir davon ausgehen, dass wir im Schnitt nach der Hälfte der Versuche die gesuchte Zahl geraten haben. Dann wäre es ökonomisch sogar sinnvoll, teilzunehmen, wenn der Lospreis unter 2 Euro liegt.

Nehmen wir an, wir könnten die erste Ziffer der dreistelligen Zahl erfahren. Dann würde sich die Gewinnwahrscheinlichkeit auf 1 % verzehnfachen. Wenn wir weniger als 900 Euro bezahlen müssten, um die erste Ziffer zu erfahren, wäre diese Investition sicher angelegt.

Dieses Gedankenexperiment hält wertvolle Einsichten für die Wertbestimmung in Horizont 3 für uns bereit. Die einzugehende Wette ist unsere Produktidee (Dating-Plattform für Katzen). Aus der Start-up-Szene wird berichtet, dass 9 von 10 Start-ups erfolglos sind [Ries 2011]. Unsere Erfolgswahrscheinlichkeit liegt also bei 10 %. Wenn wir durch geeignete Techniken die Erfolgswahrscheinlichkeit erhöhen können, sollte uns das Zeit und Geld wert sein. Nehmen wir an, die Entwicklung eines Produktes kostet uns 500.000 Euro. Mit einer 10 %igen Erfolgswahrscheinlichkeit müssen wir statistisch 5 Mio. Euro investieren, bis wir ein erfolgreiches Produkt haben. Wenn wir die Erfolgswahrscheinlichkeit auf 50 % erhöhen könnten (Ziffernkauf im Lotto-Beispiel), müssten wir statistisch nur noch 1 Mio. Euro für ein erfolgreiches Produkt investieren. Das Erhöhen der

Erfolgswahrscheinlichkeit sollte uns also knapp 4 Mio. Euro Wert sein. Es kann also durchaus sinnvoll sein, mehr Geld in das Lernen zu investieren als in die anschließende Entwicklung.

In den meisten Produktentwicklungen liegt das Hauptrisiko heute darin, dass es sich nicht lohnt, das Produkt überhaupt zu entwickeln, weil damit keine relevanten Kundenbedürfnisse befriedigt werden. Eric Ries schreibt dazu, dass die essenzielle Frage heute nicht mehr ist, ob wir das Produkt entwickeln *können*, sondern ob wir das Produkt entwickeln *sollten* [Ries 2011].

Wir müssen also Zeit und Geld investieren, um besser zu verstehen, ob bzw. welches Produkt wir bauen sollten. Und das bedeutet, die Kundenbedürfnisse bzw. Kundenprobleme zu verstehen und zu validieren, ob sich mit der Befriedigung der Kundenbedürfnisse ein Geschäft aufbauen lässt.

Auch wenn wir oben gesehen haben, dass es rein ökonomisch sinnvoll sein kann, viel Geld in diese Fragestellungen zu investieren, möchten wir natürlich trotzdem schnell und kostengünstig sein. So können wir mit der Menge an verfügbarem Geld in der verfügbaren Zeit möglichst viele Optionen schaffen.

Im Zentrum jeglicher Aktivität in Horizont 3 steht damit das Lernen über Kundenbedürfnisse, Geschäftsmodelle, neue technologische Möglichkeiten etc. Was auch immer in Horizont 3 bereits entwickelt wird, dient nur als Mittel zum (Lern-)Zweck.

2.5.1   Vorgehen in Horizont 3 zur Produkt-/Serviceentwicklung

In Horizont 3 müssen drei Aspekte abgedeckt werden:

1. Kundenbedürfnisse verstehen.
2. Produkt-/Service-Ideen entwickeln.
3. Produkt-/Service-Ideen validieren.

In der Regel wird man diese Aspekte nicht einmal sequenziell durchlaufen, sondern mehrfach iterativ (siehe Abb. 2–7).

Abb. 2–7   *Zyklisches Vorgehen in Horizont 3*

Bei der Validierung der Produkt-/Service-Ideen gehen wir davon aus, dass wir etwas Neues lernen. Auf dieser Basis vertiefen wir unser Verständnis der Kundenbedürfnisse und überarbeiten unsere Produkt-/Service-Idee. Das machen wir so lange, bis die Produkt-/Service-Idee ausreichend validiert ist, sodass wir in der Lage sind, eine Go-/NoGo-Entscheidung für die Entwicklung in Horizont 2 zu fällen. Ein »NoGo« bedeutet hier noch nicht, dass die Idee gar nicht entwickelt wird. Es bedeutet schlicht, dass andere Ideen uns im Moment wichtiger erscheinen.

Wir sehen uns die drei Aspekte im Folgenden etwas detaillierter an.

Kundenbedürfnisse verstehen

Wir haben am Anfang des Kapitels dargelegt, dass wir nicht einfach Kunden nach ihren Bedürfnissen fragen können. Das Ableiten von Kundenbedürfnissen aus Daten (z.B. durch statistische Verfahren) ist in den meisten Fällen ebenfalls von begrenzter Effektivität. Je näher wir dem Kunden in seinem Umfeld sind, desto besser können wir seine Bedürfnisse verstehen. Geeignete Verfahren zur Identifikation von Kundenbedürfnissen sind z.B.:

- Mit dem Kunden gemeinsam arbeiten.
- Den Kunden beobachten.
- Den Kunden interviewen.

Die Ansätze haben wir in der Reihenfolge ihrer Effektivität genannt. Mit der größeren Effektivität geht aber auch ein höherer Aufwand einher. In einem Interview bekommen wir indirektere Eindrücke als beim Beobachten. Dafür lassen sich Interviews in der Regel leichter arrangieren und sind schneller durchzuführen. Man muss also je nach Kontext entscheiden, welche Techniken wann geeignet sind. Dabei sollte man nicht zu leichtfertig auf die vermeintlich kostengünstigste Variante ausweichen. Toyota hat beispielsweise für die Entwicklung eines neuen Familienautos einen Ingenieur ein halbes Jahr mit einer amerikanischen Familie leben lassen, damit dieser bis ins Detail verstehen konnte, wie diese ihre Autos benutzt und welche Probleme existieren. Nissan hat für die Entwicklung seines ersten Autos für den europäischen Markt seine Ingenieure lange Strecken auf deutschen Autobahnen fahren lassen. So konnten sie direkt erfahren, was es bedeutet, lange Strecken in hoher Geschwindigkeit zu fahren [Nonaka & Takeuchi 1995].

Bei Interviews ist wichtig, dass diese nicht entlang eines starren Rasters durchgeführt werden. Insbesondere müssen offene Fragen gestellt werden. Offene Fragen lassen sich im Gegensatz zu geschlossenen Fragen nicht mit einem Wort beantworten, sondern laden ein, Geschichten zu erzählen. Wenn die Interviewten beginnen, Geschichten zu erzählen, werden sie die damit verbundenen Emotionen erneut durchleben und diese sind wichtige Indikatoren für relevante Bedürfnisse. Geht mit einem Problem keine emotionale Regung einher, wird der Kunde das spätere Produkt vermutlich nicht kaufen.

Die Erkenntnisse aus dem Kundenkontakt werden anschließend geeignet aufbereitet und ausgewertet. Dabei ist ebenfalls wichtig, dass die Emotionen erhalten bleiben und nicht auf rein rationale Fakten reduziert werden.

Produkt-/Service-Idee entwickeln

Auf Basis unseres aktuellen Verständnisses der Kundenbedürfnisse skizzieren wir Produkte/Services, mit denen die Kundenbedürfnisse befriedigt werden können.

Hier ist Kreativität gefragt und »out of the box«-Denken. Dabei helfen geeignete Kreativitätstechniken für Gruppen und generell schafft eine größere Diversität im Team das Potenzial für mehr Kreativität [Sawyer 2008].

Wichtig ist hier, dass der Zweck unseres Handelns möglichst schnelles Lernen ist. Wir suchen also nach Möglichkeiten, unsere Produkt-/Service-Ideen möglichst schnell zu validieren. In vielen Fällen brauchen wir dazu zunächst noch gar keine richtige Software. Papier-Prototypen oder animierte PowerPoint-Folien reichen häufig aus.

Produkt-/Service-Idee validieren

Schließlich wollen wir unsere Ideen validieren. Wir suchen dazu erneut den Kundenkontakt. Ob wir ihr Bedürfnis gut verstanden haben und ob unsere Lösung wirklich passend ist, können nur die Kunden beantworten. In der Regel werden wir mit qualitativen Verfahren mit einzelnen Kunden in direkte Interaktion treten. Wir stellen unsere Lösung vor, beobachten die Kunden bei ihrer Interaktion mit der Lösung und bitten um Feedback. Wenn wir auf diese Weise die Sicherheit gewonnen haben, dass unsere Lösung geeignet ist, um ein relevantes Problem zu lösen, ergänzen wir quantitative Verfahren. Schließlich müssen wir noch prüfen, ob sich ein funktionierendes Geschäftsmodell aufbauen lässt. Dazu versuchen wir, Reaktionen einer größeren Menge potenzieller Kunden zu provozieren. Das kann z. B. über Ad-Words-Kampagnen geschehen, die auf eine einfache Landing-Page verweisen, in denen die Lösung kurz beschrieben, aber nicht umgesetzt ist. Dropbox ist beispielsweise mit einer Landing-Page gestartet, auf der ein Video zu sehen war, das zeigte, wie Dropbox funktioniert. Das Produkt existierte zu dem Zeitpunkt noch nicht. Aus der Reaktion des Marktes auf das Video konnte Dropbox ableiten, dass es einen ausreichend großen Bedarf gibt.

2.5.2   Konkrete Techniken zum Einsatz in Horizont 3

Wir haben die generelle Herangehensweise und Haltung in Horizont 3 skizziert. Es gibt eine Reihe von methodischen Ansätzen, die hier hilfreich sind. Am bekanntesten sind Lean UX, Design Thinking und Lean Startup[6]. Die Ansätze überschneiden sich teilweise, legen aber unterschiedliche Schwerpunkte. Design Thinking und Lean Startup haben wir im Anhang etwas detaillierter beschrieben. Weitere Informationen finden sich in der einschlägigen Literatur.

Lean UX ist in [Gothelf & Seiden 2016] beschrieben. Details zu Design Thinking liefern z. B. [Gürtler & Meyer 2013] und die Webseite der School of Design Thinking [HPI 2017]. Für Lean Startup bieten sich [Ries 2011], [Maurya 2012] und [Blank & Dorf 2012] an.

2.6   Organisation für das 3-Horizonte-Modell

Damit das 3-Horizonte-Modell gut funktioniert, müssen bestimmte organisatorische Voraussetzungen erfüllt sein. Zunächst muss in jedem Horizont ausreichend Freiraum gesichert werden, sodass Innovation stattfinden kann. Außerdem müssen die Übergänge zwischen den Horizonten passend gestaltet werden. Es nützt schließlich wenig, wenn man in Horizont 3 ganz viele Optionen sichert, diese aber nie realisiert.

2.6.1   Freiraum in Horizont 1

In Horizont 1 findet das aktuelle Geschäft statt. Natürlich hat das viel mit »Execution« zu tun. Dabei sollte man nicht vergessen, dass auch hier Innovation notwendig ist. Existierende Produkte und Services müssen kontinuierlich weiterentwickelt und optimiert werden, z. B. bzgl. ihrer Qualität, aber auch hinsichtlich der Kosteneffizienz. Prinzipiell sind Innovationen in den drei Bereichen *Kundenbedürfnisse*, *Business-Modell* und *Technologie* sinnvoll (siehe Abb. 2–8). Kundenbedürfnisse werden auch in Horizont 1 noch besser verstanden, vor allem aber werden sie umfangreicher oder tiefgreifender adressiert. Das Business-Modell wird optimiert. Vielleicht wird dazu eine Internetplattform, die bisher rein werbefinanziert war, um ein Abo-Modell erweitert. Und nicht zuletzt können Innovationen bei der Technologie (Umsetzung im weitesten Sinne) stattfinden. Vielleicht werden bisher manuell erbrachte Dienste automatisiert (Beispiel: Geldauszahlungen finden nicht mehr am Schalter statt, sondern am Geldautomaten).

---

6. Diese waren keineswegs die Ersten, die sich mit Horizont-3-Fragestellungen beschäftigt haben. Participatory Design hat die Themen bereits vor Jahrzehnten adressiert [Wikipedia Participatory Design].

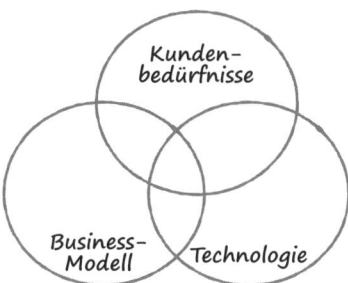

Abb. 2–8   *Innovationsbereiche*

Diese Innovationen benötigen Freiraum. Bei einer 100 %igen-Auslastung aller Beteiligten können kaum innovative Ideen entstehen, geschweige denn umgesetzt werden.

Es gibt vielfältige Modelle, wie dieser Freiraum geschaffen werden kann. Die Firma 3M ist bekannt dafür, dass sie viele neue Produktideen entwickelt hat. Dort hat jeder Ingenieur 15 % seiner Arbeitszeit zur freien Verfügung (sogenannte Slack-Time), um an eigenen Projekten zu arbeiten, die nicht weiter genehmigt werden müssen [Sawyer 2008][7]. Viele Firmen arbeiten mit Hackathons (manchmal auch Fedex-Days) [Wikipedia Hackathon], bei denen für ein bis fünf Tage viele Menschen zusammenkommen und gemeinsam Dinge ausprobieren. Eine dritte Variante sind Gold Cards [Higman et al. 2001]: Jeder Entwickler bekommt z. B. für ein Jahr eine Menge an Gold Cards. Diese kann er benutzen, um sich Slack-Tage »zu erkaufen«.

Fallbeispiel: Slack-Time (von Stefan Roock)

Bei einem Internetunternehmen wurde ein Slack-Time-Modell eingeführt. Jeder Entwickler hatte eine bestimmte Menge von freien Tagen, um sich mit neuen Dingen zu beschäftigen[8]. Die Entwickler haben sich in ihrer Slack-Time vor allem mit neuen Technologien beschäftigt. Die beiden Bereiche *Kundenbedürfnisse* und *Business-Modell* aus Abbildung 2–8 wurden gar nicht berücksichtigt.

Das war nicht im Sinne des Unternehmens, aber absolut nachvollziehbar. Die Entwickler hatten in ihrem Arbeitsalltag primär mit technischen Problemen zu tun (um den Kundenkontakt und die geschäftlichen Bedürfnisse haben sich in erster Linie die Product Owner gekümmert). Folgerichtig haben sie sich auch in der Slack-Time mit diesen Problemen beschäftigt.

→

---

7. Google verfolgt(e) ein ähnliches Modell. Es scheint aber nicht mehr oder nicht mehr durchgängig praktiziert zu werden.
8. Wir haben hier Gold Cards verwendet [Higman et al. 2001].

> Wenn das Unternehmen möchte, dass auch Fragestellungen aus den Bereichen Kundenbedürfnisse und Business-Modell bearbeitet werden, muss man eine größere Nähe zu den Kunden und zum Business schaffen. Zunächst sollten also Mitarbeiter aus dem Business mit in das Modell integriert werden (Product Owner, Sales, Marketing etc.). Zum anderen muss man die Entwickler näher an die Kunden bringen. Man könnte dazu z.B. die Regel etablieren, dass Slack-Time nicht im eigenen Büro, sondern nur beim Kunden verbracht werden darf. Dann erhöht sich die Chance, dass die Entwickler kundenrelevante Probleme erkennen und nachvollziehen können, und dann werden sie ihre Slack-Time auch in diese Art von Fragestellungen investieren.

2.6.2   Freiraum in Horizont 2

In Horizont 2 muss Freiraum anders behandelt werden. Im Grunde ist ja der ganze Horizont 2 Freiraum. Es geht um nichts anderes als die Entwicklung eines innovativen Produktes oder Service. Idealerweise weist das Team dazu die folgenden Eigenschaften auf:

1. Alle Teammitglieder sind exklusiv und Vollzeit in ihrem Team.

2. Alle Teammitglieder arbeiten am selben Ort (Co-Location), der isoliert ist von den Räumlichkeiten für Horizont 1.

3. Alle Teammitglieder sind nur ihrem Projekt in Horizont 2 verantwortlich und keinen anderen Vorgesetzten. (Die Teammitglieder können dazu z.B. während der Projektlaufzeit dem Projektmanager oder Product Owner disziplinarisch unterstellt werden.) Die Teammitglieder sind damit auch nur den »Regeln« des Projektes unterworfen und von allen weiteren Vorgaben des Unternehmens befreit.

Dieses Szenario mag einigen Lesern vielleicht utopisch erscheinen. Es gibt allerdings alteingesessene hierarchische Konzerne, die schon immer eine solche Projektkultur gelebt haben. Es ist also durchaus möglich – auch dann, wenn das eigene Unternehmen groß und vermeintlich bürokratisch ist.

Wenn diese Voraussetzungen gegeben sind und die Führung des Projektes das Projekt angemessen leitet, ist der notwendige Freiraum per se gegeben. [Nonaka & Takeuchi 1995] beschreiben, wie solche Projekte sehr innovative Hardwareprodukte hervorgebracht haben.

Unternehmen mit der oben beschriebenen Projektkultur bieten übrigens ideale Voraussetzungen für agile Entwicklung. Es gibt kaum Unternehmenseinflüsse und Hindernisse, die nicht lokal im Projekt gehandhabt werden können.

2.6.3   Freiraum in Horizont 3

In Horizont 3 wollen wir in kurzer Zeit mit wenig Aufwand möglichst viele Optionen schaffen. Dabei muss man sicherstellen, dass dies mit wenig Verwaltungsoverhead einhergeht. In einem zwölfköpfigen Gremium darüber zu entscheiden, ob fünf Tage in die Validierung einer Idee investiert werden soll, ist nicht effizient.

Eigene Abteilungen oder Teams dafür zu haben, ist dauerhaft auch nicht produktiv. Es entsteht zu schnell ein Elfenbeinturm im Unternehmen. [Nonaka & Takeuchi 1995] weisen darauf hin, wie wichtig Mitarbeiterrotation zwischen den verschiedenen Horizonten ist[9].

Damit in Horizont 3 sinnvoll der Samen für neue Geschäftsbereiche gesät werden kann, ist ein direkter Kontakt zum Markt essenziell. Daher ist es durchaus naheliegend, Horizont-3-Ideen aus dem Horizont 1 heraus zu generieren. In Horizont 1 haben die Beteiligten (hoffentlich) täglich direkten Kundenkontakt. Darüber können sie bisher nicht oder unzureichend adressierte Bedürfnisse erkennen.

Daher ist es eine naheliegende Idee, prinzipiell jedem Mitarbeiter die Möglichkeit zu geben, in Horizont 3 zu arbeiten. Die Zeit dafür kann über dieselben Slack-Modelle organisiert werden, die wir in Horizont 1 bereits gesehen haben: 15 %-Modell, Gold Cards, Hackathons.

Das 15 %-Modell und der Gold-Card-Ansatz alleine können bei etwas größerem Validierungsaufwand dazu führen, dass die Validierung einer Idee sehr lange dauert (weil dann z.B. 20 Tage auf mehrere Monate verteilt werden müssen). Eine Alternative sind Stufenmodelle: Jeder Mitarbeiter bekommt die Chance, ohne weitere Anträge pro Jahr fünf Tage seiner Arbeitszeit und 1.000 Euro in die Validierung einer Idee zu investieren; Mitarbeiter können sich auch zusammentun und damit ihre Kapazitäten bündeln. Mit dem Ergebnis ihrer Validierung können Mitarbeiter sich dann an ein Gremium wenden und das nächstgrößere Paket beantragen (z.B. 20 Tage und 10.000 Euro). So würde mit wachsendem Vertrauen in eine Idee angemessen viel Aufwand und Geld investiert werden.

2.6.4   Übergang von Horizont 3 nach Horizont 2

Beim Übergang von Horizont 3 nach Horizont 2 stehen meist relevante Investitionsentscheidungen an. Das Unternehmen muss entscheiden, wie viel es in welche der generierten Optionen investieren will.

Unternehmen fällen ständig Investitionsentscheidungen. Daher sollte es ihnen beim Übergang von Horizont 3 zu Horizont 2 auch nicht so furchtbar schwerfallen. Das Gegenteil ist aber häufig der Fall. Viele Unternehmen tun sich viel leichter mit Investitionsentscheidungen in Horizont 1. Dort befindet man sich in

---

9.   Die Autoren unterscheiden nur zwischen Geschäftssystem (Horizont 1) und Innovationssystem (Horizonte 2 und 3).

einem Gebiet, in dem man sich gut auskennt und Risiken leichter abschätzen und handhaben lassen.

Eine Investition in Horizont 2 ist von viel größerer Unsicherheit begleitet. Es könnte sein, dass man Millionen investiert und das Geschäft dann doch nicht so zündet, wie man es erhofft hatte. Wir versuchen durch die Validierungen in Horizont 3 die größten Unbekannten zu beseitigen. Ein »No-Brainer« wird die Investition dadurch aber auch nicht.

Neben der Frage nach Kosten und erwartetem Nutzen (ROI, Return on Investment) ist hier ganz wesentlich, ob das Unternehmen den anstehenden neuen Geschäftsbereich überhaupt möchte. Passt er zum generellen Unternehmenszweck? Entwickelt sich dadurch ein neuer Geschäftsbereich, der an existierende angrenzt, oder ist der Geschäftsbereich komplett neu für das Unternehmen? Unter Umständen könnte der potenzielle neue Geschäftsbereich auch existierendes Geschäft in Horizont 1 gefährden.

Ansoff-Matrix

Bei der Betrachtung dieser Frage hilft die Ansoff-Matrix [Ansoff 1957] (siehe Abb. 2–9). Sie unterscheidet auf der X-Achse zwischen existierenden und neuen Produkten und auf der Y-Achse zwischen existierendem und neuem Markt.

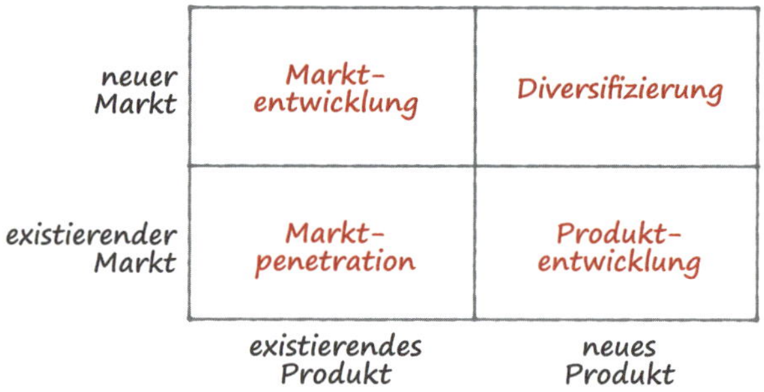

Abb. 2–9   *Ansoff-Matrix*

Investiert man in existierende Produkte in einem für das Unternehmen existierenden Markt, fokussiert man auf *Marktpenetration*: Mehr Kunden sollen das Produkt benutzen. Die Investitionen konzentrieren sich meist auf Marketing und Vertrieb.

Entwickelt man ein neues Produkt für einen existierenden Markt, spricht man von *Produktentwicklung*. Die Investitionen konzentrieren sich folgerichtig auf die Entwicklung.

Um *Marktentwicklung* geht es, wenn ein existierendes Produkt in einen neuen Markt eingeführt wird. Das passiert häufig, indem ein z. B. in Deutschland erfolgreiches Produkt auch in europäischen Nachbarländern angeboten wird. Es ist aber auch möglich, ein existierendes Produkt durch Neupositionierung (und kosmetische Änderungen am Produkt) für eine neue Zielgruppe zu positionieren (z.B. Damen-Rasierer). Auch hier wird man konzentriert in Marketing und Vertrieb investieren.

Und schließlich kann man ein neues Produkt für einen neuen Markt entwickeln. Dann spricht man von *Diversifizierung* (des eigenen Angebots). Jetzt sind Investitionen sowohl in Entwicklung wie auch in Marketing und Vertrieb notwendig.

Für langfristiges Wachstum dürfte es in den meisten Fällen angemessen sein, alle vier Quadranten der Ansoff-Matrix zu besetzen.

Wenn man die Ansoff-Matrix zum 3-Horizonte-Modell in Beziehung setzt, ist offensichtlich, dass Marktpenetration in Horizont 1 stattfindet und Diversifizierung in Horizont 2 und 3. Marktentwicklung wird meist in Horizont 2 verortet sein. Produktentwicklung kann je nach Anspruch der Entwicklung in Horizont 1 oder 2 stattfinden. Entwickelt ein Staubsaugerhersteller schlicht das nächste Modell einer erfolgreichen Staubsaugerreihe, wird diese Entwicklung in Horizont 1 erfolgen. Das neue Staubsaugermodell wird schließlich nicht zur Erschließung neuer Geschäftsfelder führen. Als Matsushita den ersten Heimbrotbackautomaten entwickelte [Nonaka & Takeuchi 1995], adressierte man damit die existierenden Kunden (an die man bereits andere Küchenkleingeräte verkaufte). Matsushita hatte jedoch vor, durch dieses neue Produkt ein neues Geschäftsfeld zu erschließen (und war damit auch erfolgreich). Diese Entwicklung fand also in Horizont 2 statt.

2.6.5 Übergang von Horizont 2 nach Horizont 1

Beim Übergang von Horizont 2 nach Horizont 1 ist die Entwicklung zumindest so weit abgeschlossen, dass eine breite Markteinführung möglich ist. Es müssen also spätestens jetzt Marketing und Vertrieb berücksichtigt werden.

Manchmal können existierende Marketing- und Vertriebsstrukturen auch für das entwickelte Produkt verwendet werden. Im oben genannten Beispiel des Heimbrotbackautomaten von Matsushita war dies der Fall. Die Kunden konnten über die existierenden Marketingkanäle angesprochen werden und die existierenden Vertriebsstrukturen für die existierenden Küchenkleingeräte waren auch für Heimbrotbackautomaten geeignet.

Der Übergang von der Entwicklung zum Marketing und Vertrieb ist aber nicht immer ganz so einfach. Ein berühmtes Beispiel ist Kodak, die bereits 1975 eine erste Digitalkamera entwickelt hatten [Estrin 2015]. 1989 war die Entwicklung so weit ausgereift, dass Kodak eine alltagstaugliche Digitalkamera hatte. Das Marketing war allerdings nicht bereit, die Kamera zu bewerben. Man befürchtete, das sehr gut laufende Geschäft mit Filmen und Fotopapier zu beschädigen.

Ein anderes Beispiel können Neuwagenkäufer im Autohaus ihres Vertrauens bewundern. Die meisten Autohersteller haben mindestens ein Elektroauto im

Programm. In der Ausstellung der Verkäufer sucht man danach aber meist verge-
bens. Es scheint für die Autohäuser attraktiver zu sein, Autos mit Verbrennungs-
motoren zu verkaufen. Vermutlich sind die Margen dort größer.

Bei anderen Produkten ist klar ersichtlich, dass existierende Marketing- und
Vertriebsstrukturen nicht wiederverwendet werden können. Das ist insbesondere
dann der Fall, wenn ein Produkt für einen neuen Markt entwickelt wird. Ein Beispiel dafür ist die für ihre Staubsauger bekannte Firma Dyson, die im Herbst
2017 ankündigte, ein Elektroauto bauen zu wollen. Es ist offensichtlich, dass
Autos anders vermarket werden müssen und andere Vertriebsstrukturen brauchen als Staubsauger. Hier müssen also Marketing und Vertrieb für das neue Produkt komplett neu aufgebaut werden.

Das zeigt ganz eindringlich, dass der Übergang von Horizont 2 zu 1 nicht von
selbst geschieht, wenn die Entwicklung abgeschlossen ist. Es ist ein gehöriges
Stück Arbeit notwendig, in der Regel direkt vom Topmanagement, damit ein tol-
les Produkt auch den Erfolg am Markt haben kann, der ihm zusteht.

2.6.6   Personalstrategien der Horizonte

Jeder Horizont braucht seine eigene Personalstrategie. Das betrifft die Skills und
Persönlichkeitstypen der Teammitglieder sowie die zeitliche Teamzuordnung.

Horizont 1

In Horizont 1 ist Stetigkeit ein wichtiges Qualitätskriterium. Die hohe Qualität
der existierenden Produkte und Services darf nicht durch Innovationen gefährdet
werden. Man kann der eigenen Marke schaden, wenn man die existierenden Produkte und Services zu radikal ändert. Ein Team, das nur aus kreativen Köpfen
besteht, wird Schwierigkeiten haben, die notwendige Stetigkeit sicherzustellen.

Um die gleichbleibende Zuverlässigkeit der Produkte und Services sowie die
dafür notwendige Verlässlichkeit innerhalb des Teams herzustellen, sollten die
Teammitglieder den Großteil ihrer Zeit in das Team investieren.

Horizont 2

In Horizont 2 soll ein neues innovatives Produkt entwickelt werden. Dieses bricht
möglicherweise mit existierenden Vorstellungen, Geschäftsmodellen etc. Das
Team muss also den dafür notwendigen Mut und die dafür notwendige Kreativität mitbringen.

Außerdem muss das Team sich voll und ganz auf das neue Produkt konzentrieren und muss ausreichend vom Rest des Unternehmens isoliert sein; sonst
bekommt das Team den Kopf nicht so frei, dass es Dinge neu denken kann. Idealerweise sind alle Teammitglieder Vollzeit im Team und arbeiten am selben Ort
auf einer eigenen Projektfläche.

Es ist meist allerdings keine gute Idee, wenn Mitarbeiter ausschließlich in Horizont 2 arbeiten. Es entsteht dann allzu leicht ein Elfenbeinturm im Unternehmen. Stattdessen sollten Mitarbeiter aus Horizont 1 temporär in Horizont 2 und wieder zurück rotiert werden. Die Rückrotation kann auch dadurch stattfinden, dass die Mitarbeiter zusammen mit dem Produkt in Horizont 1 übergehen. Sie sind dann für den Betrieb, Service und die Weiterentwicklung in Horizont 1 verantwortlich – meist ergänzt durch zusätzliche Kollegen.

Horizont 3

Die ersten Schritte einer neuen Idee in Horizont 3 benötigen in der Regel kein dediziertes Team. Sie können durch »Stippvisiten« in Horizont 3 erfolgen. Eine Möglichkeit dazu ist ein 20 %-Modell, wie es bei Google bis vor wenigen Jahren üblich war, bei dem Mitarbeiter 20 % ihrer Wochenarbeitszeit in Horizont-3-Ideen investieren dürfen – ohne große Genehmigungen. Eine andere Variante sind Hackathons (alias Fedex-Days, Inno-Days etc.), bei denen sich eine größere Menge von Menschen für ein bis drei Tage einschließt, um verschiedenste Ideen auszuprobieren.

Auf diesem Wege können neue Ideen quasi nebenbei entwickelt und validiert werden. Wenn so z. B. erste Prototypen entwickelt und mit einzelnen Kunden getestet wurden, kann ggf. ein temporäres Team mit kurzer Laufzeit aufgesetzt werden, das weitere Validierungen z. B. bezüglich des Business-Modells durchführt.

In Horizont 3 sind ein flexibles Rollenverständnis, vielfältige Fähigkeiten, Offenheit gegenüber Überraschungen, Empathie für Kundenbedürfnisse, Querdenken und Diversität noch wichtiger als in den anderen Horizonten. Wenn Teams für ein Horizont-3-Projekt zusammengestellt werden, sollte darauf geachtet werden. Der klassische Nerd, der nicht mit Kunden sprechen will, ist in dem Team ähnlich deplatziert wie ein High-Level-Konzepter, der an der Umsetzung nicht teilnehmen will.

Personalstrategien zusammengefasst

Als Richtlinie kann folgendes Modell dienen:

- Teammitglieder in Horizont 1 sind exklusiv ihrem Team zugeordnet und erbringen 10–20 % ihrer Arbeitszeit für Horizont-3-Ideen.
- Teammitglieder in Horizont 2 sind ihrem Team vollständig zugeordnet und arbeiten während der Horizont-2-Entwicklung gar nicht in Horizont 1 oder 3.

2.6.7   Entwicklung in den drei Horizonten

Als Beispiel betrachten wir hier einen Versicherungskonzern, der mit seinen Mitarbeitern Versicherungsprodukte entwickelt. Es geht hier nicht zentral um ein Softwaresystem zur Verwaltung und Organisation von Verträgen und Kundendaten – sondern um die Versicherungsangebote an die Kunden.

In **Horizont 1** hat so ein Unternehmen vielleicht klassische Lebensversicherungen und Rentenversicherungen, die zum Teil vor Jahrzehnten abgeschlossen wurden. Die Rahmenbedingungen sind klar, der Geldfluss vorhersagbar und die Mitarbeiter im Unternehmen kümmern sich im Wesentlichen darum, möglichst effizient diese Verträge zu verwalten. Die meisten Unternehmen sind darin ganz gut – diese Arbeiten wurden jahrelang eingeübt und die Prozesse sind allen bekannt.

In **Horizont 2** ist die Situation komplex – niemand kann eine stabile Vorhersage machen, weil es zu den gerade entstehenden Produkten keine historischen Daten zu Umsatz und Kundenzufriedenheit gibt. Hier bewährt sich die Stärke eines echten Scrum-Teams. Weil alle Teammitglieder exklusiv und Vollzeit im Team sind, am selben Ort im selben Raum zusammen arbeiten und nur ihrem Projekt verantwortlich sind, kommt es zu einer schnellen, effektiven Lösungsfindung jenseits der ausgetretenen Wege. Zudem haben die Teammitglieder idealerweise aufgrund verschiedener Ausbildungen (wie z.B. Versicherungsmathematikerin, Marketingexperte, Vertriebsexpertin, Versicherungskaufmann, Rechtsanwalt, Sachverständiger, Gutachter, Versicherungsfachwirtin, Softwareentwickler, Grafikdesigner) und Persönlichkeiten unterschiedliche Sichtweisen auf das neue Produkt. Schauen wir uns das einmal an einem Fallbeispiel aus der Sicht des Kunden an.

Fallbeispiel: Pflegeversicherung (von Jürgen Hoffmann)

Vor einiger Zeit hat meine Frau sich für eine neuartige Pflegeversicherung interessiert. Nach einer Recherche forderte sie von verschiedenen Unternehmen Angebote an.

Eine Versicherung schickte ein 40-seitiges Dokument mit sehr kleingedrucktem Text – dieses Produkt war aus Sicht der Versicherung formuliert. Eine andere Firma schickte ein optisch ansprechendes DIN-A4-Blatt, auf dem stand in wenigen Sätzen: Wir sind die xyz Versicherung. Das ist die Leistung. Das sind die Kosten. Bitte unterschreiben Sie hier. Dieses Produkt war vom Kunden her gedacht. Klar und verständlich. Meine Frau hat ohne zu zögern sofort das DIN-A4-Formular unterschrieben und zurückgesandt. Die 40 Seiten des Konkurrenzangebots zu lesen war ihr die Lebenszeit nicht wert.

Das kompliziertere Angebot war vielleicht sogar finanziell günstiger, aber es war aus dem Versicherungsunternehmen heraus gedacht: Wir wollen alle Eventualitäten detailliert regeln und trauen unserem Kunden nicht über den Weg – so wie wir das schon immer gemacht haben.

→

> Das aufgrund seiner Schlichtheit attraktivere Angebot war vom Kunden her konzi-
> piert: Für den Kunden einfach, klar und verständlich formuliert – gefühlt ohne Fußangeln
> im Kleingedruckten –, obwohl es auch hier eine Handvoll Seiten mit Versicherungsbedin-
> gungen gab. Ein typisches Produkt, wie es ein Scrum-Team mit Kundenfokus bauen
> würde. Das Team hat sehr viel Energie hineingesteckt, um die Schlichtheit der Oberflä-
> che der Google-Suche in einem Versicherungsprodukt zu spiegeln. Vielleicht war das
> sogar die Vision, mit der das Team gestartet ist.

In **Horizont 3** kommt es darauf an, möglichst viele Optionen für die Zukunft zu
erzeugen. Hier darf der Fantasie freien Lauf gelassen werden. Welche Risiken
erleben die Menschen – was können wir tun, um die finanziellen Folgen dieser
Risiken abzufedern? Jeder Mitarbeiter im Unternehmen ist aufgerufen, darüber
nachzudenken.

Wir haben in diesem Kapitel über Freiraum gesprochen – der ist hier besonders gefordert. Ein Mitarbeiter in Horizont 1, der im Wesentlichen an seiner Effizienz gemessen wird, fokussiert sich nur auf das tägliche Geschäft mit dem, was
schon da ist. Genauso wie ein Mitarbeiter in einem Scrum-Team seinen Fokus auf
das eine Produkt legt.

Um die Frage nach Risiken der Menschen zu beantworten, hilft es, in den
Dialog mit verschiedensten Menschen zu treten. Was beschäftigt diese Men-
schen? Wovor haben sie Angst? Was sind echte Schicksalsschläge? Aus diesem
Dialog entstehen Ideen für neue Produkte.

Genauso gut können aber auch Ideen entstehen, die nicht am traditionellen
Geschäftsmodell einer Versicherung angelehnt sind. So baut z. B. die Deutsche
Post in ihrer 100 %-Tochterfirma Streetscooter Elektrolieferfahrzeuge für den
eigenen Bedarf und für Dritte. Ursprünglich ging es nur darum, ein Problem des
Konzerns beim Ausliefern von Paketen zu lösen. Jetzt ist daraus für traditionelle
Automobilkonzerne ein leistungsfähiger Konkurrent entstanden.

2.6.8   Produkt-Roadmaps in den drei Horizonten

Die Idee einer Produkt-Roadmap ist eine visuelle Darstellung des Zusammen-
spiels von Vision und Zielrichtung des Produktes im Markt. Darin offenbaren
sich die Strategie und auch der Plan, mit dem die Strategie umgesetzt wird. Eine
gute Produkt-Roadmap hilft bei der Kommunikation des »Was?« und
»Warum?«.

Es ist eine häufige Praxis in Unternehmen, für jedes Produkt eine Roadmap
zu definieren.

Welche Eigenschaften definieren die Produkt-Roadmaps in den drei Horizonten?

▦ In **Horizont 1** ist die Roadmap häufig über die Zeit sehr stabil. Sie umfasst Zeiträume von zum Beispiel 12, 18 oder mehr Monaten und wird unter Umständen in hochrangigen Managementkreisen jährlich beraten und beschlossen. Da die Veränderungsgeschwindigkeit des Geschäftsmodells in Horizont 1 eher niedrig ist, folgt auch ein geringer Anpassungsbedarf.

▦ In **Horizont 2** macht eine detailreiche Roadmap über 18 und mehr Monate keinen Sinn. Veränderungen am Geschäftsmodell, Kundengruppen und im Markt geschehen viel häufiger. Die Entscheidungsprozesse müssen der Geschwindigkeit folgen, mit der wir neue Erkenntnisse aus dem Markt gewinnen. Hier umfasst die Roadmap vielleicht einen Zeitraum von 3 Monaten in die Zukunft, der einigermaßen stabil ist. Teile der Roadmap, die zeitlich dahinter liegen, sind bewusst unscharf formuliert und detailarm gehalten, weil sie so volatil sind.

  In dieser Situation raten wir dazu, die Entscheidungen in die Hände eines Product Owners zu legen, der sich eventuell regelmäßig mit hochrangigen Managementkreisen berät. Wenn wir einem solchen Produkt eine Roadmap und den jährlichen Beratungsprozess aus dem Horizont 1 aufzwingen, dann verpasst das Produkt viele Chancen und wir bauen inzwischen obsolete Features ein.

▦ In **Horizont 3** ist jede Roadmap wenige Momente nach ihrer Erstellung falsch. Wir können täglich an den Punkt kommen, aufgrund von aktuellen Lernmomenten das Produkt zu verwerfen und eine völlig neue, wertvollere Idee zu verfolgen.

  Eine Roadmap könnte hier einen Wert haben, um Entscheidungsträger im Unternehmen für Potenziale unseres Produktes zu begeistern. In der Kommunikation muss aber sehr deutlich werden, dass mit der Roadmap in Horizont 3 nur ein möglicher Pfad in die Zukunft gezeichnet wird – und dass wir sicher sind, dass der echte Pfad rückblickend ein anderer sein wird. Insofern sollte nicht zu viel Energie auf Details verwendet werden. Die Roadmap ist hier ein Wegwerfprodukt mit extrem kurzer Lebensdauer.

  In Bezug auf Entscheidungen ist in diesem Fall ein echter ermächtigter Product Owner unerlässlich. Der ultimative Test für den Product Owner wäre die Frage: »Kann ich entscheiden, die Produktentwicklung zu beenden und das Produkt aus dem Markt zu nehmen?« – Wenn die Antwort »Ja!« lautet, dann haben wir einen guten Product Owner. Sollte die Antwort »Nein!« sein, dann müssen wir uns auf die Suche nach dem echten Product Owner machen, um ihm seine Verantwortung deutlich zu machen.

Produkt-Roadmap und Business-Plan

Produktentwicklung kann sehr aufregend und spannend sein. Auch für die Menschen, die die Finanzierung verantworten oder ihr eigenes Geld in die Entwicklung stecken. Insofern wünschen sich die Beteiligten immer etwas Sicherheit. Eine Produkt-Roadmap kann dazu dienen, ein Gefühl von Sicherheit zu vermitteln. Je nach Horizont ist diese Sicherheit unter Umständen so volatil, dass nur eine Illusion vermittelt wird. Wie kann man trotzdem eine Ableitung für einen Business-Plan oder einen Budgetplan versuchen?

Wenn das Marktumfeld sehr dynamisch oder noch undefiniert ist, weil wir den Markt mit unserem Produkt erst erzeugen werden, dann können andere Variablen fix gehalten werden.

So kann der Produktverantwortliche z. B. für einen Zeitraum von 12 Monaten im Voraus festlegen, mit wie vielen Mitarbeitern er an dem Produkt arbeiten möchte. Das definiert einen großen Kostenanteil und ermöglicht es, eine darüber liegende Budgetobergrenze zu bestimmen, um das Risiko zu managen.

Dafür kann man naturgemäß in Horizont 3 dem Investor nicht eine exakte Liste mit Produkteigenschaften überreichen. Er geht in jedem Fall eine Wette mit seinem Geld ein.

In Horizont 1 ist das eher möglich – wegen der größeren Stabilität wird in vielen Fällen ein Großteil der Produkteigenschaften nach der vereinbarten Zeit vorliegen. Aber auch hier gibt es keine Garantie auf eine exakte Erfüllung einer detaillierten Liste. Unsere Welt ist komplex und wir müssen unsere Handlungen und Pläne ständig anpassen.

2.7 Das Kapitel in Stichpunkten

- Nur wer seine Kunden begeistert, kann dauerhaft erfolgreich sein.
- Um Kunden zu begeistern, muss man ihre Bedürfnisse verstehen und wissen, wie diese so befriedigt werden können, dass es auch wertvoll für das eigene Unternehmen ist (Wertschöpfung).
- Wachstum in einem existierenden Geschäftsfeld ist begrenzt. Möchte man dauerhaft wachsen, muss man zusätzliche Geschäftsfelder aufbauen.
- Das 3-Horizonte-Modell unterscheidet drei Innovationshorizonte, die für dauerhaftes Wachstum besetzt werden müssen.
- In jedem Horizont sind unterschiedliche Mechanismen geeignet, um Wertschöpfung zu messen und auf dieser Basis Innovationen hervorzubringen und zu validieren.
- Die drei Horizonte jeweils in sich sowie die Übergänge zwischen den Horizonten gut zu organisieren, ist eine große Herausforderung – nicht nur bzgl. Strukturen und Prozessen, sondern auch hinsichtlich der Unternehmenskultur.

3 Wertschöpfung als Teamaufgabe

Teams sind die effektivste Form zur Organisation komplexer Arbeit, insbesondere dann, wenn sie eigenständig (autonom) und selbstorganisiert arbeiten. Dann können sie sich sehr schnell und flexibel an sich ändernde Randbedingungen anpassen. Kundenwertoptimierende Teams verstehen sich nicht als Lieferanten für die Bestellungen der Fachseite oder eines Product Owners. Sie verstehen die Wertschöpfung für Endkunden als gemeinsame Teamaufgabe (»Optimize Value« nach dem Agile Fluency Model™).

Spätestens jetzt reicht es nicht mehr aus, wenn die Teammitglieder nur »ihren Dienst tun«. Sie müssen sich noch mal deutlich umstellen, wenn die Diversität im Team zunimmt. Teams, die liefern, was ein Product Owner bestellt, sind meist interdisziplinär innerhalb des IT-Bereiches zusammengestellt (z.B. Frontend-Entwicklung, Backend-Entwickler, Tester). Für die direkte Optimierung des Kundennutzens im Team muss das Team erstens deutlich näher am Kunden sein und es muss in der Regel Fachexpertise ins Team integriert werden. Wir sehen uns daher in diesem Kapitel zuerst an, wie man ein entsprechend besetztes Team bildet.

Mit einem so breit aufgestellten Team ändert sich auch die Sichtweise auf die Product-Owner-Rolle. Wir betrachten, wie diese sinnvoll ausgeübt werden kann. Solche Teams berichten mit Metriken ins Unternehmen, die direkte Geschäftsrelevanz haben (z.B. Kundenzufriedenheit, Umsatz). Wir schauen uns an, welche Metriken hier geeignet sind und welche eher nicht.

In komplexen Zusammenhängen kann nicht mehr ein Team mit max. neun Mitgliedern alleine Nutzen für Endkunden stiften. Damit stellt sich für viele Produkte die Frage nach der Skalierung der Teams: Es müssen nun mehrere Teams am selben Produkt arbeiten. Abhängig von Produkttyp muss das geeignete Skalierungsmodell ausgewählt oder entwickelt werden.

3.1   Eigenständige Teams

Es sind unterschiedliche Ausprägungen von Teamautonomie denkbar. Eine nützliche Klassifikation stammt von Hackman (siehe [Hackman 2002]), der grundsätzlich vier Aufgabenbereiche definiert, die abzudecken sind:

1. Der Teamzweck muss definiert werden (»setting overall direction«).

2. Dazu passend muss das Team zusammengestellt und in die Gesamtorganisa-
    tion eingebettet werden (»designing the team and it's organizational context«).

3. Die Arbeit des Teams muss organisiert werden (»monitoring and managing
    the work process and progress«).

4. Schließlich muss die Arbeit selbst erledigt werden (»executing the team task«).

Entlang dieser Aufgabenbereiche unterscheidet Hackman vier Ausprägungen von
Teamautonomie (siehe Abb. 3–1):

1. **Executing the team task**
    Teams, deren Verantwortung darauf beschränkt ist, Aufgaben auszuführen,
    die von außen vorgegeben werden, nennt Hackman »manager-led teams«.

2. **Monitoring and managing the work process and progress**
    Teams, die selbst Ziele in Aufgaben zerlegen und ihre Arbeit zur Zielerrei-
    chung selbst organisieren, nennt Hackman »self-managing teams«.

3. **Designing the team and it's organizational context**
    Wenn die Teams selbst über die Teammitgliedschaft und die Einbettung des
    Teams in den organisatorischen Kontext entscheiden, spricht Hackman von
    »self-designing teams«.

4. **Setting overall direction**
    Wenn das Team auch seine generelle Richtung bzw. den Teamzweck selbst
    festlegt, spricht Hackman von »self-governing teams«.

setting overall
direction

designing the team
and it's
organizational
context

monitoring and
managing the work
process and progress

executing the
team task

management
responsibility

teams own
responsibility

manager-   self-designing
led teams   teams

self-managing   self-governing
teams   teams

Abb. 3–1   *Unterschiedlicher Autonomiegrad von Teams nach Hackman*

Wertoptimierende Teams sind mindestens *self-managing* Teams. Solche Teams werden zumindest in komplexeren Umgebungen häufig immer noch nicht die Anpassungsfähigkeit aufweisen, die notwendig ist, um auf Kundennutzen hin zu optimieren. Daher wird man in den meisten Fällen *self-designing* Teams benötigen. Wir führen dieses Argument detaillierter in den folgenden vier Abschnitten aus.

3.1.1   Manager-led Teams

Managergeführte Teams haben noch nicht den Grad von Selbstorganisation, der für agile Entwicklung notwendig ist. Das Team kann gemeinsam eine Aufgabe erledigen, die eine Person alleine gar nicht oder deutlich langsamer erfüllen kann. Das Team als solches ist aber nicht besonders adaptionsfähig an den Kontext. Jegliche Anpassung der Arbeitsorganisation muss durch das Management erfolgen. Der Vorteil managergeführter Teams ist, dass nur sehr geringe Investitionen notwendig sind, um diese Art von Teamarbeit zu etablieren.

Wir betrachten managergeführte Teams hier nicht weiter, weil sie nicht die Anpassungsfähigkeit haben, die für wertoptimierende Teams notwendig ist.

3.1.2   Self-managing Teams

Self-managing Teams sind selbstorganisierte Teams im agilen Sinne. Die Teams organisieren ihre Arbeit selbst, behalten den Arbeitsfortschritt selbst im Blick und passen ihre Arbeitsorganisation ggf. an.

Dieser Vorteil erfordert Investitionen: Teammitglieder müssen lernen, als Team gemeinsam Verantwortung zu übernehmen und die Arbeit selbst zu organisieren.

Wertoptimierende Teams müssen mindestens *self-managing* Teams sein. Ansonsten können sie sich nicht selbstständig an das anpassen, was notwendig ist, um Kundenwert zu schaffen.

Darüber hinaus ist es wichtig, dass die Teams selbst herausfinden, welche Produkteigenschaften zu entwickeln sind. Ein Product Owner kann auch für wertoptimierende Teams sinnvoll sein. Dieser muss sich allerdings auf die Priorisierung fokussieren und darf nicht die User Stories für das Team schreiben. Häufig werden wertoptimierende Teams selbst den Product Owner auswählen. Er kann prinzipiell aber auch von außen bestimmt werden.

Am besten wissen die Mitarbeiter, welche Fähigkeiten ihnen fehlen, um ein erfolgreiches Produkt zu erstellen. Vielleicht bemerken sie erst während der Produktentwicklung, dass ein benötigtes Spezialwissen fehlt. Dann kann es noch ergänzt werden – entweder durch Training, zeitweises Hinzuziehen eines beratenden Experten oder durch die Verpflichtung eines neuen Mitarbeiters. Diese Optionen stehen *self-managing* Teams nicht vollständig zur Verfügung. Erst *self-designing* Teams sind ausreichend bevollmächtigt, um sich vollständig an die Notwendigkeiten der Wertschöpfung anpassen zu können.

3.1.3   Self-designing Teams

Self-designing Teams legen selbst fest, wer Teammitglied ist, welche Rollen von wem bekleidet werden und wie sich die Teams in die Organisation einbetten – dazu gehört auch die Interaktion von Teams untereinander. Damit schaffen *self-designing* Teams Anpassbarkeit an den Kontext über ein Team hinaus.

Natürlich sind auch dafür erneut Investitionen notwendig. So brauchen *self-designing* Teams Constraints (Randbedingungen), innerhalb deren sie sich umgestalten dürfen. Ein typischer Constraint ist die Forderung, dass jedes Team Einträge aus dem Product Backlog End-to-End umsetzen kann. Diese Constraints zu definieren, kostet Zeit und Energie. Darüber hinaus müssen die Teams für die Anpassung ihrer Interaktionen viel intensiver den Dialog mit der Umwelt (z. B. andere Teams) suchen, als es bei *self-managing* Teams der Fall ist. Auch das will gelernt sein.

Wenn mehrere wertoptimierende Teams notwendig sind, um ein Produkt zu entwickeln, sind *self-designing* Teams die passende Antwort. Jetzt reicht es für eine Optimierung der Wertschöpfung nicht mehr aus, wenn dies lokal je Team geschieht. Stattdessen müssen sich Teammitgliedschaften und Teaminteraktionen an das anpassen, was zur Wertoptimierung notwendig ist.

Ein typisches Beispiel sind Querschnittsänderungen, die quer durch die Teams gehen. Diese Querschnittsänderungen können so durchgeführt werden, dass sie auf die Teams verteilt und ausgeführt werden und anschließend die einzelnen Teamergebnisse integriert werden. Alternativ kann man auch ein temporäres Team bilden, das sich nur um die Querschnittsänderungen kümmert. Welche Variante die bessere ist, können am besten die Teams entscheiden – schließlich müssen sie die Arbeit ja auch erledigen.

3.1.4 Self-governing Teams

Self-governing Teams bestimmen nicht nur über die Teamzusammensetzung und die Interaktion mit dem Kontext, sondern auch über die eigene Richtung. Self-governing Teams könnten also entscheiden, ihrem Produkt eine völlig neue Richtung zu geben (z.B. die Produktvision so zu verändern, dass sich die Zielgruppe komplett verschiebt) oder gar das existierende Produkt nicht weiterzuentwickeln und eine neue Produktentwicklung zu starten.

Das mag auf den ersten Blick nach Chaos aussehen. Allerdings werden die Teams dadurch maximal flexibel, was die Anpassung an den Markt angeht. Es gibt durchaus Kontexte, in denen nicht sinnvoll vorab definiert werden kann, welche Produkte für wen entwickelt werden sollten. Das klassische Beispiel sind Start-ups. Der ganze Lean-Startup-Ansatz beruht auf der Annahme, dass man nicht einmal am Anfang festlegen kann, welches Produkt man für welche Kunden baut. Stattdessen muss das Team kontinuierlich und direkt mit dem Markt interagieren, um herauszufinden, welche Probleme welcher Zielgruppe mit welchem Produktansatz gelöst werden können. Solche Teams sind *self-governing* Teams.

Ein bekanntes Beispiel für ein solches radikales Umsteuern in der Produktausrichtung findet sich bei Flickr. Die Bilderverwaltung *Flickr* ging aus einem Spiel namens *Game Neverending* hervor (siehe [Wikipedia Flickr]). Zunächst fokussierte das Produkt auf einen Chatroom namens *FlickrLive*, in dem Bilder ausgetauscht werden konnten. Schließlich trat der Bilderaustausch in den Vorder- und die Chatfunktion in den Hintergrund.

So wünschenswert diese Art von Flexibilität ist, so schwierig ist sie produktiv zu nutzen. Für *self-governing* Teams ist mehr Alignment-Arbeit zu leisten als z.B. für *self-designing* Teams. Es muss dafür gesorgt werden, dass die Flexibilität so eingesetzt wird, dass Wertschöpfung optimiert wird und das Team z.B. nicht in die Falle läuft, sich losgelöst von Wertschöpfung mit den gerade angesagten Technologien zu beschäftigen.

Neben Start-up-Situationen trifft man *self-governing* Teams übrigens typischerweise bei organisationsoptimierenden Teams (»Optimize for Systems« nach dem Agile Fluency Model™) an. Organisationsoptimierende Teams passen nicht nur ihre Zusammensetzung und Interaktion, sondern auch die Ausrichtung an die jeweiligen Notwendigkeiten an.

Fallbeispiel für self-managing Teams (von Jürgen Hoffmann)

Ein Kreis von acht Personen, die Anforderungen an die Internetpräsenz dm.de formen, setzte sich nach zwei Jahren intensiver Zusammenarbeit bei der Tochtergesellschaft von dm-drogerie markt, der FILIADATA GmbH, zusammen, um über die Erfahrungen der letzten Zeit nachzudenken. Aus diesem mehrstündigen moderierten Termin entstand ein neues Verständnis der Rollen im Entwicklungsprozess. Daneben war klar zu erkennen, wie wichtig kurze Feedbackschleifen mit echtem Kundenfeedback sind. Das ist der Startpunkt für einen internen Beratungsprozess zu dem Thema geworden.

Fallbeispiel für self-designing Teams (von Jürgen Hoffmann)

Bei einem Kunden von uns entscheiden die Teammitglieder über die Teamzusammensetzung, die Schaffung von neuen Stellen, Trainingsmaßnahmen oder die Beauftragung von externen Beratern. Der Teamverantwortliche ist in solchen Prozessen in beratender Funktion vorgesehen.

In einem konkreten Fall begleitete ich die Bildung von drei Scrum-Teams für ein Produkt. Gestartet waren wir mit drei Freiwilligen in einer etwa 8-wöchigen Proof-of-Concept-Phase, um bestimmte Risiken besser abschätzen zu können. Dann wurden 15 weitere interne und externe Mitarbeiter hinzugezogen. Nachdem die Mitarbeiter mich gebeten hatten, den Prozess zu begleiten, schrieb ich die Namen der Kollegen auf unterschiedlich farbige Post-its – je nach Spezialisierung. Alle Mitarbeiter versammelten sich in einem Raum und ich gab als Rahmenbedingung vor, die drei Teams etwa gleich groß und möglichst »bunt« zu gestalten, damit prinzipiell jede Entwicklungsaufgabe von jedem der drei neuen Teams erledigt werden kann. Die Mitarbeiter traten einzeln vor und hängten ihr eigenes Post-it zu einem der drei Teams auf dem Whiteboard. Es gab noch ein wenig Gesprächsbedarf und nach weniger als 60 Minuten hatten wir die drei Teams im Konsens gebildet. In den folgenden Sprints wurde über die regelmäßigen Retrospektiven der Prozess über das »Forming«, »Storming«, »Norming« bis hin zum »Performing« von Scrum Mastern begleitet.

Fallbeispiel für self-governing Teams: Wooga (von Stefan Roock)

Die in Berlin ansässige Firma Wooga entwickelt mit mehr als 250 Mitarbeitern Computerspiele. Wooga stellt bei der ganzen Unternehmensorganisation die Teams ins Zentrum und begreift die Funktionen, Mitarbeiter und Manager außerhalb von Teams als Support für die Teams. Die Teams genießen dabei sehr große Autonomie. Sie finden in Keimzellen selbst heraus, welche Art von Spiel sie entwickeln wollen, und wachsen dann zu größeren Teams von bis zu 15 Personen. Jesper Richter-Reichhelm beschreibt, wie die Team-Keimzellen herausfinden, welche Richtung sie einschlagen wollen:

→

»Teams start small with 1–3 people, with the first always being the future lead and providing the initial concept of the game. They develop a prototype that can be reviewed and most importantly, play tested. If it's not good enough, the team starts afresh« [Richter-Reichhelm 2013].

3.2   Funktionsübergreifende Teams

Eine hohe Teamautonomie ist nur möglich, wenn alle Fähigkeiten im Team vorhanden sind, die für den Teamerfolg notwendig sind. Bei fehlenden Fähigkeiten ist das Team auf dritte Parteien angewiesen und meist sind Verzögerungen die Folge – das Team muss auf Zulieferungen warten. Faktisch müssen also alle Funktionen bzw. Disziplinen im Team vorhanden sein, die benötigt werden. Man spricht von funktionsübergreifenden bzw. interdisziplinären Teams (engl. cross-functional teams).

Viele Organisationen bilden Teams aus Menschen mit der gleichen oder ähnlichen Ausbildung, also aus Experten für dieselben Themen. Auf den ersten Blick scheint dies das Sinnvollste zu sein. So können sich Kollegen über »ihre« Themen intensiv austauschen und praktischerweise wird der mit der meisten Erfahrung zum Teamleiter befördert. Er kann die Qualität im Team sicherstellen und dafür sorgen, dass nur qualifizierte Menschen neu in das Team aufgenommen werden. So finden wir Teams aus Softwareentwicklern, die sich meist nur durch Spezialisierungen auf bestimmte Techniken unterscheiden, Teams aus Business-Analysten, Teams aus Testern oder Teams von Menschen im Kundenservice. Dadurch entstehen allerdings mannigfaltige Abhängigkeiten zwischen diesen monofunktionalen Teams. Arbeit bleibt ständig liegen, weil auf andere Teams gewartet werden muss. Organisationen versuchen die Situation manchmal noch dadurch zu retten, dass einzelnen Menschen diese Koordination übergeben wird. Die entstehende Komplexität ist aber von niemandem kontrollierbar. Wir werden regelmäßig von Organisationen in solchen Situationen zu Hilfe gerufen, weil Liefertermine nicht mehr gehalten werden, die Qualität ins Bodenlose sinkt und niemand sich getraut, Zusagen zu machen – weil auch tatsächlich niemand das kann.

Aus dem Blickwickel der Entstehung, Vermehrung und Weitergabe von Wissen sind solche Teamstrukturen hinderlich. Es entsteht zwar ein Spezialwissen – das aber bleibt im Wissenssilo gefangen.

Aus dem Blickwinkel eines Produktes ist es günstig, die Menschen, die mit einem Prozess, einem Produkt oder bestimmten Kunden und ihren Bedürfnissen vertraut sind, in ein Team zu holen. Das Lernen über das Produkt geschieht dann durch alle Expertenbrillen gleichzeitig betrachtet. Ein solches Team nennen wir funktionsübergreifend. Wenn man diesen Gedanken auf die Spitze treibt, sollte die gesamte Wertschöpfungskette in einem Team abgebildet werden.

Fallbeispiel: Funktionsübergreifendes Team (von Jürgen Hoffmann)

Bei einer großen Bank begleitete ich das erste Scrum-Team. Der IT-Verantwortliche hatte zu einem früheren Zeitpunkt ein Scrum-Training bei it-agile besucht und die Idee des funktionsübergreifenden Teams aus dem Training verinnerlicht. Und so formten wir das erste Scrum-Team: Drei Mitarbeiter aus dem Fachbereich, die dafür sorgten, dass das Produkt einen Wert für die Endbenutzer darstellt; zwei Kollegen aus IT-Operations, die dafür sorgten, dass das Produkt aus ihrer Sicht betreibbar ist; drei Softwareentwickler, die im Dialog mit den Fachbereichskollegen die Software bauten; und einen Mann, der sich selbst als »gut vernetztes Mädchen für alles« bezeichnete und mit Telefonanrufen quer durch die Organisation auf »magische Weise« Probleme innerhalb von Stunden löste, die ansonsten Wochen gedauert hätten. Der Produkt Owner hat sich Monate später in einer E-Mail an mich gewandt und von dem Produkt und dem Prozess begeistert geschwärmt.

Fallbeispiel: 24translate (von Stefan Roock)

24translate ist ein Übersetzungsbüro. In der Purchase-Abteilung werden die Übersetzungsprozesse organisiert und die Übersetzungen qualitätsgesichert ausgeführt. Ursprünglich hatte 24translate vor allem mit kleinen Kunden zu tun, die einen Text in eine andere Sprache übersetzt haben wollten. Entsprechend haben sich Mitarbeitergruppen nach Sprachen herausgebildet: Englisch, Französisch etc.

Über die Jahre wandelte sich das Geschäft. 24translate konnte immer mehr Konzernkunden gewinnen. Damit wurde die Übersetzung eines Textes in mehrere Zielsprachen zum Regelfall. Es stellte sich heraus, dass die Organisation der Purchase-Abteilung nach Sprachen keine gute Basis bildete für solche multilingualen Aufträge. Es war immens aufwendig, die Übersetzung in verschiedene Sprachen zu organisieren, einheitlich die Qualität zu sichern und als Gesamtpaket gegenüber dem Kunden abzuschließen.

Daher hat sich 24translate reorganisiert in selbstorganisierte Teams, die jeweils Kundengruppen (z.B. Finance, Telco) komplett bedienen. Diese Teams sind entsprechend multilingual zusammengesetzt. Jetzt sind die Teams in der Lage, autonom Kundenaufträge entgegenzunehmen, zu bearbeiten und die Qualität zu sichern.

3.2.1   Zusammensetzung von Teams

Ein agiles Team muss stets die Fähigkeiten besitzen, um aus dem gegebenen Input das Produkt zu entwickeln. Das gilt sowohl für wertfokussierende wie auch wertoptimierende Teams. Lediglich der Input unterscheidet sich. Wertfokussierende Teams bekommen Anforderungen, die sie umsetzen. Kundenwertoptimierende Teams bekommen kundenrelevante Probleme, die sie lösen. Abbildung 3–2 visualisiert den Unterschied.

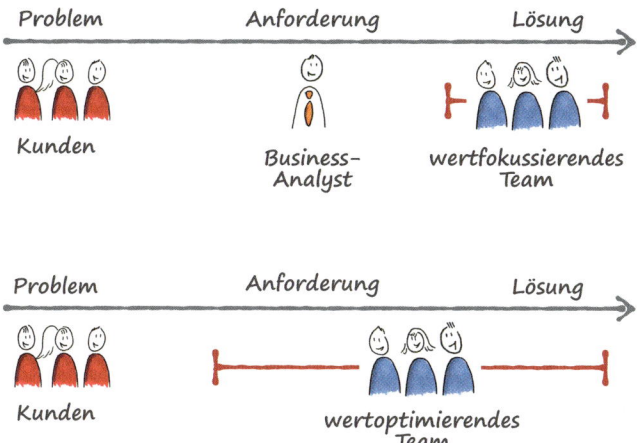

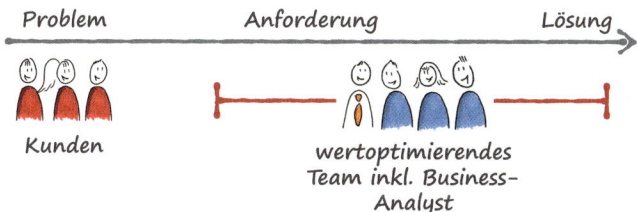

Abb. 3–2   *Wertfokussierende vs. kundenwertoptimierende Teams*

Entsprechend brauchen kundenwertoptimierende Teams mehr Fähigkeiten als wertfokussierende Teams. Wenn bisher die Fähigkeiten im Unternehmen vorhanden waren, Kundenprobleme zu lösen, ist dieser Zustand einfach herzustellen: Kundenwertoptimierende Teams können gebildet werden, indem »einfach« die entsprechenden Personen ins Team integriert werden (siehe Abb. 3–3).

Abb. 3–3   *Notwendige Fähigkeiten ins wertoptimierende Team integrieren*

Dies ist aber nicht die einzige Möglichkeit, um noch fehlende Fähigkeiten ins Team zu integrieren. Es können auch die bereits vorhandenen Teammitglieder zusätzliche Fähigkeiten erwerben. Schulungen, Mentoring und Coaching sind dazu mögliche Ansätze. Als besonders effektiv hat sich Pairing erwiesen. Ein Teammitglied verrichtet bestimmte Aufgaben zusammen mit einem Fähigkeitsträger. Durch diese gemeinsame Arbeit überträgt sich explizites und implizites Wissen ganz von selbst. Außerdem findet durch das gemeinsame Arbeiten auch gleich eine Validierung statt, wie gut der Wissenstransfer funktioniert hat.

Der Business-Analyst könnte wie in Abbildung 3–3 für eine bestimmte Zeit Teammitglied werden und durch Pairing seine Fähigkeiten übertragen. Er könnte aber auch außerhalb des Teams bestehen bleiben und seine teamexterne Tätigkeit jeweils paarweise mit einem Teammitglied durchführen (siehe Abb. 3–4).

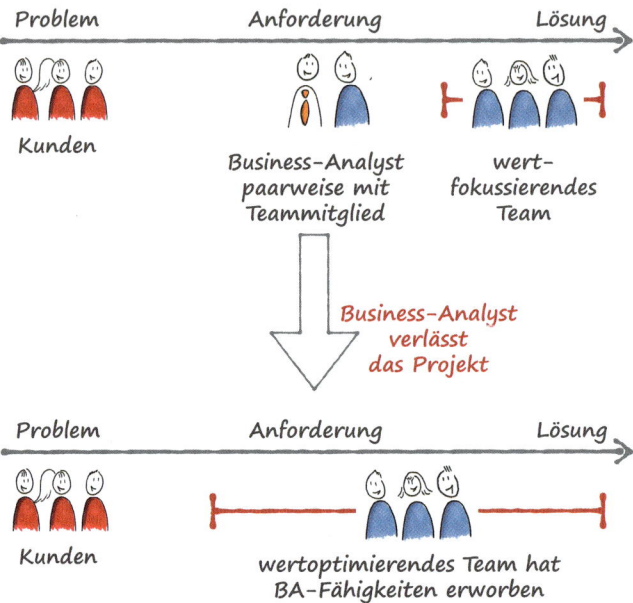

Abb. 3–4   *Wissenstransfer durch Pairing*

Persönlichkeiten im Team

Ein wichtiger, aber sehr häufig vernachlässigter Aspekt bei der Bildung von Teams sind die Persönlichkeiten. Führungskräfte, Mitarbeiter und Personalabteilungen achten meist auf Studium, Ausbildung und technische Erfahrung – wir haben aber nur wenige Situationen erlebt, in denen die Persönlichkeiten entscheidende Faktoren bei der Zusammenstellung von Teams waren.

Dabei spielt es für das Team eine große Rolle, ob die Persönlichkeitsmischung stimmt. Wir haben Teams erlebt, die durch Persönlichkeitskonflikte komplett gelähmt waren – genauso wie Teams, die so in ihrer Passivität geruht haben, dass sie wenige bis keine Ergebnisse geliefert haben.

3.2.2   Product-Owner-Rolle

Scrum als am meisten verbreitetes agiles Framework sieht die Product-Owner-Rolle vor. In den meisten Scrum-Implementierungen wird der Product Owner von außen bestimmt und hat unter anderem die Aufgabe, die Anforderungen (meist in Form von User Stories) zu schreiben. Dieses Vorgehen ist kompatibel mit der Scrum-Definition, aber ungeeignet für kundenwertoptimierende Teams. Diese kümmern sich selbst darum, was zu tun ist, um Wert für den Kunden zu schöpfen.

Das bedeutet, dass sich bei solchen Teams der Product Owner auf seine Hauptaufgabe konzentriert, nämlich den Produktnutzen durch Priorisierung zu optimieren. Die User Stories erstellt das Team alleine oder in Kooperation mit dem Product Owner. Der Product Owner priorisiert dann lediglich die User Stories.

Und selbst dieses Vorgehen kann bei kundenwertoptimierenden Teams problematisch sein. Priorisiert der Product Owner ständig anders, als das Team es täte, ist das Team nicht kundenwertoptimierend.

Daher finden sich bei kundenwertoptimierenden Teams auch zwei weitere Varianten von Product Ownership:

1. Das Team wählt den Product Owner aus seiner Mitte (und kann jederzeit einen neuen Product Owner benennen).

2. Product Ownership wird zur Teamaufgabe und hängt nicht mehr an einer Rolle, die nur von einer Person ausgefüllt wird.

3.2.3   Teambegleitung

Die besten Erfahrungen haben wir mit Teams gemacht, die von Team-Coaches, meist Scrum Mastern, 1:1 begleitet wurden. Diese Menschen haben den Fokus und die passende Ausbildung, um die Lern- und Teamentwicklungsprozesse gut begleiten zu können. Da sie nicht direkt mit Produktentwicklungsaufgaben betraut sind, haben sie die passende Distanz, um das Team gut coachen zu können. Außerdem laufen sie nicht Gefahr, dass ihre Zeit von anderen Aktivitäten aufgesogen wird. Das klassische Negativbeispiel ist hier der Scrum Master, der gleichzeitig Entwickler im Team ist. Insbesondere in einer Stresssituation wird dieser vermutlich die Zeit für Scrum-Master-Tätigkeiten reduzieren und stattdessen »in die Tasten hauen«. Das ist aber genau das Gegenteil von dem, was in einer Stresssituation passieren sollte. Stattdessen braucht der Scrum Master seine ganze Zeit und Aufmerksamkeit, um dem Team dabei zu helfen, gut mit der Stresssituation umzugehen und ein zeitnahes Lernen über die Situation einzuleiten.

3.2.4   Effizienz vs. Effektivität

Mit diesem Thema eng verknüpft ist eine Frage, die uns regelmäßig gestellt wird: »Wenn wir Menschen mit so unterschiedlicher Spezialisierung wie zum Beispiel Kundenservice, Marketing, Geschäftsmodellentwicklung und Softwareentwicklung in einem Team zusammenführen, dann kann das ja gar nicht mehr effizient sein. Wie stellen wir denn sicher, dass alle Mitarbeiter zu 100 % ausgelastet sind?«

Unsere Antwort ist nur auf den ersten Blick überraschend: »Wir kümmern uns um das Thema nicht – es ist aus Produktsicht sogar schädlich, wenn alle in ihrer Spezialisierung zu 100 % ausgelastet sind.« Das hängt zusammen mit dem Unterschied zwischen Effektivität und Effizienz.

Wenn unser Unternehmen ein neues, bisher nie dagewesenes Produkt möglichst schnell auf den Markt bringen möchte, dann wünschen wir uns Effektivität. Der Effekt für unser Unternehmen ist ein möglichst großer Marktanteil – am liebsten der größte Marktanteil in einem durch unser Produkt dominierten neuen Markt.

Den entscheidenden Vorsprung, die bessere Time-to-Market, erkaufen wir durch die Investition in ein Team, das effektiv, aber nicht zeitgleich effizient arbeitet. Das bedeutet, die Teammitglieder dürfen nicht gleichzeitig alle zu 100 % in ihren Spezialgebieten ausgelastet sein. Denn wenn das der Fall ist, muss angefangene Arbeit ständig auf einen frei werdenden Mitarbeiter warten. Diese Wartezeiten verlängern die Time-to-Market.

Ähnlich verhält es sich mit auftretenden Problemen. Stellt ein Backend-Entwickler bei der Programmierung fest, dass es ein Problem mit dem vorher entwickelten Frontend gibt, kann er in einem vollausgelasteten Team nicht weiterarbeiten und muss darauf warten, dass der Frontend-Entwickler wieder Zeit hat. Im Gegensatz dazu wünschen wir uns, ähnlich wie bei der Feuerwehr, dass Mitarbeiter auf Probleme »warten«. Damit wird einem Problem in dem Moment, in dem es erkannt ist, die größtmögliche Aufmerksamkeit zuteil. Die Produktentwicklung erfolgt mit der maximalen Geschwindigkeit.

Das bedeutet nicht, dass Mitarbeiter untätig herumsitzen, bis sie ihre Spezialfähigkeiten einsetzen können. Sie interessieren sich für die Arbeit der Kollegen und beteiligen sich an den Arbeiten, die diese ausführen, als kritische und lernbereite Kollegen. Damit wird kontinuierlich Wissen aufgebaut und verbreitet.

Betrachten wir noch die Alternative. Wir wünschen uns eine möglichst hohe Effizienz – am liebsten nahe 100 %. Unsere Mitarbeiter sind in ihren speziellen Fähigkeiten komplett ausgelastet. Wenn jetzt eine neue Herausforderung auftaucht, dann muss diese auf einen Mitarbeiter warten. Vor jedem Mitarbeiter bildet sich quasi eine Warteschlange von Aufgaben. Die verschiedenen Warteschlangen müssen verwaltet werden – das bindet zusätzlich Energie der Mitarbeiter. Wartezeiten von Entwicklungsaufgaben summieren sich so und die Time-to-Market für unser Produkt wird immer größer und unkalkulierbarer. Wenn unser Produkt echte Innovationen enthält, Dinge, die noch nie ein Mensch zuvor realisiert hat, dann wird die Gesamtsituation so komplex, dass der Fortschritt nicht mehr erkennbar ist oder tatsächlich ganz zum Erliegen kommt.

Viele Unternehmen investieren in ihre Zukunft und brauchen für begeisternde neue Produkte eine effektive Produktentwicklung in den Horizonten 3 und 2 (siehe Kap. 2). Gleichzeitig benötigen sie auch für bestehende Produkte in Horizont 1 und am Übergang von Horizont 2 zu 1 effiziente Strukturen. Für die Pflege eines Produktes – Betreuung einer Cashcow – sind effiziente Teams sinnvoll! Als Beispiel kann man die Produktion von Automobilen betrachten: Während des Designs und der Entwicklung eines neuen Fahrzeugs gilt das Primat der Effektivität. Bei der Serienproduktion kommt es aber auf Effizienz an. Hier wiederholen sich die Tätigkeiten täglich bei jedem Fahrzeug. Die Komplexität ist wesentlich geringer und damit ist die Arbeit insgesamt vorhersehbarer und planbarer.

3.3   Entscheidungen im Team

In selbstorganisierten Teams spielen Teamentscheidungen eine wichtige Rolle. Teamentscheidungen sollen die verschiedenen Perspektiven integrieren und gleichzeitig ein hohes Maß an Commitment der Teammitglieder sicherstellen.

Daher sind klassische Mehrheitsentscheide meist nicht gut geeignet. Das Mehrheitsverfahren erzeugt zwar schnell eine Entscheidung. Es läuft aber immer Gefahr, unter wahrgenommenem Zeitdruck über einen Vorschlag abzustimmen, ohne alle relevanten Perspektiven beleuchtet zu haben. Dann wäre die Entscheidung von unnötig schlechter Qualität. Außerdem läuft das Mehrheitsverfahren Gefahr, heftigen Widerstand einer Minderheit durch Überstimmen aus dem Weg zu räumen. Dieser »Sieg« ist dann meist aber nur vordergründig. Die überstimmte Minderheit ist möglicherweise nicht vollständig auf die Entscheidung committet und dann wird das Team als Ganzes sich nicht mit seiner ganzen Energie in die Umsetzung der Entscheidung einbringen. Sollte es dann noch Probleme durch die Entscheidung geben, ist die Gefahr groß, dass die überstimmte Minderheit sich mit »haben wir doch gleich gesagt« aus der Verantwortung zieht.

Konsent und konsultativer Einzelentscheid sind meist bessere Entscheidungsverfahren. Da sie auch über Teams hinaus gut anwendbar sind, haben wir sie in Kapitel 4 beschrieben.

3.4   Das Kapitel in Stichpunkten

- Kundenwertoptimierende Teams liefern nicht einfach »wie bestellt«. Sie kümmern sich aktiv darum, real existierende Kundenbedürfnisse zu befriedigen.

- Dazu benötigt das Team einen großen Handlungsspielraum. Dieser darf allerdings nicht mit Anarchie verwechselt werden. Es ist wichtig, dass passende Rahmenbedingungen (z.B. Vision oder übergeordnete Zielsetzung) existieren.

- In diesem Rahmen muss das Team alle notwendigen Fähigkeiten haben, um Kunden zu begeistern. In den meisten Fällen wird es dann nicht mehr ausreichen, Programmierer und Tester im Team zu haben. User-Experience-Experten, Business-Analysten oder auch die Kunden selbst sind valide Teammitglieder.

- Damit ändert sich auch die Rolle des Product Owners (falls es im Team überhaupt einen gibt): Er schreibt nicht mehr die User Stories für das Team (das macht das Team selbst), sondern konzentriert sich auf seine Kernaufgabe: den Produktnutzen durch Priorisierung zu optimieren.

4 Unterstützende Organisation

Bei der 2012 Pleite gegangenen Firma Kodak hatte schon 1974 ein 24-jähriger Ingenieur die erste Digitalkamera entwickelt. Die etablierte Organisation sah die Gefahr für ihr Filmgeschäft und verbannte das neue Gerät in den Giftschrank. Kodak verdiente an dem Patent Geld – aber den Wechsel hin zu einem überlebensfähigen Hersteller von Digitalkameras schaffte das Unternehmen trotz des Wissensvorsprungs nicht.[1]

Etablierte Organisationen stehen ihren frechen Kindern extrem feindlich gegenüber. Insbesondere wenn die Horizont-3-Idee das Potenzial in sich trägt, die wirtschaftliche Basis in Horizont 1 anzugreifen, wie im Kodak-Beispiel. Die spezifischen Herausforderungen zur Organisation der drei Horizonte haben wir in Kapitel 2 bereits ausführlich dargestellt. Wie dort ausgeführt, gibt es gute Gründe, innerhalb desselben Unternehmens verschiedene Führungs- und Organisationskulturen zuzulassen. »Alles muss gleich sein« kann sich als fatale Schwäche erweisen.

Zusammengefasst darf die Organisation die Arbeit der Teams nicht stören, sondern muss sie geeignet unterstützen. Zielsysteme, Bonussysteme, Aufgaben und Verantwortungen von Führungskräften sowie Roadmap- und Portfolioplanung müssen sich der Wertschöpfung für den Kunden unterordnen.

Außerdem bekommen Führungskräfte in einer agilen Umgebung eine wichtige Rolle als Lehrer und Enabler. Als Führungskraft dient man dabei dem Unternehmen und den Mitarbeitern, indem man jeweils das Beste unternimmt, um den Erfolg – die Wertschöpfung – des Gesamtunternehmens zu unterstützen.

---

1. Siehe *http://www.spiegel.de/einestages/digitalkamera-erfinder-steve-sasson-ueber-kodaks-pleite-a-1057653.html*.

4.1   Störungen durch das Unternehmen

Wir hatten den agilen Kernzyklus identifiziert: ein autonomes, selbstorganisiertes Team entwickelt Lösungen für Endkunden (siehe Abb. 4–1).

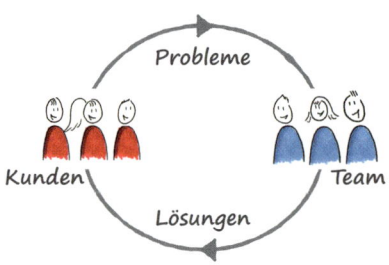

Abb. 4–1   *Agiler Kernzyklus*

So einfach und trivial dieser Kernzyklus aussieht, so schwierig ist er in der Praxis häufig umzusetzen. Faktisch sind die meisten Unternehmen sehr weit von diesem Ideal entfernt. Das liegt keineswegs an Naturgesetzen, die diesen Zyklus schwer umsetzbar machen. Vielmehr haben sich die meisten Unternehmen Strukturen und Prozesse gegeben, die den agilen Kernzyklus stören. Oder mit anderen Worten: Unternehmen haben sich so strukturiert, dass sie die eigene Wertschöpfung behindern!

Im agilen Kernzyklus finden sich diese Störungen in allen drei relevanten Bereichen (siehe Abb. 4–2):

▪ **Störungen bei Problemen**
Das Team darf nicht direkt mit den Endkunden interagieren und wird so gar nicht mit den kundenrelevanten Problemen konfrontiert. Stattdessen versuchen »Experten« die Probleme der Endkunden zu verstehen und daraus Anforderungen für das Team zu entwickeln, das diese »nur« noch umsetzen muss.

▪ **Störungen bei Lösungen**
Das Team darf oder kann seine Lösungen nicht direkt an Endkunden ausliefern. Es steht nicht die erforderliche Infrastruktur zur Verfügung, damit das Team direkt alle notwendigen qualitätssichernden Maßnahmen (vor allem: Tests) durchführen kann. Und selbst wenn die Infrastruktur vorhanden wäre, dürfte das Team nicht ohne vorherige Prüfung durch andere an die Endkunden ausliefern. Außerdem darf das Team den Kunden keine Vorabversionen oder Prototypen zeigen, um frühzeitig Feedback einzuholen.

▢ Störungen im Team
Und schließlich haben es viele Unternehmen zur echten Meisterschaft gebracht, ihre Mitarbeiter von wertschöpfender Arbeit abzuhalten. Stattdessen verbringen die Mitarbeiter viel Zeit in Meetings, warten auf Entscheidungen von Vorgesetzten, folgen ihren individuellen Zielen statt den Teamzielen etc. Diese Behinderung der wertschöpfenden Arbeit auf individueller Ebene potenziert sich bei Teamarbeit. Durch die gegenseitige Abhängigkeit im Team können die Störungen der individuellen Arbeit zu einem vollständigen Erliegen der Teamarbeit führen.

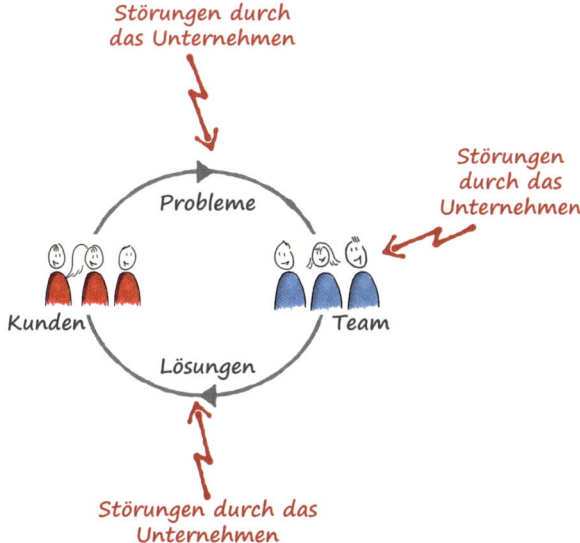

Abb. 4–2   *Unternehmen stören den agilen Kernzyklus.*

Scrum nennt diese Störungen Hindernisse (engl. *Impediments*). Werden diese Störungen systematisch durch Strukturen des Unternehmens erzeugt, spricht man von *organisatorischen Dysfunktionen*.

Für effektives agiles Arbeiten ist es essenziell, diese Störungen so weit wie möglich zu beseitigen oder zumindest zu dämpfen.

4.2   Dezentrale Strukturen

Autonome, selbstorganisierte Teams zielen offensichtlich auf eine dezentrale Struktur ab: Möglichst viele Entscheidungen sollen dezentral in Teams getroffen werden. Diese Idee ist keineswegs neu; auch nicht auf der Ebene von Unternehmensstrukturen.

Peter Drucker beschrieb bereits 1954 dezentrale Entscheidungen als essenziell für jedes Unternehmen (siehe [Drucker 1954]).

»[...] functional centralization is impossible. They require the closest co-operation of people from all functions at every stage. They require that design, production, marketing and the organization of the work be tackled simultaneously by a team representing all functions. They require that every member of the team both know his own functional work and see the impact on the whole business all the time. And decisions affecting the business as a whole have to be taken at a decentralized level [...]« (Position 1847, Kindle [Drucker 1954]).

Damit Entscheidungen wirklich dezentral getroffen werden können, müssen Unternehmen sich so strukturieren, dass ihre Einheiten möglichst unabhängig voneinander sind. Sonst müssen ständig Entscheidungen der einen Einheit mit denen anderer Einheiten abgestimmt werden.

Zuerst sollten laut Drucker Unternehmen nach Märkten bzw. Produkten organisiert sein. Wer Lkws und Pkws herstellt, sollte auf oberster Ebene die Unternehmenseinheiten Lkw und Pkw haben und nicht Einkauf, Verkauf, Produktion etc. Drucker räumt ein, dass mit dieser Art der Strukturierung mitunter nicht das ganze Unternehmen organisiert werden kann (die entstehenden Einheiten sind mitunter zu groß, um sie ohne weitere Struktur organisieren zu können). Daher schlägt er vor, unterhalb der Märkte/Produkte nach Phasen (engl. stages) zu organisieren. Phasen sind Schritte der Wertschöpfung, die zwei Kriterien erfüllen sollen:

1. Es gibt wenige Abhängigkeiten zwischen den Phasen.

2. Das Ergebnis einer Phase kann sehr lange liegen bleiben, bis die Folgephase mit dem Ergebnis weitermacht und durch diese Liegezeiten tritt kein Wertverlust ein. (Was allerdings nicht bedeutet, dass lange Liegezeiten wünschenswert wären.)

3. Das Ergebnis einer Phase kann qualitätsgesichert werden und stellt einen validierten Fortschritt in Richtung des Gesamtergebnisses dar.

Die Produktion eines Pkw-Motors ist demnach eine valide Phase. Der Motor kann qualitätsgesichert produziert werden, ist offensichtlich ein wichtiger Schritt in Richtung eines kompletten Autos, kann längere Zeit im Lager liegen und die Motorproduktion kann mit wenig Abhängigkeiten zur Produktion von Kotflügeln organisiert werden.

Die heute in Unternehmen häufig vorzufindende Organisation nach funktionalen Silos (Vertrieb, Einkauf, Produktion, Qualitätssicherung etc.) mag phasenartig aussehen, ist aber nicht das, was Drucker als Phase verstand. Hat der Vertrieb beispielsweise einen Verkaufsabschluss erreicht, verliert dieser mit zunehmender Liegezeit an Wert (irgendwann wird der Kunde ungeduldig und storniert den Auftrag). Bei der Qualitätssicherung besteht das Problem, dass diese nicht am Ende die Qualität in das Produkt hineintesten kann. Qualitätssicherung muss die ganze Zeit über stattfinden. In Phasen gedacht würde man vielleicht Motor, Kotflügel etc. als Organisationseinheiten definieren und die Qualitätssicherung wäre jeweils integriert.

Niels Pfläging schlägt mit dem Zellmodell ein konkretes Organisationsmodell vor, das Druckers Ideen aufgreift (siehe [Pfläging 2014]). Er baut Unternehmensstrukturen ausgehend vom Markt auf. Zuerst werden Kundengruppen identifiziert, deren Probleme gelöst werden sollen. Passend zu diesen Kundengruppen werden Organisationseinheiten definiert, die die Probleme ihrer Kunden autonom lösen. Pfläging nennt diese Organisationseinheiten *Peripheriezellen*. An der Benennung lässt sich erkennen, dass Pfläging Organisationsstrukturen nicht als »in Stein gemeißelt« ansieht, sondern Unternehmen als Organismen begreift. Es bilden sich dort Zellen, wo es sinnvoll ist, und wo eine Zelle nicht mehr benötigt wird, stirbt sie ab.

Diese Sichtweise passt hervorragend zu unserem agilen Kernzyklus. Ein auf dieser Basis organisiertes Unternehmen sähe wie in Abbildung 4–3 dargestellt aus.

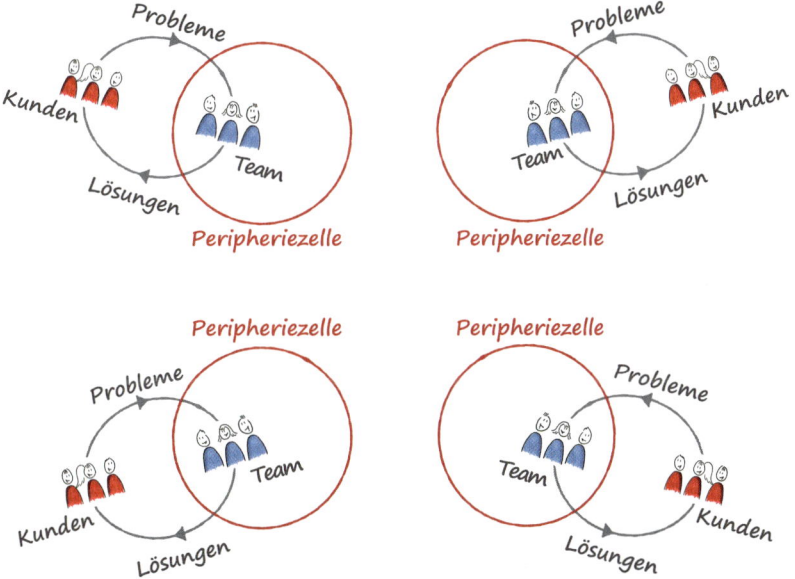

Abb. 4–3   *Teambasierte Unternehmensstruktur*

Offensichtlich reicht diese Struktur aber noch nicht aus. Ohne weitere Verbindungen gäbe es keinen Grund, warum die Peripheriezellen überhaupt ein gemeinsames Unternehmen sein sollten. Es wäre sinnvoller, wenn jede Zelle ein eigenes Unternehmen wäre. Allerdings würden die Zellen dann Synergieeffekte nicht nutzen können und das Lernen im Unternehmen wäre deutlich eingeschränkter.

Pfläging sieht daher zwei weitere Strukturelemente vor. Zunächst dürfen und sollen die Peripheriezellen sich gegenseitig unterstützen. Kann eine Peripheriezelle einen Bedarf ihrer Kunden nicht decken, bittet sie bei anderen Peripheriezellen um Hilfe. Die Peripheriezellen bilden also ein Netzwerk (siehe Abb. 4–4).

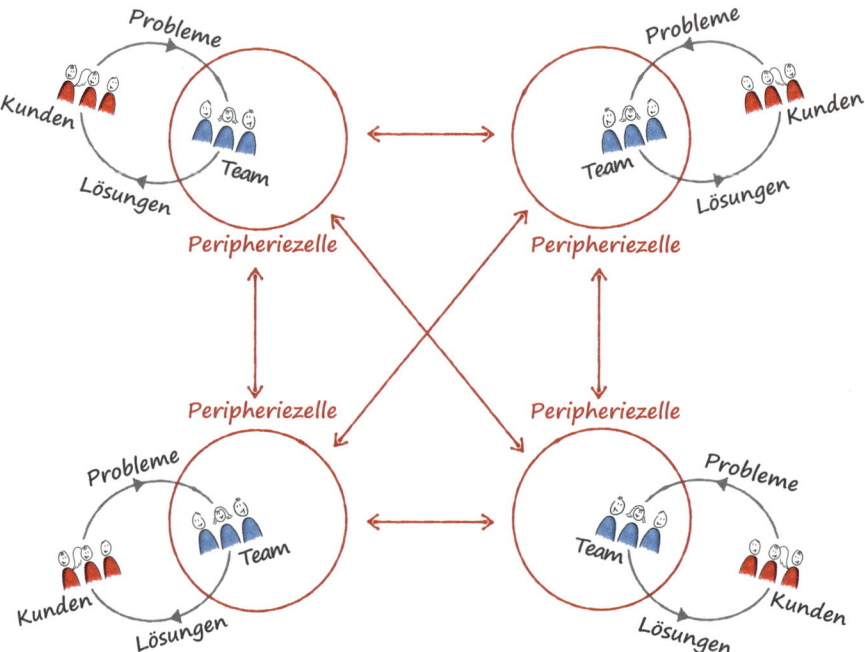

Abb. 4–4   *Peripheriezellen bilden ein Netzwerk.*

Zusätzlich können die Peripheriezellen sogenannte Zentrumszellen herausbilden (z. B. für Buchhaltung oder auch für innovative Entwicklungen). Diese erbringen zentral Dienste für die Peripheriezellen (siehe Abb. 4–5). Wichtig ist dabei, dass sich diese Zentrumszellen tatsächlich als Dienstleister verstehen und den Peripheriezellen keine Vorgaben machen. Denn dann würden diese Vorgaben als Störungen bei der Wertschöpfung der Peripheriezellen wirken.

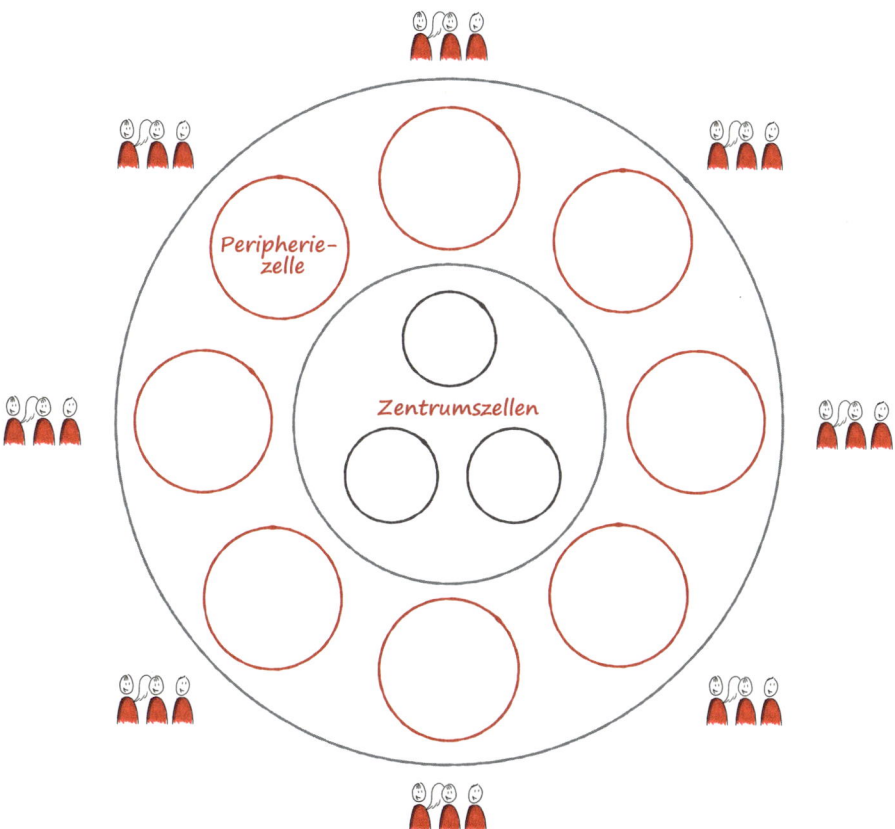

Abb. 4–5 *Peripherie und Zentrum*

Dieses ohnehin schon radikale Organisationsmodell verschärft Pfläging nochmals durch zwei zusätzliche Forderungen:

1. Die Anzahl der in den Zellen tätigen Menschen soll so klein sein, dass ein echtes Team entsteht.

2. Kein Mitarbeiter soll exklusiv in Zentrumszellen arbeiten. Entweder sind Mitarbeiter gleichzeitig in Peripherie- und Zentrumszellen beschäftigt oder sie rotieren. Dadurch wird der Wissensaustausch zwischen Peripherie und Zentrum sichergestellt und das Lernen im Unternehmen befördert[2].

4.2.1 Zellmodell in der Praxis der Softwareentwicklung

Pflägings Zellmodell mutet so radikal an, dass man sich fragen muss, ob es in der Praxis wirklich funktioniert. Und falls sich diese Frage bejahen lässt, stellt sich

---

2. Die Idee, das Lernen im Unternehmen durch Mitarbeiterrotation herzustellen, findet sich auch bei [Nonaka & Takeuchi 1995].

natürlich auch noch die Frage, ob und wie das Modell für das eigene Unternehmen angewendet werden kann.

Zunächst einmal ist das Modell relativ leicht auf Unternehmen anwendbar, die mit einer ausgeprägten Filialstruktur arbeiten (z.B. Handel). Dort wäre jede Filiale eine Peripheriezelle. Je mehr Entscheidungskompetenzen den Filialen zugestanden wird, desto kundenorientierter können sie entscheiden und desto zufriedener werden die Kunden sein. Pfläging führt Svenska Handelsbanken und dm-drogerie markt als Beispiele für filialbasierte Unternehmen an, die hohe Entscheidungskompetenz in den Filialen haben.

Da wir uns in diesem Buch nicht mit Handel beschäftigen, sondern mit Softwareentwicklung, stellt sich natürlich die Frage, wie dieser Bereich in das Modell passt. Prinzipiell kann Softwareentwicklung auf zwei Arten integriert werden. Man kann Softwareentwicklung als eine oder mehrere Zentrumszellen begreifen, die Dienste für die Peripheriezellen erbringen (siehe Abb. 4–6).

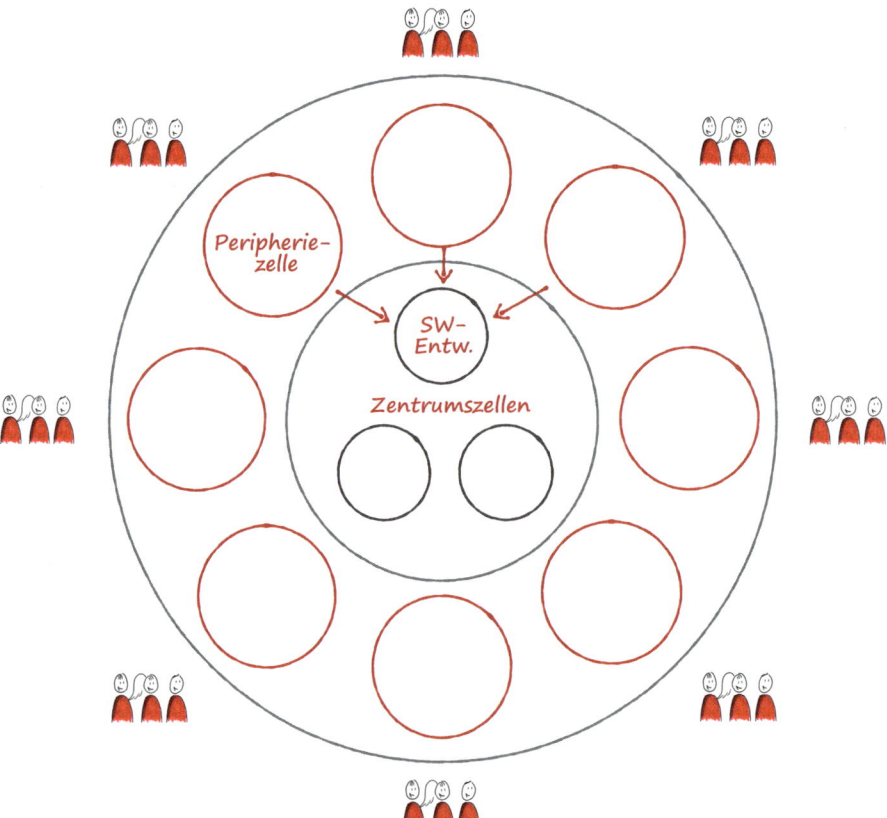

Abb. 4–6   *Softwareentwicklung im Zentrum*

Alternativ kann die Softwareentwicklung auch in der Peripherie stattfinden. Daher kann entweder jede Peripheriezelle ihre eigene Softwareentwicklung haben oder einige Peripheriezellen können eigene Softwareentwicklung betreiben und diese den anderen Zellen als Dienstleistung anbieten (siehe Abb. 4–7).

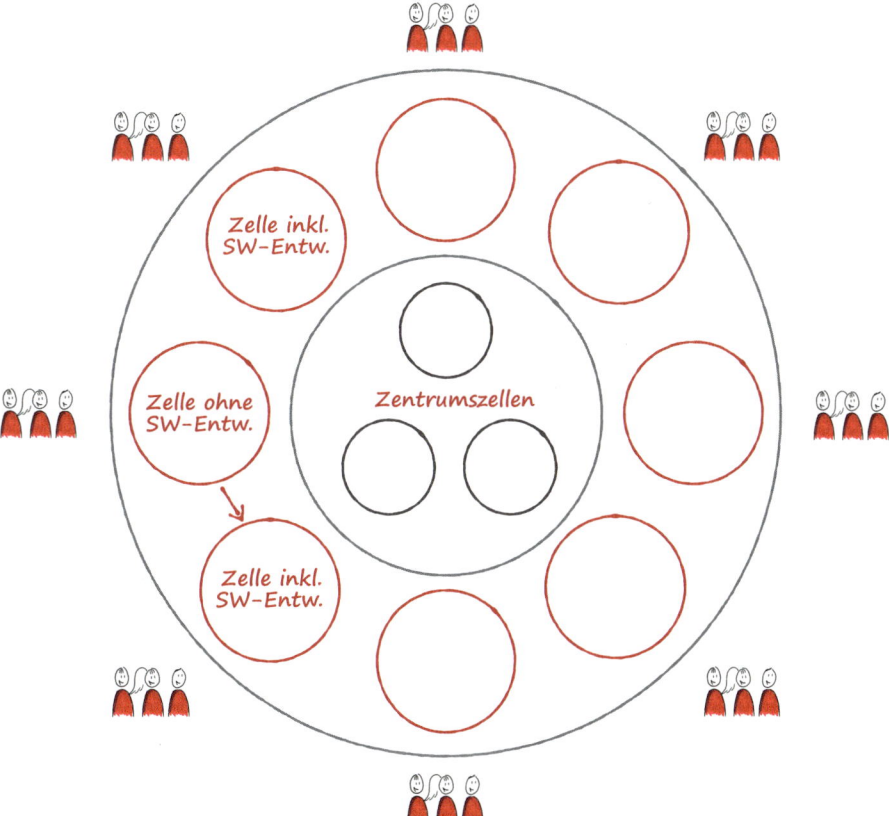

Abb. 4–7   *Softwareentwicklung in der Peripherie*

Nach dem 3-Horizonte-Modell ist in den meisten Fällen ein Mischmodell sinnvoll. Die Optimierung existierender Produkte und Dienstleistungen (Horizont 1) sollte direkt in den Peripheriezellen stattfinden. Der Umweg über Zentrumszellen ist unnötig schwerfällig.

Die Entwicklung neuer Produkte oder Dienstleistungen sollte hingegen in Innovationszellen im Zentrum erfolgen. Für die Entwicklung wird eine temporäre Zentrumszelle gebildet, die sich wieder auflöst, wenn das Produkt bzw. die Dienstleistung in die Peripherie übergeht. Nonaka und Takeuchi weisen in [Nonaka & Takeuchi 1995] bereits darauf hin, dass Mitarbeiterrotation ein sehr mächtiges Instrument zum Wissenstransfer insbesondere zwischen Geschäfts- und Innovationssystem darstellt. Das Team in der Innovationszelle sollte aus Mitarbeitern der Peripherie zusammengestellt werden. So wird sichergestellt, dass direkte Erfahrungen mit dem Markt und den Bedürfnissen der Endkunden im Team vorhanden sind. Nach Abschluss der Entwicklung sollten die Teammitglieder wieder in die Peripherie integriert werden. So wird sichergestellt, dass das Wissen um das neue Produkt bzw. die neue Dienstleistung reibungsfrei in der Peripherie ankommt und dort für die Endkunden der maximale Nutzen generiert werden kann.

4.2.2   Mehr als ein Team pro Zelle

Natürlich ist es denkbar, dass in einer Zelle mehr als neun Personen mitarbeiten müssen und damit die empfohlene Obergrenze für ein agiles Team überschritten wird. In diesem Fall spricht man von »agiler Skalierung«: Mehrere Teams sind stark voneinander abhängig, z. B. weil sie am selben Produkt arbeiten.

Für agile Skalierung gibt es eine Reihe von Frameworks, die Lösungsmuster anbieten – die bekanntesten sind LeSS und SAFe. Während agile Skalierung für viele Unternehmen eine relevante Herausforderung darstellt, ist das Befolgen eines Skalierungsframeworks ein zweischneidiges Schwert. Natürlich sollte man bei der agilen Skalierung nicht mit Scheuklappen unterwegs sein und die Erfahrungen zu dem Thema ignorieren. Daher lohnt sich eine Auseinandersetzung mit den Skalierungsframeworks. Auf der anderen Seite darf man nicht einfach einem der Skalierungsframeworks folgen und dieses als Blaupause für seine eigene Struktur verwenden. Agiles Verständnis muss organisch wachsen und kann nicht in einem Big-Bang-Ansatz verordnet werden.

Ken Schwaber schreibt dazu: »Values and principles scale, but practices are context sensitive« [Schwaber 2013].

Werte und Prinzipien skalieren, Praktiken nicht. Praktiken sind kontextabhängig und was in einem Kontext funktioniert, kann in einem anderen sogar hochgradig schädlich sein.

Wir empfehlen daher, schrittweise die eigene Skalierungsstruktur zu suchen und mit konkreten Techniken aus Skalierungsframeworks zu experimentieren, um real existierende Probleme zu lösen. Bei schrittweiser Entwicklung der eigenen Skalierungsstruktur lassen wir uns von den agilen Werten und Prinzipien leiten. Wir suchen also nach Strukturen, in denen Menschen ihr Potenzial ausschöpfen können, und nicht nach Strukturen, die Menschen beschränken. Wir suchen nach wenigen leichtgewichtigen Strukturen, die sich leicht anpassen lassen, und nicht nach schwergewichtigen Strukturen für die Ewigkeit. Wir suchen nach Strukturen, die die Wertschöpfung für Endkunden in den Vordergrund stellen, und nicht nach Strukturen, die primär das Einhalten von Regeln sicherstellen. Konkrete Ansätze zur schrittweisen Entwicklung der eigenen Strukturen diskutieren wir im nächsten Kapitel.

Das LeSS-Framework kommt von seinen Grundannahmen kundenwertoptimierenden Teams am nächsten. Daher skizzieren wir es in Anhang B.

Fallbeispiel: Eigene Skalierungsstrukur finden (von Jürgen Hoffmann)

Für einen »Proof of Concept« wurde ein Scrum-Team gebildet, das sich ein paar grundlegenden technischen und architektonischen Herausforderungen eines neuen Produktes
stellte. Nach einigen Wochen sollte die Liefergeschwindigkeit erhöht werden. Es wurden
weitere Experten hinzugezogen und auf einmal war das Produktentwicklungsteam mehr
als 20 Personen groß. Diese Gruppe teilte sich mithilfe eines Moderators auf eigenen
Wunsch in zunächst 3 Feature-Teams auf. Diese Teilung folgte der Notwendigkeit, Retrospektiven und Backlog-Verfeinerungstermine mit kleineren Gruppen von Mitarbeitern
effektiver zu machen.

Viele solcher Schritte führen nach einiger Zeit zu einer Organisation, die in Struktur-
und Prozessbildern festgehalten werden kann. Die Stärke des Vorgehens liegt darin, dass
jedes Struktur- und Prozesselement aus einer inneren Notwendigkeit der aktuellen Produktentwicklung entsteht. Das ist nachvollziehbar für die Mitarbeiter und wird von ihnen
selbst gestaltet.

4.2.3 Alles Illusion?

In vielen Unternehmen mag das vorgestellte Zellmodell zwar als plausibel, aber
völlig illusorisch erscheinen. Man kann sich vielleicht nicht vorstellen, dass sich
das eigene Unternehmen jemals so umgestalten wird. Es mag sein, dass im existierenden Unternehmen diese Struktur nicht vollständig umgesetzt werden kann
oder dass ein vollständiges Umsetzen gar nicht sinnvoll ist. Es ist aber sehr sinnvoll, die existierenden Strukturen vor dem Hintergrund des Zellmodells infrage
zu stellen und sich diesem schrittweise anzunähern. Wir sehen uns dazu zwei Beispiele an.

Fallbeispiel: Struktur der Bank-IT spiegelt Fachstruktur (von Stefan Roock)

Eine Bank wollte agiles Arbeiten in ihre IT einführen und entschied sich letztlich zu einer
kompletten Reorganisation der IT. Im Ergebnis wurden Organisationseinheiten aufseiten
der IT geschaffen, die die existierende Struktur der Geschäftsfelder auf Fachseite abbilde-
ten (siehe Abb. 4–8). Die IT-Zellen bestehen dabei jeweils aus mehreren Teams.

→

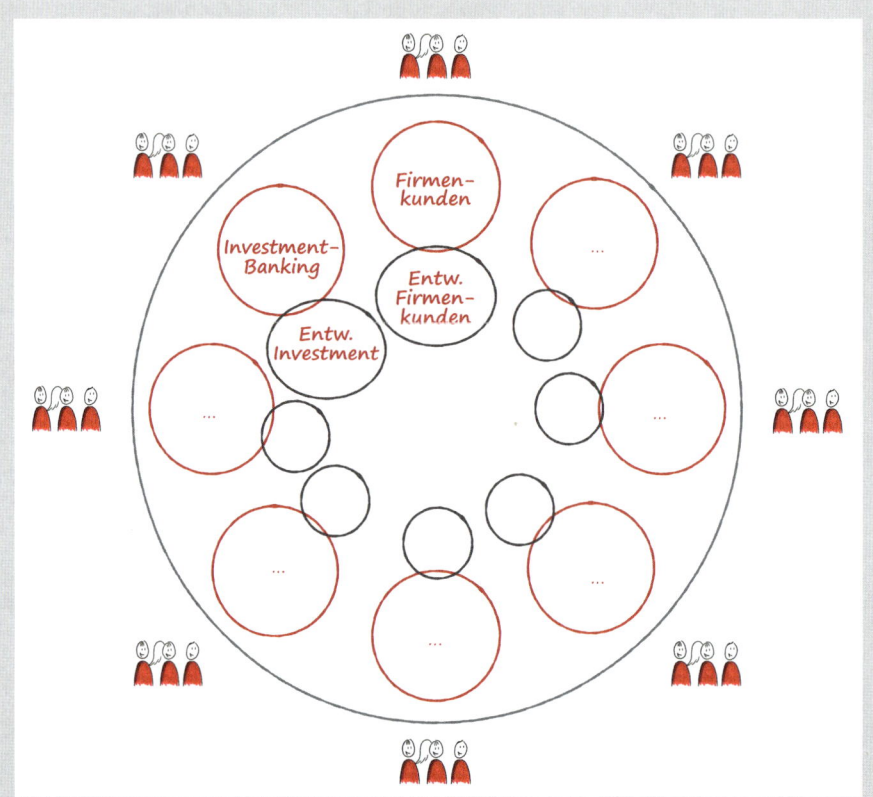

Abb. 4–8   *Entwicklung organisiert nach Geschäftsfeldern*

In diesem Fall wurde die *Wertschöpfungsstruktur* nach dem Zellmodell organisiert, aber noch nicht die Aufbauorganisation. Die Entwickler sind nach wie vor Führungskräften in der IT unterstellt. Die so entstehende Abweichung zwischen Wertschöpfungsstruktur und Aufbauorganisation kann Störungen erzeugen (wenn z.B. eine IT-Führungskraft die Weiterentwicklung der Mitarbeiter unpassend zu den Zielen des Fachbereiches steuert). Trotzdem ist mit der Reorganisation der Wertschöpfungsstruktur ein erster wichtiger Schritt in Richtung marktorientiertem Zellmodell gegangen erfolgt.

Fallbeispiel: Wooga (von Stefan Roock)

Ein zweites Beispiel ist die Berliner Firma Wooga, die Onlinespiele entwickelt. Eine neue Spieleentwicklung beginnt stets mit einem sehr kleinen Team aus zwei oder drei Personen. Je weiter die Entwicklung fortschreitet und je sicherer man sich wird, dass das Spiel gute Erfolgsaussichten hat, desto größer wird das Team. Nach dem Zellmodell handelt es sich bei dem Team um eine Zentrumszelle. Diese nimmt die Dienstleistung einer anderen Zentrumszelle in Anspruch, die Entwickler in der passenden Qualifikation liefert. Wird das Spiel schließlich veröffentlicht, wird aus der Zentrumszelle eine Peripheriezelle, die das Spiel betreibt und weiterentwickelt.

→

Wooga wird häufig als Vorzeigebeispiel für agile Organisationsstrukturen verwendet. Natürlich muss man dieses Beispiel (wie jedes andere auch) im entsprechenden Kontext betrachten. Die Strukturen von Wooga sind auf das spezielle Wooga-Geschäft abgestellt, in dem überschaubare Spiele mit kleinen Teams entwickelt und betrieben werden können. Dadurch hat Wooga es deutlich einfacher, vollständig autonome Teams zu bilden, als Unternehmen mit sehr komplexen Wertschöpfungsketten. Jedes Unternehmen muss die Strukturen finden, die zu dem eigenen Geschäft passen. Beispiele wie Wooga können »lediglich« zur Inspiration dienen, gedanklich neue Wege zu beschreiten.

4.3   Alignment bei dezentralen Strukturen

»Aber dann macht doch jeder, was er will.« Das hört man häufig, wenn es um dezentrale Entscheidungen geht. Tatsächlich ist diese Gefahr nicht von der Hand zu weisen und viele Unternehmen kennen das (zumindest gefühlte) Chaos, das durch autonome Teams entstehen kann. Mitunter entsteht der Eindruck, Alignment (alle ziehen an einem Strang) und Autonomie stünden im Widerspruch zueinander: Mehr Autonomie bedeutet weniger Alignment und ein größeres Alignment lässt sich nur durch Aufgabe von Autonomie erreichen. Bungay argumentiert hingegen, dass dem nicht so ist (siehe [Bungay 2010] und Abb. 4–9). Stattdessen kann man Alignment und Autonomie als unabhängige Dimensionen betrachten (siehe Abb. 4–10). Alignment bei geringer Autonomie stellt man durch Anweisung und Kontrolle her. Beim Militär spricht man von *Command Control*. Das von vielen Unternehmen erlebte Chaos beim Übergang zu dezentralen Strukturen ist der Übergang von links oben nach rechts unten im Diagramm. Autonomie nimmt zu, Alignment nimmt ab. Die Ursache liegt darin, dass zwar *Command Control* als Steuerungsinstrument abgeschafft, aber kein geeigneteres Steuerungsinstrument installiert wurde. Ein solches Steuerungsinstrument muss für alle Beteiligten das Was und Warum klarstellen. Dann werden die Mitarbeiter und Teams ihre dezentralen Entscheidungen an diesem Was und Warum ausrichten. Beim Militär ist von *Mission Command* die Rede: Die Einheit hat eine Mission zu erfüllen und es ist ihr vollkommen freigestellt, wie sie das macht.

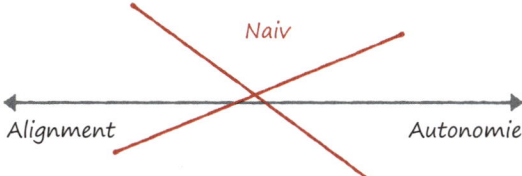

Abb. 4–9   *Alignment und Autonomie stehen nicht im Widerspruch zueinander.*

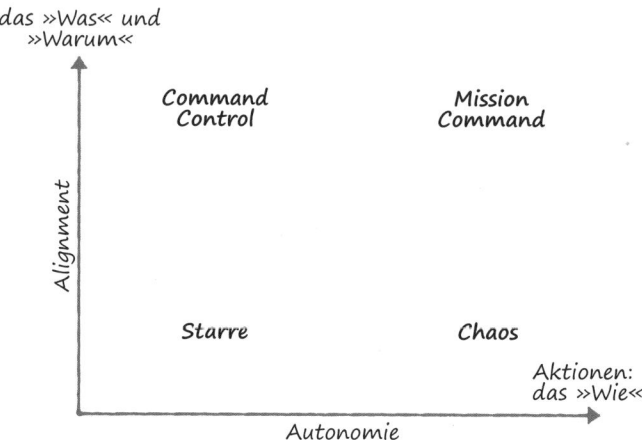

Abb. 4–10   *Autonomie und Alignment als unabhängige Dimensionen*

4.3.1   Management by Objectives (MbO)

Interessanterweise hat Drucker bereits 1954 diesen Sachverhalt beschrieben, allerdings ohne die Visualisierungen (siehe [Drucker 1954]). Drucker schlug vor, das Was und Warum über Ziele (engl. *Objectives*) klarzustellen, um dezentrale Entscheidungen (Autonomie) zu ermöglichen.

Vor den Zielen kommt bei Drucker allerdings eine geeignete Unternehmensstruktur. Unternehmen sollten zunächst nach Märkten oder Produkten organisiert sein. Wie eine solche Struktur aussehen kann, haben wir bereits oben gesehen: Das von Niels Pfläging beschriebene Zellmodell folgt diesem Organisationsprinzip. Zu den Zeiten Druckers mit großen Produktionsunternehmen wie z.B. Ford waren die resultierenden Organisationseinheiten häufig noch zu groß, um ohne weitere Struktur zu existieren; man stelle sich Hunderte von Produktionsmitarbeitern für den Bau von Pkws vor. Wie oben beschrieben, schlägt Drucker als Substruktur *Phasen* vor.

Mögliche Phasen beim Hausbau könnten Fundament, Rohbau, Innenausbau etc. sein. Das Ausheben der Baugruppe ist möglicherweise keine sinnvolle Phase, weil die Baugruppe bei langer »Liegezeit« abrutschen kann. Stützt man die Baugrube allerdings ausreichend ab, entsteht so doch wieder eine valide Phase. An dem Baugruben-Beispiel kann man bereits erkennen, dass Phasen auf den ersten Blick manchmal wie funktionale Silos aussehen, diesen aber selten entsprechen. Für eine ausreichend abgestützte Baugrube brauchen wir nicht nur Baggerfahrer, sondern auch Zimmermänner. Und nicht zuletzt forderte Drucker, dass die Phasenergebnisse qualitätsgesichert werden. Die entsprechenden Fähigkeiten müssen in der Phase ebenfalls vorhanden sein. Phasen-Organisationseinheiten müssen also auch interdisziplinär besetzt sein.

In der Softwareentwicklung kennen wir sequenzielle Phasenmodelle seit Jahrzehnten (Wasserfall, V-Modell etc.). Diese Modelle erfüllen allerdings Druckers Anspruch an Phasen nicht. Wir haben gelernt, dass die Phasenergebnisse in diesen Modellen schnell an Wert verlieren (heute aufgenommene Anforderungen sind meist schon nach wenigen Monaten überholt) und schlecht qualitätsgesichert werden können (ob die formulierten Anforderungen wirklich das Problem der Anwender lösen, wissen wir meistens erst, wenn die Software entwickelt wurde). Produktinkremente à la Scrum hingegen erfüllen die Kriterien, die Drucker an Phasen anlegt.

Basierend auf diesen Organisationsprinzipien und der Idee der »Führung über Ziele« definierte Drucker ein komplettes Managementsystem namens *Management by Objectives (MbO)*: Auf jeder Unternehmensebene werden Ziele definiert, an denen sich die jeweilige Einheit ausrichtet. Eine Top-down-Zerlegung der Ziele ist naheliegend: Unternehmensziele werden in Bereichsziele gegliedert, diese dann wieder in Abteilungsziele etc.

Eine strikte Top-down-Zerlegung ist bei MbO allerdings gar nicht vorgesehen. Stattdessen sollen die obersten Unternehmensziele auf *jeder* Ebene klar sein. Die einzelnen Ebenen sollen selbst dazu passende Ziele für sich definieren – dazu führen sie einen kontinuierlichen Dialog mit den Einheiten über, unter und neben sich. Mit diesem Mechanismus werden Ziele von der Unternehmensspitze bis hinunter zu den Mitarbeitern verwendet (siehe Abb. 4–11).

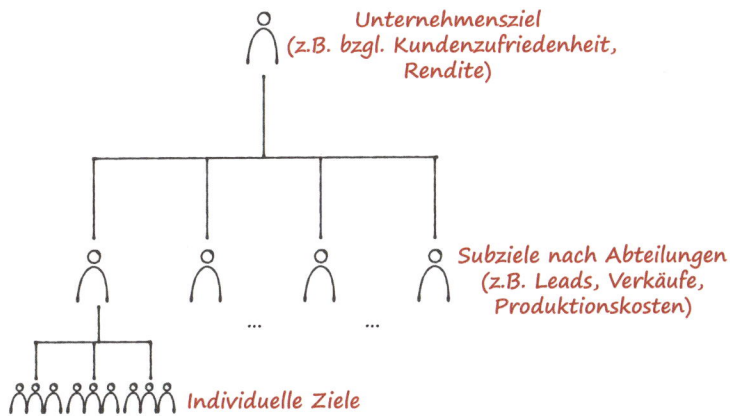

Abb. 4–11   *Ziele (Objectives) auf allen Unternehmensebenen*

Besonders herausfordernd ist, die Ziele der unteren Ebenen so zu formulieren, dass sie am Ende nicht zu Mikromanagement führen, sondern tatsächlich dezentrale Entscheidungen ermöglichen.

Messbarkeit von Zielen und Anreizsysteme

Laut Peter Drucker sollten Ziele messbar sein – allerdings nur zur Selbstkontrolle. Jede Einheit soll selbst kontrollieren können, ob sie auf dem richtigen Weg ist. Drucker betont, dass die Messung nicht zur Kontrolle durch übergeordnete Einheiten verwendet werden soll. Dazu passt, dass Drucker davon abrät, Boni an die Zielerreichung zu knüpfen. Dadurch gäbe man einen starken Anreiz, auf lokale Ziele zu optimieren und dabei das globale Ganze zu beschädigen.

4.3.2 Objectives and Key Results (OKR)

Insbesondere in Start-ups wird in den letzten Jahren häufig mit *Objectives and Key Results* (abgekürzt *OKR*) gearbeitet. Das OKR-System wir häufig Google zugeschrieben, stammt allerdings aus den 1970er-Jahren von Intel[3]. Bei OKR werden die Ziele (Objectives) mit Key Results unterlegt, die anzeigen, inwieweit das Ziel erreicht wurde. Die Key Results sollen dabei anspruchsvoll sein – es ist keine 100 %ige Erreichung vorgesehen, sondern es genügen 60–70 %. Typischerweise werden Quartalszeiträume mit OKR geplant. OKR sind eine mögliche MbO-Implementierung, die viele Gemeinsamkeiten mit »klassischem« MbO aufweist (siehe Tab. 4–1). Die Unterschiede betreffen die Planungszeiträume, den angestrebten Zielerreichungsgrad und die Kopplung von Zielerreichung und Gehalt:

- **Planungshorizont**
  Mit MbO werden kurze und lange Zeiträume geplant. Es sollen sowohl monatliche wie auch mehrjährige Objectives definiert werden. Demgegenüber adressiert OKR nur Planungshorizonte von einem bis drei Monate.

- **Zielerreichungsgrad**
  Während MbO eine vollständige Zielerreichung oder sogar ein Übertreffen des Ziels anstrebt, definiert man bei OKR die Ziele so, dass eine Zielerreichung von 60–70 % angestrebt wird.

- **Zielerreichung und Gehalt**
  Bei der Gehaltsfrage sieht MbO vor, dass die Fähigkeit, Objectives zu definieren und zu erreichen, einen Einfluss auf Beförderungen bzw. Gehaltserhöhungen hat. Das OKR-Konzept sieht keine Kopplung der Zieldefinition und der Zielerreichung an das Gehalt vor. Beide Ansätze warnen davor, Boni an die Zielerreichung zu koppeln.

---

3. Siehe *https://de.wikipedia.org/wiki/Objectives_and_Key_Results*.

	MbO	OKR
Art der Ziele	Ergebnis (einmalig)	
Zielfindung	Schrittweise Zerlegung entlang der Hierarchie. Gemeinsame Erarbeitung gewünscht (top-down und bottom-up kombiniert), in der Praxis bei OKR häufiger anzutreffen als bei MbO.	
Unternehmens-ziel vs. Einzelziele	Summe der Einzelziele ergibt das Unternehmensziel	
Planungshorizont	Monate und Jahre	Monat bis Quartal
Angestrebte Zielerreichung	100 % oder mehr	60–70 %
Messung	Nur zur Selbstkontrolle während der Umsetzung	Während der Umsetzung zur Selbstkontrolle und am Ende der Planungsperiode, um fest-zustellen, inwieweit das Ziel erreicht wurde.
Gehaltserhöhung	Gehaltserhöhung für Manager setzt voraus, dass sie sinnvolle Ziele definieren und erreichen können.	Keine Abhängigkeit zur Zielerreichung
Bonus	Unabhängig von Zielerreichung	

Tab. 4–1   *Gemeinsamkeiten und Unterschiede zwischen MbO und OKR*

Neben diesen prinzipiellen Unterschieden der Theorie unterscheiden sich MbO und OKR in der Praxis durchaus. Die Unternehmen, die OKR verwenden, tun dies nach unserer Erfahrung in der Praxis transparenter und kooperativer. Häufig wird das Was »von oben« vorgegeben und das Wie »von unten« gefunden. Dass dies von Drucker bei MbO auch so intendiert war, ändert leider wenig darin, dass die MbO-Praxis dann doch häufig anders aussieht. (Und natürlich haben wir auch gesehen, wie OKR eingeführt wurde, um straff top-down durchzuregieren.)

In den für dieses Buch wesentlichen Punkten stimmen MbO und OKR allerdings überein, sodass wir in der Folge nur noch von MbO sprechen und dabei jeweils auch OKR meinen.

4.3.3 MbO-Beispiel – so bitte nicht

Das folgende (sehr einfache) Beispiel illustriert, wie MbO mitunter eingesetzt wird (siehe Abb. 4–12). Wir werden unten diskutieren, warum das Beispiel problematisch ist und auch nicht zu Druckers Intention passt.

Wir gehen von einem Dienstleistungsunternehmen im Projektgeschäft aus, das eine Umsatzrendite von 20 % anstrebt. Auf Basis von Erfahrungen aus der Vergangenheit definiert das Management eine Reihe von Annahmen:

- Das Unternehmen hat jährliche Kosten in Höhe von 5 Mio. Euro/Jahr. Der Zielumsatz für 20 % Umsatzrendite liegt also bei etwa 6 Mio. Euro.

- Das durchschnittliche Projekt hat einen Umsatz von 250.000 Euro.

- Die Konversionsrate von Leads in Aufträge liegt bei 10 %.

- Pro Monat sollen zwei neue Projekte akquiriert werden – eines mit einem neuen und eins mit einem existierenden Kunden.

- Die Aufwandsschätzungen der Projekte können im Großen und Ganzen eingehalten werden (Unter- und Überschreitungen der geschätzten Aufwände halten sich die Waage).

Auf dieser Basis können Ziele für die Abteilungen Marketing, Vertrieb und Entwicklung definiert werden. Das Marketing müsste 20 Leads monatlich generieren, auf deren Basis der Vertrieb Abschlüsse in Höhe von 500.000 Euro (durch neue und existierende Kunden) erzielen müsste. Die Entwicklung darf nicht zu weit von der initialen Schätzung abweichen. Wir definieren als Ziel, dass 90 % der Projekte *in time and budget* abgewickelt werden.

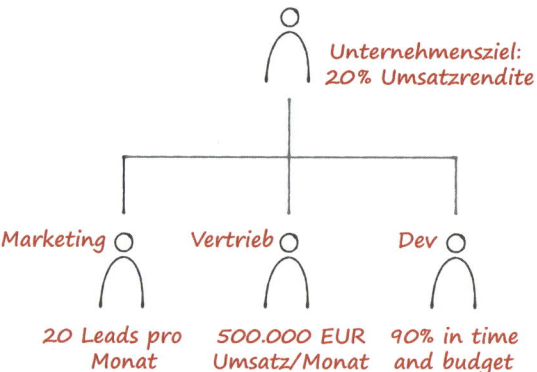

Abb. 4–12   *Beispiel für eine falsche MbO-Anwendung*

Dieses Beispiel könnte in der Praxis so oder so ähnlich aussehen. Allerdings enthält es gleich zwei Aspekte, von denen Drucker dringend abrät: Fokussierung auf Geld/Umsatz statt auf Kundenzufriedenheit sowie eine Abteilungsstruktur, die nach funktionalen Silos geschnitten ist. Wie oben beschrieben, fordert Drucker eine Unternehmensstruktur, die entlang von Märkten oder Produkten organisiert ist und nicht nach funktionalen Silos. Wir schauen uns im folgenden Abschnitt an einem Beispiel an, wie eine bessere MbO-Anwendung aussieht.

4.3.4   MbO-Beispiel – besser

Wir gehen wieder von unserem Dienstleistungsunternehmen im Softwareprojekt-
geschäft aus. Jetzt ist es aber nicht nach funktionalen Silos (Marketing, Vertrieb,
Entwicklung) organisiert, sondern nach Märkten (Konzerne, Mittelstand, Frankreich). Das Unternehmen möchte die Kundenzufriedenheit steigern, den Mittel-
standsmarkt vergrößern und in Frankreich einen neuen regionalen Markt aufbauen. Durch Aushandlung zwischen Unternehmensführung und den einzelnen
Abteilungen entstehen konkretisierte Ziele: Sowohl bei Konzernen wie auch bei
Mittelständlern soll die Kundenzufriedenheit um 5 Prozentpunkte steigen. Bei
den Mittelständlern soll es außerdem 10 % Wachstum geben. Für Frankreich
wird genauer definiert, was unter erfolgreichem Markteintritt zu verstehen ist:
keine Verluste und Aufbau von zwei neuen Teams. Abbildung 4–13 zeigt das
Gesamtbild.

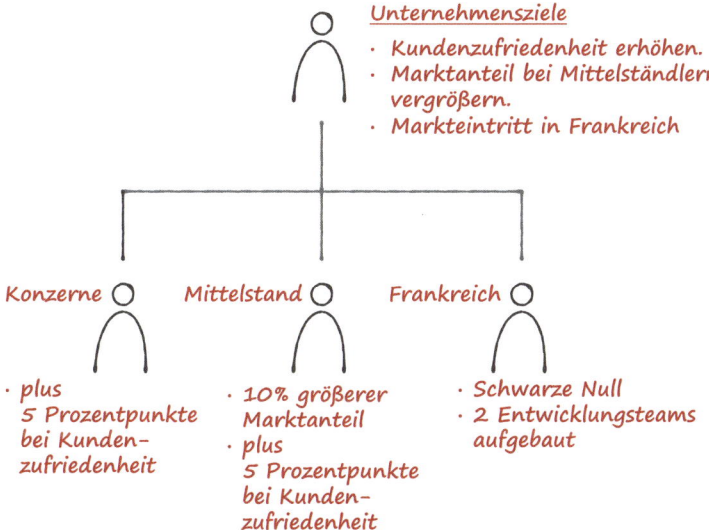

Abb. 4–13   *Besseres MbO-Beispiel*

Unterhalb der drei gezeigten Abteilungen findet sich natürlich eine Substruktur
(z. B. könnten Konzerne differenziert werden nach Branchen wie Telekommunikation, Banken & Versicherungen, Energieversorger). Die Folge ist, dass viele
Funktionen aus Gesamtunternehmenssicht redundant vorhanden sind. Jede der
drei Abteilungen wird z. B. mindestens einen Vertrieb haben.

4.3.5   Nutzen und Gefahren von Management by Objectives

Der Hauptnutzen von MbO besteht darin, dass klare Ziele bei dezentralen Entscheidungen Alignment herstellen. Allerdings geht mit einem MbO-System auch eine Reihe von Gefahren einher, die zu ernsthaften Störungen agilen Arbeitens führen können.

▦ Unpassende Organisationsstruktur
  Nach funktionalen Silos organisierte Unternehmen erzeugen starke Abhängigkeiten zwischen Zielen, sodass die Ziele kontinuierlich mit viel Aufwand angepasst werden müssten. Viele Unternehmen müssten sich erst einmal reorganisieren, um MbO überhaupt sinnvoll einsetzen zu können. Und die Unternehmen müssen sich darauf einstellen, dass sie sich ständig neu organisieren müssen, weil die Organisationsstruktur sich an den Unternehmenszielen ausrichten muss.

▦ Varianzen
  Business-relevante Ziele sind anfällig für Varianzen, die die Zielerreichung mehr oder weniger zufällig machen.

▦ Lokale Optimierungen
  Die Summe von Einzelzielen führt zu lokaler Optimierung und damit zu globaler Suboptimierung.

▦ Hands-off-Management
  Führung findet über Ziele statt und die Interaktion zwischen Führungskräften und Mitarbeitern leidet.

▦ Außerordentliche Anstrengungen
  Herausfordernde Ziele werden häufig durch außerordentliche Anstrengungen erreicht, die nicht zu nachhaltigem Erfolg führen.

▦ Zielkonflikte
  Individuelle Ziele geraten in Konflikt mit Teamzielen.

▦ Innovationshemmnis
  Sehr klare Ziele sind Innovationen abträglich. Innovation braucht Doppeldeutigkeit.

Unpassende Organisationsstruktur

Wie oben beschrieben forderte Drucker, dass Unternehmen sich nach Märkten, Produkten oder Phasen organisieren sollen. Nur dann wären dezentrale Entscheidungen überhaupt möglich. MbO setzt also eine derartige Unternehmensstruktur voraus.

Viele Unternehmen sind allerdings nach funktionalen Silos geschnitten. Wendet man in so einem Unternehmen MbO an, so sind enge Abhängigkeiten zwischen den Zielen die Folge: Im oben angeführten schlechten MbO-Beispiel hängen die Ziele des Vertriebs sehr stark mit den Zielen des Marketings zusammen. Dadurch unterliegen die Ziele einer sehr großen Dynamik und müssten im Grunde kontinuierlich mit allen Beteiligten angepasst werden. Der damit einhergehende Aufwand ist aber so groß, dass er selten investiert wird. In der Folge laufen die einzelnen Organisationseinheiten unabgestimmt längst obsolet gewordenen Zielen hinterher.

Varianzen

Definiert man z. B. für den Vertrieb ein bestimmtes Umsatzziel, so hat er dieses nur zum Teil unter seiner Kontrolle. Wenn sich die gesamte Marktlage verschlechtert oder einfach das Marketing ineffektiv arbeitet, erreicht der Vertrieb sein Ziel vielleicht nicht. Der Vertrieb bekommt die »Schuld« zugewiesen, obwohl er vielleicht sehr gute Arbeit geleistet hat. Andersherum könnte ein plötzlicher Marktaufschwung oder ein medienwirksamer Skandal um den Hauptkonkurrenten die Umsätze plötzlich ankurbeln. Dann steht der Vertrieb als »Held« dar, ohne dass er dafür etwas getan hätte.

Die von Drucker geforderte Unternehmensstrukturierung nach Märkten oder Produkten statt nach funktionalen Silos mildert das Varianzproblem zumindest auf den oberen Hierarchieebenen. Wie gut das Wachstum bei den Mittelständlern in unserem besseren MbO-Beispiel funktioniert, hat die Abteilung auch nicht alleine unter Kontrolle. Auch hier spielt die gesamtwirtschaftliche Lage eine Rolle genauso wie das Verhalten der Wettbewerber.

Wenn Aufstiegschancen, Boni oder Ansehen mit der Zielerreichung einhergehen, belohnt und bestraft das Unternehmen seine Mitarbeiter damit zufällig.

Nun könnte man auf die Idee kommen, die Ziele so zu definieren, dass sie varianzfrei sind. Dummerweise mindert sich damit ihre Geschäftsrelevanz. Allzu häufig sind sogenannte *Vanity Metrics* das Ergebnis (siehe [Ries 2011]): Sie schmeicheln uns, ohne relevant für das Unternehmen zu sein. So lässt sich z. B. die Anzahl von Besuchern auf der Homepage durch geschickte Werbung erkaufen. Wenn die gekauften Besucher der Homepage aber nur feststellen, dass sie sich für das dargebotene Angebot nicht interessieren, hat das Unternehmen nichts davon. Die in der Metrik ersichtliche steigende Anzahl von Homepage-Besuchern sah gut aus, bedeutete aber nichts: *Vanity Metric*.

Diesen Zusammenhang von Geschäftsrelevanz und Varianzen visualisiert Abbildung 4–14: Größere Geschäftsrelevanz geht mit mehr Varianzen einher. Man kann sich diesen Zusammenhang auch so herleiten: Unternehmen haben mit dem Markt zu tun, der u. a. aus Kunden und Wettbewerbern besteht. Die meisten geschäftsrelevanten Ziele haben daher auch mit dem Markt zu tun (Kosten sind eine Ausnahme). Am Markt nehmen neben dem eigenen Unternehmen offensichtlich noch weitere Akteure teil – vor allem Kunden und Wettbewerber. Diese lassen sich durch uns nicht kontrollieren und stellen externe Varianzquellen dar. Ergo gilt: Geschäftsrelevante Ziele unterliegen meist vielfältigen Varianzen.

Abb. 4–14   *Geschäftsrelevante Ziele unterliegen meist Varianzen.*

Lokale Optimierungen

Natürlich wird jede Organisationseinheit versuchen, ihr Ziel zu erreichen. Je reizvoller die Zielerreichung (z.B. in Form von Boni oder in Aussicht gestellter Beförderungen), desto fokussierter wird die Organisationseinheit am eigenen Ziel arbeiten.

Das hört sich zunächst wünschenswert an, kann für das Unternehmen aber außerordentlich schädlich sein. Nach Ackoff (siehe [Ackoff 2008]) führt eine lokale Optimierung der Einzelteile fast immer zu einer Suboptimierung des Ganzen. Viele Unternehmen haben beispielsweise den Vertrieb auf möglichst viele Abschlüsse hin optimiert (z.B. durch Abschlussprovisionen). Wenn das Unternehmen die ganzen Verkäufe aber gar nicht umsetzen kann, kommt es zu Problemen (Überlastungen, Verzögerungen, Qualitätsdefizite). Diese Probleme führen wiederum zu unzufriedenen Kunden.

Die Gefahr der lokalen Optimierung existiert auch in unserem besseren MbO-Beispiel. Die Abteilungen für Konzerne und Mittelständler werden auf ihre Ziele hin optimieren. Hat die Frankreich-Abteilung aber Schwierigkeiten, Entwickler für die neuen Teams einzustellen, könnte es aus Unternehmenssicht sinnvoll sein, lokale Ziele zu opfern. Vielleicht wäre es die beste Lösung, wenn die Abteilungen *Konzerne* und *Mittelstand* einen Teil ihrer Entwickler in die Abteilung *Frankreich* transferieren und dafür in Kauf nehmen, ihre Ziele nicht zu erreichen.

Eine Organisationseinheit muss sich also stets bewusst sein, dass das eigene lokale Ziel nur Mittel zum Zweck ist: Es geht darum, mit den anderen Organisationseinheiten gemeinsam das globale Ganze zu optimieren. Daher muss jede Organisationseinheit immer auch das Gesamtziel im Auge behalten und mit benachbarten Organisationseinheiten kooperieren.

Hands-off-Management

Für Manager kann es sehr verlockend sein, sogenanntes *Hands-off-Management* zu praktizieren: Der Manager definiert mit seinen Untergebenen Ziele und muss sich dann nicht weiter mit ihnen beschäftigen. Das ist bequem, aber nicht zielführend. Den Mitarbeitern fehlt häufig die Unterstützung, die sie brauchen – z.B. in Form von Mentoring. Um diese Unterstützung geben zu können, ist ein kontinuierlicher Dialog notwendig, der durch messbare Ziele behindert werden *kann*.

Außerordentliche Anstrengungen

Herausfordernde Ziele führen zu außerordentlichen Anstrengungen. Das Ergebnis ist natürlich beeindruckend und jeder sieht die Hingabe und das Engagement, mit dem das Ziel erreicht wurde: Geschichten, in denen Helden geboren werden.

Dieser kurzzeitige Erfolg bringt das Unternehmen aber nicht nachhaltig weiter. Wenn das Ziel erreicht wurde, ist das Unternehmen genauso (wenig) leistungsfähig wie vorher.

Um bei immer stärkerem Wettbewerb mithalten zu können, reicht es nicht aus, einzelne herausfordernde Ziele zu erreichen. Das Unternehmen muss sich nachhaltig weiterentwickeln, sodass es immer leistungsfähiger wird – nicht durch Heldentaten, sondern durch seine inhärente Leistungsfähigkeit.

Zielkonflikte

Werden Ziele bis hinunter auf Mitarbeiterebene formuliert, geraten diese leicht in Konflikt mit Teamzielen. Insbesondere agile Teams sollen sich sehr schnell an neuen Prioritäten ausrichten. Individuelle Quartalsziele stehen dieser Neuausrichtung dann häufig im Weg. Und damit hat der Mitarbeiter auf einmal konkurrierende Ziele: sein individuelles und das Teamziel. Entweder priorisiert der Mitarbeiter eines der Ziele höher oder er zerreißt sich zwischen beiden Zielen (z.B. durch Überstunden). In so einem Kontext wirken Zielsysteme wie MbO oder OKR dann tatsächlich als Störfaktoren des agilen Kernzyklus.

Innovationshemmnis

Nonaka und Takeuchi weisen darauf hin, dass Innovation eine gewisse innere Spannung benötigt, die durch Uneindeutigkeiten geschaffen werden kann (siehe [Nonaka & Takeuchi 1995]). Ein sehr klares Ziel wie »Baut ein familientaugliches Auto mit einem Marktpreis von 25.000 Euro« erzeugt wenig Innovation. Es legt den Rahmen so klar fest, dass ein typisches Familienauto dabei herauskommen wird. Ein auf den ersten Blick absurd erscheinendes Ziel wie »Familienauto auf zwei Rädern« regt hingegen die Fantasie an. Es ist eben nicht eindeutig, wie so ein Auto sinnvoll aussehen kann. Ein anderes Beispiel für ein innovationserzeugendes Ziel könnte »Suchfunktion ohne Blättern« sein, das sich für Marktplätze wie eBay, mobile.de oder ImmobilienScout24 eignen könnte. Damit würde sich dem Team die Frage stellen: Wie können wir dafür sorgen, dass die Einträge, die für den Anwender wirklich relevant sind, auf der ersten Seite erscheinen und er nicht blättern muss.

Mit solchen uneindeutigen Zielen geht einher, dass man vorher nicht sinnvoll darüber sprechen kann, ob und bis wann das Ziel erreicht werden kann. Man darf in solchen Fällen also keine Bewertung an das Ziel knüpfen.

4.3.6   Ziele ohne die MbO-Gefahren

Die oben genannten Probleme sind keine K.-o.-Kriterien für MbO. Man kann mit den Herausforderungen umgehen, wenn man sich ihrer bewusst ist:

Zuerst muss eine **passende Organisationsstruktur** nach Märkten, Produkten oder zumindest Phasen (engl. stages) geschaffen werden. Ansonsten braucht man kein Zielsystem, das dezentrale Entscheidungen unterstützt.

Wenn man seine Ziele regelmäßig überprüft und anpasst, kann man mit den **Varianzen** umgehen. Dazu muss allerdings das Definieren von Zielen zügig von der Hand gehen. Das wird am Anfang noch nicht der Fall sein, deshalb muss in die Fähigkeit investiert werden, schnell gute Ziele zu definieren.

Wenn alle Beteiligten alle Ziele oberhalb des eigenen Ziels kennen und sie den Auftrag erhalten, gemeinsam mit anderen Teams, Abteilungen etc. auch die übergeordneten Ziele zu erreichen, können sie **lokalen Optimierungen** entgegenwirken.

MbO darf von Managern nicht dafür benutzt werden, den Dialog mit den Mitarbeitern zu vermeiden (**Hands-off-Management**). Die Grundlage aller agilen Werkzeuge, das Agile Manifest, schätzt Individuen und Interaktionen mehr als Prozesse und Werkzeuge. Das beschreibt auch den Umgang zwischen Führungskräften und ihren Mitarbeitern. Damit müssen Manager die Verantwortung für ihre Mitarbeiter akzeptieren. Die Mitarbeiter brauchen Unterstützung/Mentoring, um die Ziele zu erreichen. Manager müssen verstehen, *wie* die Mitarbeiter die Ziele erreichen (wollen), sodass sie Mentoring anbieten können. Manager müssen darüber hinaus intervenieren, wenn mit **heroischen Anstrengungen** statt mit nachhaltigen Verbesserungen gearbeitet wird.

Für Teams muss man sich Gedanken machen, welchen Wert individuelle Ziele für Mitarbeiter überhaupt haben. Ein Team zeichnet sich gerade durch gegenseitige Abhängigkeit aus: Das Ziel kann nur gemeinsam erreicht werden. Individuelle Ziele legen nahe, dass die Teammitglieder ihre Ziele alleine erreichen können und sich dadurch das Teamziel von selbst ergibt. Wäre dies der Fall, läge kein Team vor. Wenn also wirklich Teamarbeit angemessen für die Aufgabe ist, sollten keine individuellen Ziele definiert werden. Damit verschwinden natürlich die **Konflikte zwischen individuellen und Teamzielen**.

Innovation braucht **uneindeutige Ziele,** die logischerweise mit einer größeren Unsicherheit einhergehen. Es darf also niemand auf die Erreichung eines solchen Ziels festgenagelt werden. Auch hier verweisen wir erneut auf das Agile Manifest. Wenn wir tatsächlich das Reagieren auf Veränderung mehr als das Befolgen eines Plans schätzen, dann freuen wir uns mit jedem täglichen Lernschritt über eine Verschiebung und Neudefinition der Ziele. Es wäre dumm, an einem Ziel festzuhalten, das laut heutigem Wissensstand obsolet oder zumindest fragwürdig geworden ist.

Und nicht zuletzt sollte man sich folgende Frage stellen: Wenn das Unternehmensziel klar ist, inwieweit braucht es dann noch heruntergebrochene Subziele? In Konzernen wird vermutlich mehr als nur das Gesamtkonzernziel erforderlich sein, aber vielleicht müssen diese Ziele nicht so detailliert heruntergebrochen werden, wie es heute passiert?

4.4 Feedbackschleifen statt statischer Ziele

Eines der Probleme mit MbO besteht darin, dass die Ziele statisch sind. Auf der Ebene von Unternehmenszielen ist dies meistens auch sinnvoll – das Unternehmen kann sich nicht jeden Tag komplett neu erfinden, sondern braucht eine gewisse Stabilität in der Ausrichtung. Wir haben schon gesehen, dass weiter unten in der Hierarchie statische Ziele zu erheblichen Problemen führen können. Im Grund wäre ein kontinuierlicher Anpassungsprozess notwendig, der allerdings mit hohen Anpassungsaufwänden verbunden wäre.

Die Alternative sind Feedbackzyklen, die eine dynamische Steuerung erlauben. Sie basieren auf den Prinzipien der Transparenz, der direkten Kommunikation, der globalen Optimierung der Wertschöpfung und der Überprüfung und Anpassung.

4.4.1 Feedbackschleife für den Umweltschutz

Jerry Weinberg beschreibt in [Weinberg 1985] eine interessante Geschichte zu Feedbackschleifen (er schreibt selbst, dass nicht gesichert sei, dass die Geschichte wahr ist – nützlich ist sie auf jeden Fall): Zu Beginn der Industrialisierung hatten die USA erhebliche Probleme durch Umweltverschmutzung, insbesondere mit verschmutzten Flüssen. Die neu entstandenen Fabriken leiteten Chemikalien in Flüsse ein, wodurch Fischerei und Grundwasser flussabwärts gefährdet wurden (siehe Abb. 4–15).

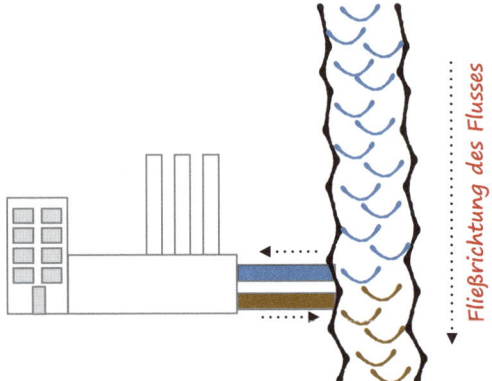

Abb. 4-15   *Das Problem: Fabriken verschmutzen Flüsse.*

Man setzte eine Kommission ein, die das Problem beseitigen sollte. Diese Kommission führte Interviews mit Industrievertretern, um ihre Sichtweisen und Ideen kennenzulernen. Unter anderem sprach die Kommission mit Henry Ford (dem Gründer der Ford-Autowerke). Dieser sagte, dass zur Beseitigung des Problems keine umfangreichen gesetzlichen Regelungen notwendig seien, sondern eine einzige einfache Regel ausreichen würde:

»Jeder darf so viel Wasser aus dem Fluss entnehmen, wie er braucht, und mit dem Wasser machen, was er will. Er muss lediglich die gleiche Menge Wasser flussaufwärts wieder einleiten« (visualisiert in Abb. 4–16).

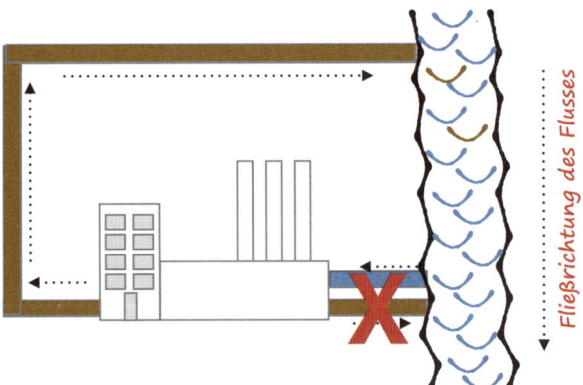

Abb. 4-16   *Lösung durch Feedbackschleife*

Mit der Regel würde eine einfache, aber mächtige Feedbackschleife geschaffen. Würde eine Fabrik das Wasser nicht ausreichend reinigen, würde sie selbst immer stärker verdrecktes Wasser aus dem Fluss entnehmen, das immer schlechter für die Produktion geeignet wäre. Defizite im Umweltschutz würden dem Verursacher also selbst schaden.

Fallbeispiel: Nearshore-Bugfixing

Einer unserer Kunden hatte einen externen Nearshore-Anbieter mit Wartung und Bugfixing seiner Software betraut. Das erschien sehr attraktiv, weil dadurch die hoch bezahlten Experten in Deutschland nicht durch langweilige Wartungsaufgaben demotiviert wurden und sich ganz auf die Entwicklung wertvoller neuer Features fokussieren konnten.

Im Endeffekt wurden die Feature-Teams in Deutschland immer schneller und das Nearshore-Team immer größer. Man hatte die Feedbackschleife zerstört, die es den Entwicklern in Deutschland ermöglichte, die geschaffene Qualität zu erfahren. So konnten sie dem Druck des Business nach mehr Features leicht nachgeben, indem sie schlechtere Qualität ablieferten. Diese schlechte Qualität machte sich dann an einer anderen Stelle im Unternehmen bemerkbar. Allerdings wurde das Problem dort nicht als zu schmerzhaft wahrgenommen, weil die Nearshore-Entwickler verhältnismäßig preisgünstig waren. Die Kunden litten aber unter immer mehr Fehlern.

Schließlich wurde dieser Zusammenhang erkannt und Bugs wurden den Teams zugeteilt, die sie verursacht hatten. In der Folge wurden die Feature-Teams wieder langsamer – die vorherige hohe Geschwindigkeit war geschummelt, weil sie durch Qualitätsdefizite erkauft wurde. Faktisch reduzierte sich die Geschwindigkeit der Feature-Teams auf ihre reale Geschwindigkeit, sodass auch wieder besser prognostiziert werden konnte. Außerdem gab es weniger Bugs in der Produktion, was den Kunden zugutekam. Man hatte die Feedbackschleife wieder geschlossen.

Fallbeispiel: Spesen bei it-agile

Ein weiteres Beispiel für eine Feedbackschleife findet sich in der Spesenabrechnung bei it-agile. Dort entscheidet jeder Mitarbeiter anhand einiger einfacher Regeln, wie er reist und übernachtet sowie welche beruflichen Anschaffungen (Notebooks, Handys) er tätigt. Diese Regeln lauten konkret:

- Verhalte dich wirtschaftlich sinnvoll.
- Reiche nur das ein, was rechtlich zulässig ist.
- Sorge dich um dein Wohlergehen.

Es gibt damit z.B. keine formelle Obergrenze, wie viel eine Übernachtung kosten darf. Es ist auch nicht festgelegt, ob man mit der Bahn erster Klasse fahren darf. Stattdessen sind die Spesenabrechnungen innerhalb von it-agile für alle Mitarbeiter einsehbar. Was auch immer man als Spesen einreicht, sollte man bei Nachfragen begründen können. Dadurch wird eine Feedbackschleife geschaffen: Wenn ein Kollege unangemessen hohe Ausgaben für Spesen hat, wird er entsprechendes Feedback von Kollegen bekommen und kann sein Verhalten anpassen. Dadurch bildet sich ein gemeinsames Verständnis darüber heraus, welche Ausgaben bei it-agile akzeptabel sind und welche eher nicht. Dabei gibt es immer noch Flexibilität, sodass man bei einer Messe deutlich mehr für eine Übernachtung ausgeben »darf« als zu normalen Zeiten.

4.4.2   Feedbackschleifen bei Command & Control-Strukturen

Klassische Command & Control-Strukturen schaffen auch Feedbackschleifen. Der Vorgesetzte stellt diese her. Wenn ein Mitarbeiter inakzeptables Verhalten an den Tag legt, erhält er vom Vorgesetzten entsprechendes Feedback und kann sein Verhalten anpassen (siehe Abb. 4–17).

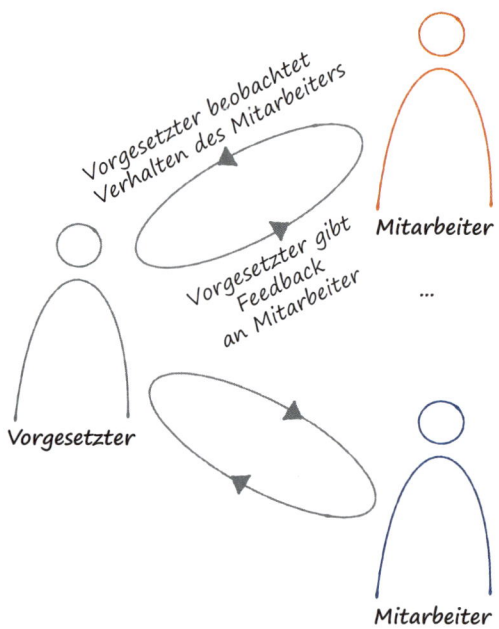

Abb. 4–17   *Managerbasierte Feedbackschleifen*

Das erklärt auch, warum es in der Regel nicht besonders pfiffig ist, auf dem Weg zu einem agilen Unternehmen einfach die Manager ersatzlos abzuschaffen. Man eliminiert auch die Feedbackschleifen, die es den Mitarbeitern ermöglichen, herauszufinden, was akzeptables und was inakzeptables Verhalten ist.

Allerdings können auch nicht einfach die bestehenden Strukturen beibehalten werden. Managerbasierte Feedbackschleifen bringen eine Reihe von Problemen mit sich, die Agilität behindern:

◾ Ein Vorgesetzter muss Feedback an mehrere Mitarbeiter geben. Oft genug ist er mit Arbeit überlastet, sodass Feedback durch den Vorgesetzten verzögert erfolgt. Je langsamer das Feedback, desto langsamer das Lernen.

◾ In einer Command & Control-Kultur führt das Feedback nicht zu gemeinsamem Lernen. Allenfalls lernt der Mitarbeiter durch Ausprobieren, was der Vorgesetzte für akzeptabel hält. Der Vorgesetzte lernt allerdings nicht, was für die Arbeit des Mitarbeiters notwendig ist. Das Feedback führt also nicht zu besseren Lösungen, sondern lediglich zu Compliance.

▦ Dieser Fokus auf Compliance erzeugt bei den Mitarbeitern regelmäßig Angst davor, Dinge zu tun, die negatives Feedback nach sich ziehen. Sie neigen also dazu, vorher um Erlaubnis zu fragen. Dadurch versuchen sie, »Fehler« zu vermeiden. Tatsächlich ist dieses Verhalten meist aber ökonomisch schädlich, weil dadurch Wartezeiten entstehen, in denen die Arbeit nicht vorangeht.

▦ Durch dieses Um-Erlaubnis-Fragen wird die Autonomie der Teams beschnitten, was sich auf Motivation und Ergebnis negativ auswirkt.

▦ Und nicht zuletzt ist die Wirkung der Feedbackschleife hochgradig von der Person des Vorgesetzten abhängig. Der eine ist vielleicht eher streng, der andere eher nachsichtig. So entsteht für die Mitarbeiter keine verlässliche Arbeitsumgebung und bei jedem Wechsel des Vorgesetzten muss sich das Verhältnis zwischen Vorgesetztem und Mitarbeiter neu einschwingen.

4.4.3   Feedbackschleifen in einem agilen Unternehmen

In einem agilen Unternehmen versucht man die Feedbackschleifen dezentraler zu gestalten, um die oben geschilderten Nachteile zu vermeiden. Die Feedbackschleife zur Spesenabrechnung bei it-agile ist ein Beispiel dafür.

Das Nachdenken über Feedbackschleifen kann mit Causal-Loop-Diagrammen[4] (kausale Rückkopplungsdiagramme) unterstützt werden. Sie zeigen die Wirkungen zwischen prinzipiell quantifizierbaren Eigenschaften.

So können wir im oben genannten Beispiel mit dem Bugfixing-Team folgende Überlegung anstellen: Druck auf die Feature-Teams führt zu mehr ausgelieferten Features, allerdings auch zu schlechterer Qualität, also mehr Bugs. Mehr Bugs führen dazu, dass mehr Mitglieder im Bugfixing-Team notwendig werden und dass die Kundenzufriedenheit sinkt. Unzufriedene Kunden führen zu mehr Druck auf die Entwicklungsteams, die Kunden durch neue Features glücklich zu machen. Abbildung 4–18 zeigt das zugehörige Causal-Loop-Diagramm. Ein O zeigt eine umgekehrte Wirkung an (O für Opposite). Wenn es mehr Bugs gibt, sinkt die Kundenzufriedenheit. Zwei Striche auf der Linie zeigt eine verzögerte Wirkung an. Die Kunden sind nicht direkt nach Auslieferung der neuen Version zufriedener oder unzufriedener, sondern mit einer Verzögerung. Verzögerte Wirkungen sind tückisch, weil sie zu Ergebnissen führen, deren Ursachen nicht mehr sofort ersichtlich sind. Dadurch fällt es dem Unternehmen schwer, aus diesen Wirkungen etwas zu lernen.

---

4.   *https://en.wikipedia.org/wiki/Causal_loop_diagram*

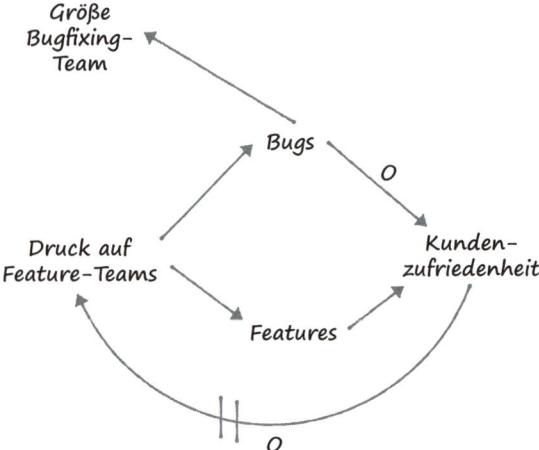

Abb. 4–18   *Causal-Loop-Diagramm*

An dem Diagramm kann man sehr schön erkennen, dass es einen sich selbst ver-
stärkenden Teufelskreislauf gibt (Druck auf Feature-Teams führt zu mehr Bugs,
führt zu unzufriedeneren Kunden, führt zu mehr Druck auf die Features-Teams).
Es zeigt aber auch, dass prinzipiell ein Gleichgewicht möglich ist, wenn nämlich
der Mehrwert der neuen Features die Kunden glücklicher macht, als der Ärger
über die Bugs sie unzufrieden macht.

Wenn man jetzt wie oben geschildert das Bugfixing-Team aus der Gleichung
herausnimmt, ändert sich das Causal-Loop-Diagramm wie in Abbildung 4–19
gezeigt.

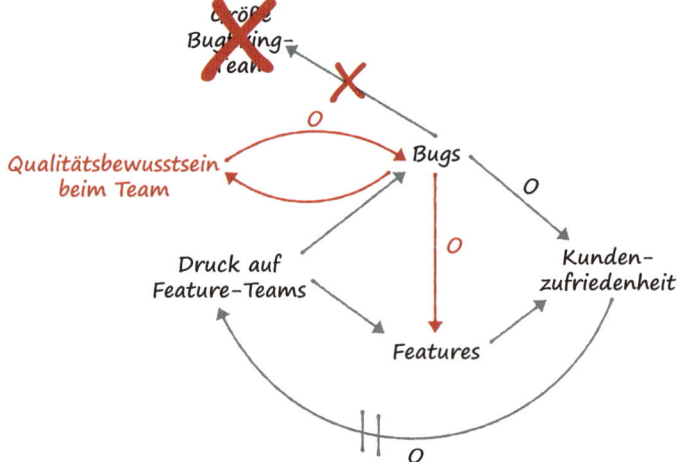

Abb. 4–19   *Causal-Loop-Diagramm nach Abschaffung des Bugfixing-Teams*

Ohne Bugfixing-Team gehen die Bugs direkt an die verursachenden Teams zur Beseitigung. Dadurch haben die Feature-Teams weniger Kapazität, um neue Features zu entwickeln. Allerdings erhöht sich auch das Qualitätsbewusstsein der Feature-Teams und sie können selbst den angemessenen Kompromiss aus Feature-Output und Qualität herstellen. In diesem Diagramm haben wir »Qualitätsbewusstsein beim Team« als neue Eigenschaft eingeführt, die einen Zyklus mit der Menge der Bugs enthält. Im Gegensatz zum Zyklus über die Kundenzufriedenheit ist dieser allerdings nicht verzögert und erlaubt dem Team damit direkteres und schnelleres Lernen.

4.4.4   Das Unternehmen als Organismus

Die Unternehmenssteuerung über statische Ziele folgt – meist unbewusst – dem »Unternehmen als Maschine«-Modell. Man muss »nur« die Einzelteile richtig steuern, dann wird die Gesamtmaschine das tun, was gewünscht ist.

Die Arbeit mit Feedbackschleifen entspricht eher dem »Unternehmen als Organismus«-Modell. Die einzelnen Organe »spüren« kontinuierlich, was die anderen Organe tun und brauchen, und richten sich dazu passend aus. So findet das Unternehmen durch unzählige kleine Überprüfungen und Anpassungen seinen Weg.

4.5   Übergreifende Entscheidungsfindung bei dezentralen Strukturen

Wenn man sich eine Organisationsstruktur gibt, die das Prinzip der dezentralen Entscheidungen ins Extrem treibt, kommt man z.B. zu dem oben beschriebenen Zellmodell. Damit stellt sich sofort die Frage nach übergreifenden Entscheidungen. Schließlich soll das Zentrum der Peripherie keine Vorgaben machen. Woher kommen dann aber z.B. Unternehmensziele, die Strategie oder größere Investitionsentscheidungen? Dazu gibt es zwei bewährte Ansätze: *Konsent* und *Advice-Prozess*. Konsent ist eine Technik, um mit Vertretern von Organisationseinheiten (z.B. Peripheriezellen) eine gemeinsame Entscheidung zu fällen. Der Advice-Prozess setzt einen temporären Entscheider ein mit der Verpflichtung, sich Rat an verschiedenen Stellen im Unternehmen einzuholen, bevor er entscheidet.

4.5.1   Konsent

Im *Konsent* [Westphal 2009] (absichtlich nicht *Konsens*) wird in einer Gruppe ein Vorschlag für eine Entscheidung unterbreitet, z.B. »Wir stellen ein Team zusammen, das eine Dating-Plattform für Katzen entwickelt und dafür maximal 1 Mio. Euro ausgeben darf«. Die Teilnehmer der Gruppe geben nacheinander ihre Einschätzung zu dem Vorschlag mit einer der folgenden Bewertungen ab:

- **Daumen hoch**
  Ich finde den Vorschlag gut und bin dafür.

- **Daumen zur Seite**
  Ich finde den Vorschlag nicht wirklich gut. Ich trage ihn aber mit, wenn der Rest der Gruppe es möchte.

- **Daumen runter**
  Ich habe einen schwerwiegenden Einwand.

Solange es schwerwiegende Einwände gibt, ist der Vorschlag nicht angenommen. Jetzt versucht die Gruppe schrittweise die vorgebrachten Einwände in den Vorschlag zu integrieren, bis es keine schwerwiegenden Einwände mehr gibt.

Das Ziel ist nicht, dass alle den Daumen nach oben zeigen. Es reicht, dass es keine Daumen nach unten gibt. Die Überlegung dahinter ist, dass sich die Qualität der Entscheidung letztlich erst in der Umsetzung zeigt. Daher reicht es, wenn der Vorschlag »Safe-to-Fail« ist, also keinen schweren Schaden anrichten kann. Dann kann man nach der Umsetzung über die Entscheidung reflektieren und ggf. über eine weitere Entscheidung nachjustieren.

Konsent führt zu einem hohen Commitment auf die Entscheidung, weil alle Beteiligten Gehör finden können und ihre Einwände integriert werden. Außerdem deckt Konsent blinde Flecken auf, die jede Einzelperson hat, und führt so zu besseren (sichereren) Entscheidungen.

Allerdings bedarf das Verfahren – so einfach es auch erscheinen mag – Moderation und Übung. Zu leicht wird der Daumen nach unten als Veto interpretiert und keine schwerwiegenden Einwände mehr diskutiert. Dann heißt es nur noch »so ein Schwachsinn, nicht mit mir – ich lege ein Veto ein« und es entsteht eine Blockadehaltung, in der im schlimmsten Fall gar nichts mehr entschieden werden kann. Der Moderator achtet darauf, dass das Gesamtbild in der Gruppe deutlich wird (z.B. indem anfänglich der Reihe nach jeder seine Einschätzung gibt), dass tatsächlich nur schwerwiegende Einwände formuliert werden und dass gemeinsam daran gearbeitet wird, die Einwände in den Vorschlag zu integrieren (und nicht einfach den Vorschlag abzulehnen).

In der Praxis ist es üblich und auch praktikabel, dass der Daumen nach unten auch dann verwendet wird, wenn man den Vorschlag noch nicht ausreichend gut verstanden hat.

4.5.2 Advice-Prozess

Beim Advice-Prozess kann prinzipiell jeder Mitarbeiter jede Entscheidung fällen (siehe [Laloux 2014]). Er muss sich lediglich ausreichend Rat bei Kollegen einholen. Die Grundidee ist hier, dass durch diesen Advice-Prozess jeder potenzielle Entscheider dieselben Informationen zur Verfügung hat und dieselben Perspektiven kennen kann. Dann spielt es am Ende keine so große Rolle mehr, wer konkret die Entscheidung fällt.

Niels Pfläging beschreibt mit dem konsultativen Einzelentscheid eine konkrete Ausprägung des Advice-Prozesses (siehe [Pfläging 2014]). Der konsultative Einzelentscheid folgt dem folgenden Schema:

1. Zuerst wird die zu fällende *Entscheidung* identifiziert und ein passender *Entscheider* wird ausgewählt. Der Entscheider kann derjenige sein, der die größte Expertise zum Thema hat, am meisten für das Thema brennt oder dem ein Interessensausgleich am ehesten zugetraut wird.

2. Der Entscheider *konsultiert* einige Personen, und zwar angemessen in Bezug auf die Auswirkung der Entscheidung. Sind nur wenige von der Entscheidung betroffen und ist der Entscheid reversibel, spricht er vielleicht nur mit zwei oder drei Mitarbeitern. Betrifft die Entscheidung große Teile der Kollegen und ist sie nur schwer wieder rückgängig zu machen, konsultiert er eine größere Anzahl von Mitarbeitern und mitunter auch Personen von außerhalb (z. B. Kunden, Partner, Experten).

3. Der Entscheider *entscheidet* auf Basis der Informationen, die er bei der Konsultation erlangt hat. Dabei ist wichtig, dass der Entscheider selbst entscheidet und diese Entscheidung auch verantwortet. Es geht nicht darum, nach einem objektiven Schema aus den Einzelmeinungen eine Gesamtmeinung zu ermitteln.

4. Der Entscheider veröffentlicht seine Entscheidung in der Firma. Er sollte deutlich machen, wen er konsultiert hat, welche Perspektiven er dadurch erlangt hat und natürlich wie die Entscheidung aussieht.

5. Die Kollegen akzeptieren die Entscheidung (bis sie ggf. durch eine neue explizite Entscheidung geändert oder aufgehoben wird) und hegen keinen Groll gegen den Entscheider (üben sich in Vergebung). Jeder weiß, dass es perfekte Entscheidungen nicht gibt und der Entscheider sein Bestes getan hat.

6. Es wird gemeinsam über die Entscheidung reflektiert und es wird gemeinsam gelernt, wie es nächstes Mal noch besser funktionieren kann.

Abbildung 4–20 visualisiert den Ablauf grafisch.

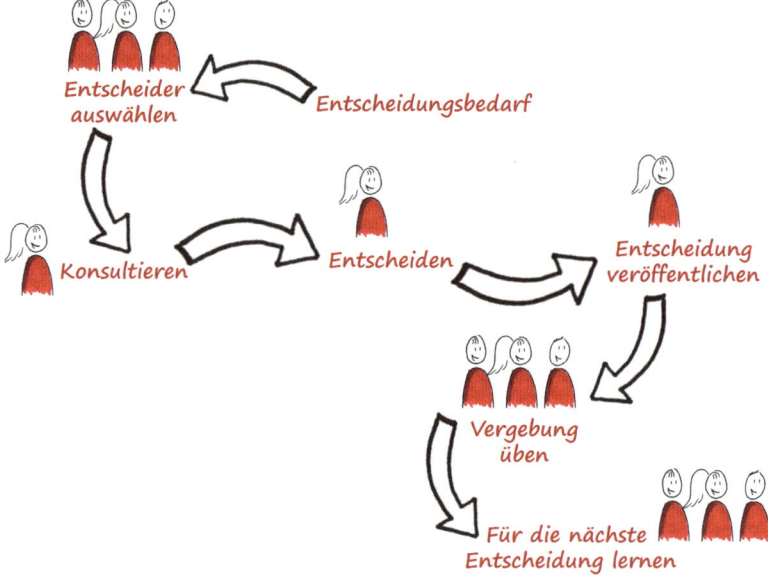

Abb. 4–20   *Ablauf eines konsultativen Einzelentscheids*

Fallbeispiel: Einführung des konsultativen Einzelentscheids bei it-agile

Bei it-agile haben wir immer schon viel Wert auf dezentrale Strukturen und eine große
Autonomie von Mitarbeitern gelegt. Das hatte irgendwann zur Folge, dass wir bei sehr
strittigen Themen nicht mehr entscheidungsfähig waren. Wir entschieden daher im Jahr
2013, den konsultativen Einzelentscheid auszuprobieren (siehe auch [Brandes et al.
2014]). Wir wollten lernen, ob und wie er unser Problem adressieren könnte.

Für unser Experiment zum konsultativen Einzelentscheid hatte die Geschäftsführung
drei Entscheidungen vorbereitet. Als Erfolgskriterium für das Experiment definierten wir,
dass wir *bessere Entscheidungen* mit *größerem Commitment* der Mitarbeiter bekommen.
Die drei Entscheidungen stellten wir in einer Plenumsveranstaltung vor und aus der Diskussion unter den Mitarbeitern entstand spontan noch eine vierte Entscheidung, die wir
zu unserer Liste hinzufügten:

1. Wollen wir Office-Fridays einführen und wie stellen wir eine ausreichend große und
   kontinuierliche Beteiligung sicher?

2. Wie wollen wir in Zukunft den fachlichen Austausch der Mitarbeiter untereinander
   gestalten?

3. Wollen wir für 2014 eine generelle Gehaltsanhebung für alle Mitarbeiter und wie
   hoch sollte diese ausfallen?

4. Welches inhaltliche Thema wollen wir als nächstes Schwerpunktthema in der Firma
   angehen?

→

Anschließend sammelten wir Vorschläge für die Entscheider. Das funktionierte schnell und reibungslos. Wir setzten für die Entscheidungen eine Timebox von zwei Monaten. Wäre es nicht kurz vor Weihnachten gewesen, hätten wir eine Timebox von einem Monat gewählt. Nach Ablauf der zwei Monate waren drei der vier Entscheidungen gefällt. Die Entscheider stellten die Entscheidungen und den Weg dahin im Plenum vor. Die beiden Entscheider zu den Themen 1 und 2 hatten sich eng untereinander abgestimmt, eine Reihe von Kollegen persönlich konsultiert, bei anderen Unternehmen nachgefragt, wie sie es machen, und schließlich ein gemeinsames Modell beschlossen. Der Entscheider zum Thema 3 hatte eine Umfrage unter allen Mitarbeitern durchgeführt.

Der Entscheider zum Thema 4 konnte keine Entscheidung fällen. Aus der Darstellung der Ursachen konnten wir aber viel über konsultative Einzelentscheidungen lernen und unser Verfahren anpassen. So haben wir im konkreten Fall gelernt, dass die Entscheidung zu groß und zu früh gewesen wäre. Wir legten daraufhin fest, dass es auch in Ordnung ist, wenn der Entscheider das Thema der Entscheidung ändert. So wurde aus der Entscheidung zur Festlegung des Schwerpunktthemas die Entscheidung, im April über das aktuelle Schwerpunktthema zu reflektieren und dann zu entscheiden.

Wir fragten anschließend, ob die Mitarbeiter das Experiment zum konsultativen Einzelentscheid erfolgreich fanden oder nicht. Ca. 80% der Mitarbeiter meinten, dass die Entscheidungen besser geworden seien und das Commitment höher sei. Die restlichen 20% waren der Meinung, dass es zumindest nicht schlechter geworden sei. Also beschlossen wir, den konsultativen Einzelentscheid in den »Regelbetrieb« zu überführen.

Das ganze Verfahren hat bei it-agile formale Löcher, die groß wie Scheunentore sind. So gibt es kein formelles Kriterium, wann konsultativer Einzelentscheid angewendet wird und wann Konsent in der Gesamtgruppe versucht wird. Außerdem haben wir keine Festlegung, wer oder wie viele notwendig sind, um einen Entscheider zu bestimmen. Das stellte bisher aber kein echtes Problem dar. Und im Zweifel wird ein Entscheider eingesetzt, um eine Klärung herbeizuführen.

Die positiven Erfahrungen mit dem konsultativen Einzelentscheid setzen sich bei it-agile bis heute fort. Bei it-agile wurde bzw. wird das Verfahren z.B. für diese Fragestellungen verwendet:

- Sollen wir den Mietvertrag für das Büro verlängern oder ein neues Büro anmieten?

- Wie wollen wir mit einem Team mit Problemen umgehen? Kann es seine Probleme selbst lösen oder braucht es eine Intervention von außen? Welche? (Das kann so weit gehen, dass die Teamzusammensetzung geändert oder das Team ganz aufgelöst wird.)

- Wollen wir einen neu eingestellten Mitarbeiter nach der Probezeit übernehmen?

4.5.3   Das Unternehmen verstehen

Damit jeder Mitarbeiter weitreichende Entscheidungen treffen kann, muss es ein breites Verständnis darüber geben, wie das Unternehmen insgesamt Wert schöpft. Dazu müssen die Mitarbeiter mindestens verstehen,

- wer die Kunden des Unternehmens sind,
- welche Probleme der Kunden das Unternehmen löst,
- mit welchen Produkten und Dienstleistungen das Unternehmen diese Kundenprobleme löst,
- wie das Unternehmen die Produkte entwickelt und die Dienstleistungen erbringt und
- wie das Unternehmen dabei profitabel ist.

Diese Kenntnisse stellen sich nicht über Nacht ein. Die Situation ist aber auch nicht so kompliziert, dass nur eine kleine Elite sie verstehen kann. Die Mitarbeiter müssen in diesen Fragestellungen ausgebildet werden.

Ricardo Semler schreibt, dass bei SemCo auch »einfache« Produktionsmitarbeiter darin ausgebildet wurden, die gesamtwirtschaftlichen Zusammenhänge des Unternehmens zu verstehen (siehe [Semler 2001]).

In seiner Autobiographie [Werner 2015] schildert Götz Werner im 12. Kapitel die Wertbildungsrechnung von dm-drogerie markt als Element, um Transparenz für Mitarbeiter herzustellen. »Jeder Mitarbeiter soll verstehen, wann seine Initiative für andere von Nutzen ist und wann nicht.« Die Wertbildungsrechnung ist ein innerbetriebliches Werkzeug, um ein gegenseitiges »Verständnis für die Leistungen und Prozesse des anderen [zu] entwickeln …« [Werner 2015, S. 223]. Laut Götz Werner ist sie für eine Solidargemeinschaft ein besseres Werkzeug als eine Gewinn- und Verlustrechnung, weil diese Denkkategorien für die Unternehmensentwicklung bremsend wirken können.

Solche Ausbildungsmaßnahmen werden sich nicht nur dadurch auszahlen, dass besser dezentral entschieden wird. Die Mitarbeiter werden auch mehr Möglichkeiten sehen, sich im Firmensinne zu engagieren und zu Verbesserungen im Sinne der Kunden und des Unternehmens beizutragen.

4.5.4   Bewertung und Vergleich von Konsent und Advice-Prozess

Konsent und Advice-Prozess ist gemein, dass sie Formen der partizipativen Entscheidungsfindung sind. Sie basieren auf der Annahme, dass prinzipiell überall im Unternehmen für die Entscheidung relevante Informationen und Perspektiven vorhanden sein können.

Weiterhin gehen beide Ansätze davon aus, dass nicht die perfekte Lösung gefunden werden muss oder kann und dass »Safe-to-Fail« ausreicht. Wenn sich in der Praxis herausstellt, dass die Entscheidung ungünstig war, kann über eine neue Entscheidung nachjustiert werden.

Unterschiedlich ist, dass im Konsent gefundene Lösungen immer von allen mitgetragen werden. Das ist beim Advice-Prozess nicht notwendig. Daher führt der Advice-Prozess bei sehr strittigen Themen meist schneller zu einem Ergebnis. Außerdem ist er auch für »harte« Entscheidungen geeignet, bei denen der Konsent dazu führen *kann*, dass die Entscheidung verwässert wird.

Bei it-agile wird der Advice-Prozess z.B. bei der Gehaltsfindung der Mitarbeiter und bei Entlassungen eingesetzt. In beiden Fällen erscheint es zu langwierig, eine Entscheidung per Konsent zu finden.

4.6   Neue Rolle für Führungskräfte

Klassische Führungsstrukturen sind vor dem Hintergrund klassischer Arbeitsorganisation entstanden. Diese hierarchischen Führungsstrukturen passen nicht zu dezentralen Organisationen und teambasierter Arbeitsorganisation, z.B. mit Scrum.

Das Weglassen von Führung funktioniert allerdings auch nicht. Es ist also ein neues Paradigma für Mitarbeiterführung notwendig.

Dieser Abschnitt beschreibt, warum die klassische Führungsstruktur in der agilen Welt problematisch ist, und skizziert Ansätze, die besser funktionieren. Es gibt (zumindest bisher) nicht die eine richtige Lösung für Mitarbeiterführung in der agilen Welt. Es existieren aber verschiedene Ansätze, die sich bewährt haben. Diese Ansätze werden beschrieben und gegenübergestellt.

4.6.1   Klassische Mitarbeiterführung

In der klassischen Welt werden alle Führungsaufgaben über eine hierarchische Struktur abgewickelt (siehe Abb. 4–21). Der Geschäftsführer führt die Abteilungsleiter und die Abteilungsleiter führen ihre Mitarbeiter.

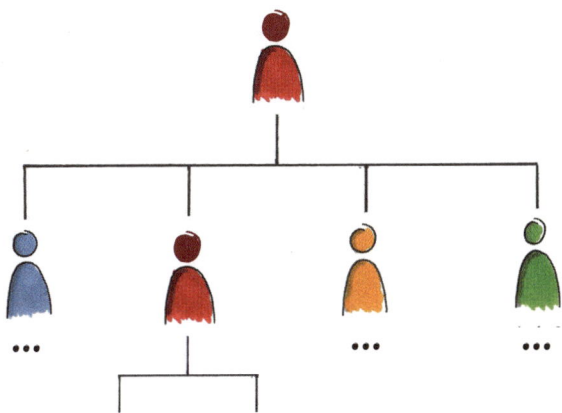

Abb. 4–21   *Klassische Hierarchie*

Führung erfolgt also top-down und folgt dem Paradigma von »Teile und herrsche«. Der Vorgesetzte zerlegt das Gesamtthema in einzelne Teile und gibt diese Teile an seine Untergebenen weiter. So wird das Gesamtthema immer weiter zerlegt, bis kleine Arbeitspakete bei den Mitarbeitern auf der unteren Ebene ankommen.

Wenn ein Mitarbeiter seine Arbeit erledigt hat, meldet er »Vollzug«: Er erstattet seinem Vorgesetzten Bericht. (Daher spricht man auch häufig von Reporting-Lines). Dieses Modell basiert deutlich auf Command & Control.

Die Abteilungsstruktur folgt in den meisten Unternehmen dem Paradigma funktionaler Zergliederung. Typische Abteilungen sind: Marketing, Vertrieb, Entwicklung, Qualitätssicherung, Service.

Für diese Struktur wurden die einzelnen Bestandteile der Wertschöpfungskette identifiziert und einzeln für sich optimiert. Dem liegt der Gedanke zugrunde, dass eine Optimierung der Einzelteile zu einer Optimierung des Ganzen führt. Das klingt plausibel und einfach, ist aber leider falsch (siehe dazu [Ackoff 2008]): Eine Optimierung der Einzelteile führt fast immer zu einer Suboptimierung des Ganzen.

Fachliche und disziplinarische Führung

Etwas neuer ist die Unterscheidung zwischen fachlicher und disziplinarischer Mitarbeiterführung. Wikipedia (*https://de.wikipedia.org/wiki/Disziplinarvorgesetzter*) definiert:

> Bei den Vorgesetzten unterscheidet man zwischen **Disziplinarvorgesetzten** und **Fachvorgesetzten**. Ihnen gemeinsam ist, dass sie als Führungskräfte die Befugnis besitzen, Personalführung über ihnen unterstellte Mitarbeiter wahrzunehmen. Sie unterscheiden sich jedoch nach dem Inhalt der Führungsaufgabe. Während Fachvorgesetzte im Rahmen eines bestimmten Fachgebiets oder Arbeitsgebiets über alle zur Aufgabenerfüllung notwendigen Handlungen ihrer Mitarbeiter entscheiden und entsprechende Weisungen erteilen dürfen, sind Disziplinarvorgesetzte mit Disziplinarrechten ausgestattet. Es kann daher vorkommen, dass ein Mitarbeiter sowohl einen Disziplinar- als auch einen Fachvorgesetzten hat. Der Disziplinarvorgesetzte kann zugleich auch Fachvorgesetzter, der ausschließliche Fachvorgesetzte aber niemals Disziplinarvorgesetzter sein.

Häufig wird diese Differenzierung so umgesetzt, dass der im Organigramm visualisierte Vorgesetzte der disziplinarische Vorgesetzte ist: Abteilungsleiter, Gruppenleiter etc. Der fachliche Vorgesetzte ist z.B. ein Projektleiter, der eine Gruppe für die Zeit des Projektes fachlich führt.

4.6.2   Probleme klassischer Führung in einer dynamischen Welt

Das beschriebene Modell klassischer Führung ist nicht per se schlecht oder fehlerhaft. Das Modell ist in sich schlüssig und vielfach erfolgreich angewendet worden.

In einer zunehmend dynamischen Welt stößt das Modell allerdings an seine Grenzen. Auch ohne agile Entwicklung haben Unternehmen längst festgestellt, dass immer häufiger interdisziplinäre Projekte notwendig werden. Die starren Kommunikations- und Kooperationsstrukturen der funktionalen Abteilungsstrukturen müssen in dynamischen Umfeldern situativen Kommunikations- und Kooperationsstrukturen weichen. Das können interdisziplinäre Projekte viel besser. Die Unterscheidung zwischen disziplinarischer und fachlicher Führung versucht, genau diesem Umstand Rechnung zu tragen. Der fachliche Vorgesetzte (z.B. Projektleiter) führt ein interdisziplinäres Team.

Matrixorganisation

Werden disziplinarische und fachliche Führung voneinander getrennt, wird die Matrixorganisation faktisch unvermeidlich (siehe Abb. 4–22).

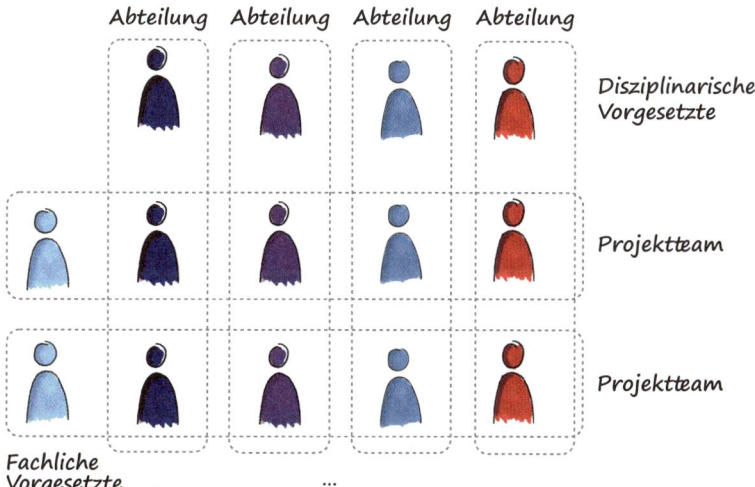

Abb. 4–22   *Matrixorganisation aus Abteilungen und Projekten*

Diese Struktur ist unabhängig von agiler Arbeitsweise als problematisch erkannt worden. Wenn der disziplinarische Vorgesetzte Anweisungen an seine Mitarbeiter gibt, stehen diese mitunter in Konflikt zu den Ansagen des fachlichen Vorgesetzten. Außerdem kann der disziplinarische Vorgesetzte kaum noch einschätzen, was seine Mitarbeiter im Projektteam leisten, und bekommt Schwierigkeiten mit der Leistungsbeurteilung.

Alle diese Probleme sind aushaltbar, wenn die Arbeit in Projektteams die Ausnahme ist. In der agilen Welt werden sie jedoch zum Regelfall.

4.6.3   Supporting Lines statt Reporting Lines

Im Unternehmen muss Wissen transferiert werden (vor allem von Managern an Mitarbeiter bzw. Teams) und die Mitarbeiter benötigen ggf. Unterstützung bei der Erledigung ihrer Aufgaben. In diesem Sinn sollte man in der agilen Welt von *Supporting Lines* statt *Reporting Lines* sprechen. Die klassische Hierarchie wird damit quasi auf den Kopf gestellt (siehe Abb. 4–23). Bei it-agile gab es mal den scherzhaft gemeinten Ausspruch der Geschäftsführung: »Die da unten. Mit mir können sie es ja machen.«

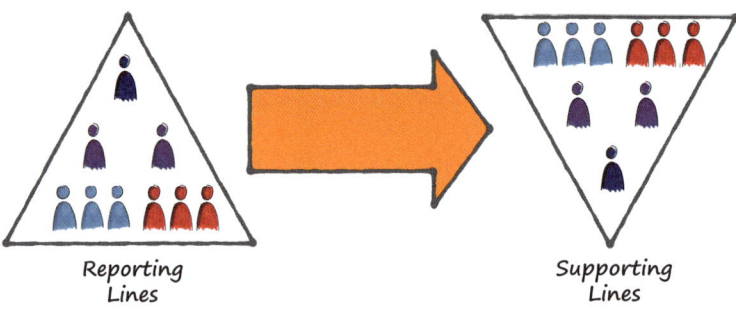

Abb. 4–23   *Supporting Lines statt Reporting Lines*

Dieses Kippen der Hierarchie wird auch *Reverse Accountability* genannt. Es sind nicht mehr die Mitarbeiter gegenüber den Managern dafür verantwortlich, dass sie z.B. ein bestimmtes Arbeitspensum schaffen. Stattdessen sind umgekehrt die Manager gegenüber ihren Mitarbeitern verantwortlich, dass diese störungsfrei arbeiten können.

Wie das konkret funktionieren kann, zeigt die indische Firma HCL mit mehreren Tausend Mitarbeitern. Dort bewertet jeder Mitarbeiter seinen Manager und den Manager des Managers und die Bewertungen sind öffentlich im Unternehmen einzusehen.

Wenn ein Mitarbeiter in seiner Arbeit behindert wird (z.B. weil Arbeitsmittel fehlen, eine andere Abteilung ungünstige Vorgaben macht etc.), erstellt er für diese Störung ein Ticket in einem internen Ticketsystem. Dieses Ticket geht an seinen Manager, der es zu bearbeiten hat. Schließen kann das Ticket nur der Mitarbeiter, der es erstellt hat. Der Manager muss also in der Regel das persönliche Gespräch mit dem Mitarbeiter suchen, um das Problem zu verstehen und ggf. die Lösung zu erläutern. Genauso kann der Manager dem Mitarbeiter auch zusätzliche Hintergrundinformationen geben, sodass dieser z.B. Entscheidungen besser versteht. Wird das Ticket nicht binnen 24 Stunden vom Mitarbeiter geschlossen, wird es automatisch an den Manager des Managers eskaliert.

Diese Sichtweise passt sehr gut in das Bild, das wir am Kapitelanfang gezeichnet haben. Das Team und damit die Mitarbeiter stehen im Vordergrund. Sie arbeiten wertschöpfend. Die Aufgabe von Führungskräften ist, diese wertschöpfende Arbeit störungsfrei zu ermöglichen.

4.6.4   Verteilte Führung

Die Diskussion aus dem letzten Abschnitt um die gekippte Hierarchie stellt die Frage nach dem Selbstverständnis von Managern. In diesem Abschnitt fragen wir nach dem Verständnis von Führung und Management im Unternehmen. In vielen modernen Unternehmen lässt sich nämlich beobachten, dass Führung und Management auf vielfältige Art und Weise *verteilt* werden.

Alleine Scrum verteilt viele der klassischen Führungsaufgaben auf die drei Scrum-Rollen:

- Der Product Owner sorgt dafür, dass das Richtige getan wird (Produktvision, Priorisierung der Produktvision).
- Das Entwicklungsteam entscheidet darüber, wie die Arbeit konkret organisiert wird.
- Der Scrum Master sorgt dafür, dass das Team effizient arbeiten kann (z.B. durch Hindernisbeseitigung).
- Das Entwicklungsteam sorgt zusammen mit dem Scrum Master dafür, dass bei der Arbeit weder Über- noch Unterlast entstehen.
- Der Scrum Master arbeitet darauf hin, dass die Aufgabenerledigung optimiert wird (natürlich zusammen mit dem Team).

Es gibt also einen deutlichen Trend weg von der Bündelung der Führungsaufgaben hin zu einer Verteilung auf unterschiedliche Rollen und Personen. Diese Denkweise kann man auch benutzen, um über Führungsaufgaben nachzudenken, die in Scrum nicht thematisiert sind, wie z.B.:

- Genehmigung von Urlaubsanträgen
- Festlegung von Arbeitszeiten
- Langfristige Weiterentwicklung von Mitarbeitern
- Einstellungen
- Entlassungen
- Gehaltsfestlegungen

Im Grunde kann man für jede dieser Aufgaben einzeln prüfen, wie sie erfüllt werden kann, sodass das Team bei seiner wertschöpfenden Aufgabe möglichst wenig gestört wird. Wir haben in der Praxis vielfältige Ansätze dafür gesehen:

- Über den Urlaub entscheidet das Team selbst (und achtet dabei darauf, bestimmte Rahmenbedingungen einzuhalten, z.B. Verfügbarkeit von Support für die produktive Software).
- Über Einstellungen entscheidet das Team.
- Bei Einstellungen redet das Team auf Augenhöhe mit.

▨ Teams entscheiden darüber, ob Teammitglieder das Team verlassen müssen. Diese setzen sich dann auf die Ersatzbank und sind für andere Teams verfügbar.

▨ Die langfristige Weiterentwicklung der Teammitglieder liegt beim Scrum Master.

▨ Die langfristige Weiterentwicklung der Teammitglieder liegt im Team.

▨ Die langfristige Weiterentwicklung der Teammitglieder liegt in selbstselektierten Peergroups.

▨ Der Scrum Master verantwortet die Mitarbeiterzufriedenheit.

▨ Ein Feelgood-Manager verantwortet die Mitarbeiterzufriedenheit.

▨ Das Team verantwortet die Mitarbeiterzufriedenheit.

Warum sollte so eine lange Liste von Funktionen auch unbedingt in nur einer Person gebündelt werden? Mitunter wird argumentiert, dass es »so schön einfach« wäre. Das ist definitiv der Fall, aber es ist das falsche Kriterium. Es geht nicht darum, ob etwas einfach im Organigramm aussieht, sondern darum, ob es wirksam ist. In einer agilen Welt ist die Bündelung der oben genannten Funktionen in *einer* Vorgesetzten-Position meist nicht besonders wirksam.

4.6.5   Situative Führung

Wenn Führungsaufgaben immer breiter verteilt werden, ist eine weitere Flexibilisierung des Führungskonzeptes angesagt: weg von festen Positionen hin zu flexiblen Rollen. Wenn Manager immer nur Manager sind, Product Owner immer nur Product Owner und Scrum Master immer nur Scrum Master, haben wir eine Struktur, die zwar besser zu agilem Arbeiten passt als die vorherige. Die Organisationsstruktur ist aber ähnlich unflexibel wie bisher. Wenn wir feststellen, dass wir gerade jetzt weniger Product Owner brauchen, sind Product Owner »übrig«. Wenn wir feststellen, dass wir dauerhaft weniger Product Owner brauchen, sind diese sogar dauerhaft überflüssig. Jetzt haben wir einen schwierigen und langwierigen Prozess vor uns, mit dieser Situation umzugehen. Dieser Prozess stellt eine ernsthafte Störung im Unternehmen dar, die in der Regel auch auf die wertschöpfenden Teams ausstrahlt. Spätestens dann, wenn Product Owner übrig sind, ein neu gegründetes Team aber einen Scrum Master benötigt, zeigt sich die Struktur von ihrer schlechten Seite.

Viel eleganter ist es, nur mit temporären Rollen zu arbeiten. Für einen bestimmten Kontext (z.B. ein Projekt, ein Team, eine Entscheidung) werden eine oder mehrere Rollen definiert und besetzt. Nach Ende des Kontextes entfällt die Rolle und auch zwischendurch kann der Rolleninhaber wechseln, wenn das sinnvoll erscheint. Der oben beschriebene Einzelentscheider übernimmt für die konkret anstehende Entscheidung eine Führungsrolle im Unternehmen. Für die nächste Entscheidung kann dies eine andere Person sein.

Auf diese Art und Weise funktionieren übrigens viele der Unternehmen, denen man nachsagt, sie hätten keine Hierarchie oder kein Management. Beides stimmt streng genommen nicht. Wird für ein Projekt ein Product Owner benannt, entsteht dadurch bzgl. der fachlichen Ausrichtung eine temporäre Hierarchie und der Product Owner übernimmt einen Teil der Managementaufgaben. Es gibt allerdings keine feste Hierarchie mit festen Managerpositionen.

Die Idee, mit temporären Rollen statt fester Positionen zu arbeiten, ist bereits einige Jahrzehnte alt und hat sich im Rahmen des Soziokratie-Modells auch für große Unternehmen bewährt [Bockelbrink & Priest 2017].

Mit diesem Ansatz, Führungsfunktionen auf temporäre Rollen zu verteilen, wird übrigens jedes klassische hierarchische Organigramm vollkommen nutzlos.

Fallbeispiel: Gehalts-Checker bei it-agile (von Stefan Roock)

Der it-agile-Arbeitsvertrag kennt nur eine Position: Mitarbeiter. Es gibt keine vertraglich festgelegten Stellen mit zugehörigen Stellenbeschreibungen. Natürlich sprechen wir bei der Einstellung über das intendierte Tätigkeitsfeld. Es ist aber auch klar, dass sich dieses temporär oder dauerhaft ändern kann.

Für Gehaltserhöhungen sind bei it-agile sogenannte Gehalts-Checker verantwortlich, die jährlich neu gewählt werden (siehe Abschnitt 4.7.3). Dadurch fühlen sich die Mitarbeiter bzgl. ihrer Gehälter keinen Willkür-Entscheidungen auf Dauer ausgeliefert. Sollte ein Gehalts-Checker seine Aufgabe aus Mitarbeitersicht nicht gut erfüllen, wird er einfach in der nächsten Runde abgewählt.

Außerdem können wir auf diese Weise die Gehalts-Checker jeweils so wählen, wie es für die anstehenden Herausforderungen angemessen ist. Wenn der Prozess zur Gehaltsfindung als ausreichend gut empfunden wird und »nur« durchgeführt werden muss, sind andere Charaktere bei den Gehalts-Checkern nützlich, als wenn große Veränderungen im Prozess anstehen.

4.6.6   Ausbildung

Wenn man Ideen entwickelt hat, wie Führung in Zukunft anders organisiert werden kann, sollte man nicht erwarten, dass diese Ideen per Proklamation Wirklichkeit werden.

Das Mutual-Learning-Modell von Schwarz [Goodfellow et al. 2017] zeigt eine Fußangel auf, in der sich Manager und Mitarbeiter bei agilen Transitionen viel zu oft verfangen. Die Manager bekommen vom Scrum Master, von Coaches und ihren eigenen Mitarbeitern zu hören, dass sie sich heraushalten sollen. Also verfallen sie in Hands-off-Management und ziehen sich gänzlich aus dem Geschehen zurück. Allerdings wissen Manager Dinge, die die Teams nicht wissen und daher auch nicht bei der Entscheidungsfindung berücksichtigen können (siehe Abb. 4–24). Die Folge sind schlechte Teamentscheidungen. Wenn Manager dies feststellen, kehren sie häufig wieder zum alten Modell zurück, in dem sie für das Team entscheiden.

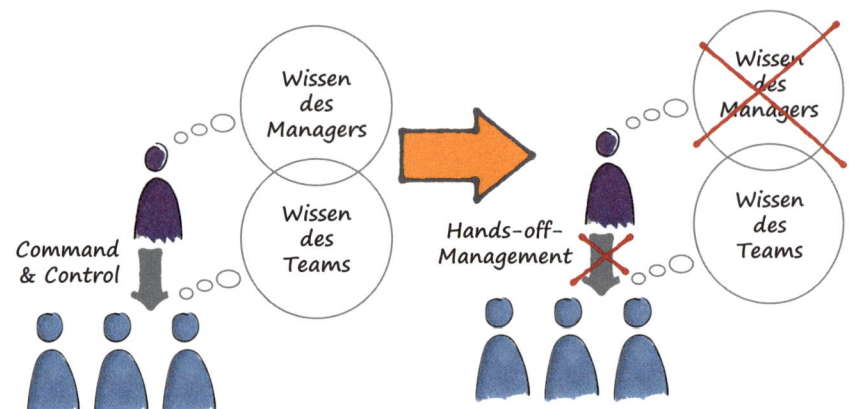

Abb. 4–24   *Falsch verstandene Agilität: Hands-off-Management*

Man kann nicht erwarten, dass z.B. Teammitglieder anspruchsvolle Führungsaufgaben einfach so aus dem Stand heraus meistern. Sie haben es in der Regel
nicht gelernt. Die Mitarbeiter müssen geschult und in der Praxis betreut werden.
Die Betreuung in der Praxis können die jetzigen Führungskräfte übernehmen – sie
haben die Führungsfunktionen schließlich bisher wahrgenommen und wissen,
worauf zu achten ist. Sie werden zu Mentoren ihrer Mitarbeiter. Durch diese
Kooperation lernt nicht nur das Team vom Manager, sondern auch der Manager
vom Team. Die Wissensbereiche von Manager und Team wachsen und beide können bessere Entscheidungen fällen (siehe Abb. 4–25).

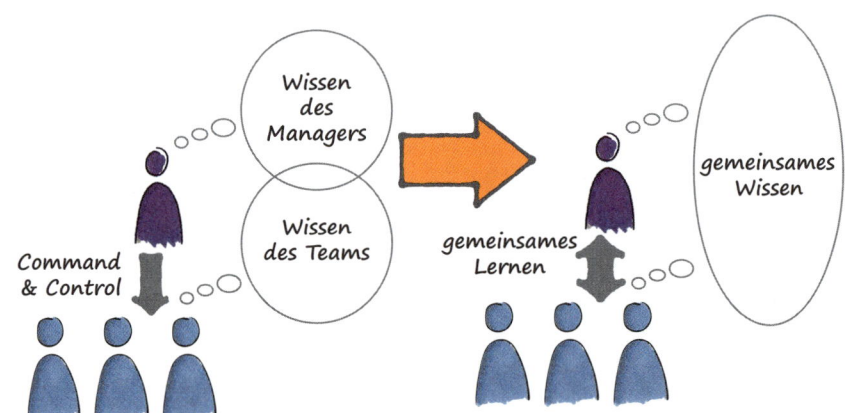

Abb. 4–25   *Gegenseitiges Lernen*

Diesen Weg des gegenseitigen Lernens geht Toyota. Die Manager der Fabrikar-
beiter sehen sich primär als Mentoren. Wenn ein Problem in der Produktion entsteht, wird der Manager nicht einfach auf das Problem hinweisen. Er wird mit
dem oder den Mitarbeitern arbeiten, sodass diese das Problem und seine Ursache

selbst erkennen und dann auch selbst beseitigen können. Sie lernen über das
Mentoring aber nicht nur, wie sie das akute Problem beseitigen, sondern auch,
wie sie die Grundursache (Root Cause) identifizieren und beseitigen können. Und
damit wird es sehr unwahrscheinlich, dass die gleiche Art von Problem erneut
auftaucht. Auch wenn andere Probleme auftreten, steigt die Wahrscheinlichkeit,
dass die Mitarbeiter die Probleme und Problemursachen selbst beseitigen können
(siehe [Rother 2013]).

4.7 Fallbeispiele zu moderner Mitarbeiterführung

In diesem Abschnitt zeigen wir verschiedene Beispiele aus der Praxis, wie Mitarbeiterführung in Unternehmen organisiert wird, die dauerhaft auf agile Entwicklung setzen. Die meisten Beispiele stammen aus den Entwicklungsbereichen der
jeweiligen Unternehmen. In anderen Unternehmensbereichen existieren mitunter
abweichende Strukturen. Außerdem ist die Realität nicht ganz so stringent, wie
die Beispiele vielleicht auf den ersten Blick vermuten lassen. Es gibt immer auch
Ausnahmen, wo es nicht genauso ist wie beschrieben. Im Sinne der leichteren Ver-
ständlichkeit haben wir uns entschieden, nicht jede Ausnahme aufzuzeigen.

Die präsentierten Informationen basieren auf Interviews mit Mitarbeitern der
vorgestellten Unternehmen ImmobilienScout24, sipgate und it-agile sowie unseren Beobachtungen vor Ort (siehe auch [Roock 2016b]).

4.7.1 ImmobilienScout24

Das Unternehmen

ImmobilienScout24 ist das führende Immobilienportal im deutschsprachigen Internet und die Nr. 1 rund um Immobilien. Das Portal hat jeden Monat ca. 12 Mio.
Besucher. ImmoblienScout24 beschäftigt über 500 Mitarbeiter.

Scrum-Einführung 2008

Im Jahre 2008 führte ImmobilienScout24 Scrum für die Softwareentwicklung
ein. Es wurden cross-funktionale Teams mit 5–9 Teammitgliedern plus Product
Owner und Scrum Master gebildet. Die vorher existierende Struktur der disziplinarischen Führung über Teamleiter wurde beibehalten. Die Teamleiterstruktur
orientierte sich an den Spezialisierungen wie Design, Frontend-Entwicklung,
Backend-Entwicklung oder Qualitätssicherung. Abbildung 4–26 zeigt die resul-
tierende Struktur.

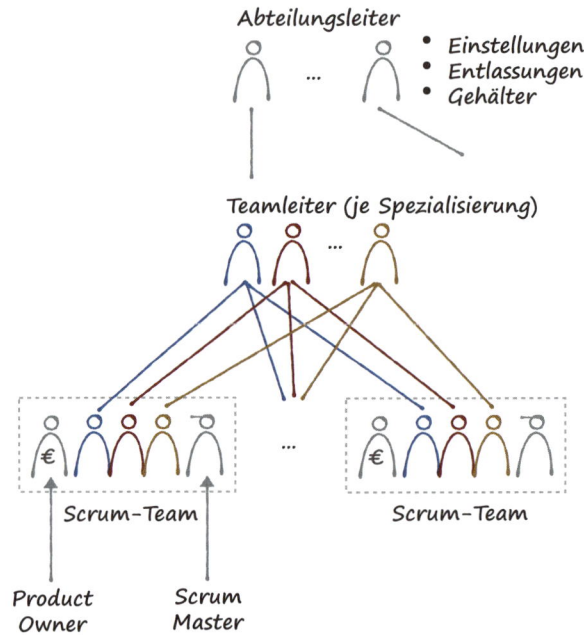

Abb. 4–26   *Teamleiter bei ImmobilienScout24*

Dabei hatten die Teamleiter sehr unterschiedliche Führungsspannen. Einige betreuten eine Handvoll Mitarbeiter und arbeiteten auch in Entwicklungsteams mit. Andere betreuten 25 Mitarbeiter und hatten nur sehr sporadisch Kontakt mit ihnen.

Abgrenzung Scrum Master und Teamleiter

Insbesondere zwischen Scrum Master und Teamleiter gab es bzgl. der Rollenbeschreibungen große Überschneidungen in den Verantwortlichkeiten. Scrum Master und Teamleiter handelten selbst aus, wie sie die Aufgaben konkret aufteilen. So kümmerten sich in einigen Fällen die Teamleiter um die Mitarbeiterentwicklung und in anderen die Scrum Master.

Abteilungsleiter

Einstellungen, Entlassungen und Gehaltsfestlegungen fanden auf der Abteilungsleiterebene oberhalb der Teamleiter statt. Teamleiter wurden dabei mitunter konsultiert.

Probleme

Diese Arbeitsweise war tragfähig und funktionierte jahrelang ausreichend gut. Es gab allerdings auch Probleme damit, wie Frank Schlesinger von ImmobilienScout24 berichtet: »Die Rollenbeschreibungen von Teamleiter und Scrum Master waren nicht trennscharf. Dadurch war viel Energie notwendig, um die jeweiligen Tanzbereiche abzustecken. Manchmal waren Scrum Master im Wesentlichen damit beschäftigt, das Team vor einem Teamleiter zu schützen. Das schien unnötige Verschwendung zu sein und das System verschleierte Probleme, die wir in der Organisation auch mit der Weiterentwicklung von Teamleitern hatten.«

Reorganisation 2015

ImmobilienScout24 reorganisierte sich 2014/2015. Dabei wurde auch die Führungsstruktur überdacht. Man verfolgte jetzt den Ansatz, dass nur diejenigen Führung übernehmen dürfen, die »Agil« verinnerlicht hatten. Für diejenigen, die das nach Schulungen und auch nach Jahren im agilen Unternehmen Immobilien-Scout24 sich nicht zu Eigen gemacht hatten, würde im Unternehmen kein Platz mehr in einer Führungsposition sein.

Neue Rolle Delivery Lead ersetzt Scrum Master und Teamleiter

In der neuen Struktur gibt es keine Unterscheidung mehr zwischen Teamleitern und Scrum Mastern. Um den Wechsel im Rollenverständnis explizit zu machen, wurden beide Rollen abgeschafft und durch die Delivery-Lead-Rolle ersetzt (siehe Abb. 4–27). Delivery Leads sind jeweils verantwortlich für ein Team aus 7–9 Mitarbeitern und sitzen im Teamraum (so wie vorher die Scrum Master).

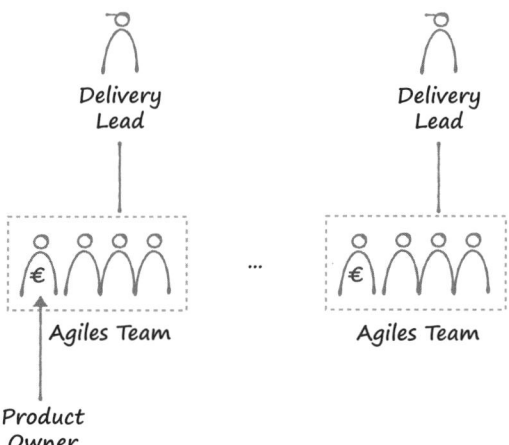

Abb. 4–27   *Delivery Leads bei ImmobilienScout24*

Die Delivery Leads sind im Kern dafür verantwortlich, dass ihre Teams effektiv Software liefern können. Arbeitszufriedenheit der Mitarbeiter, Alignment und Autonomie sind dafür nach Auffassung von ImmobilienScout24 ebenfalls notwendig und fallen daher auch in den Verantwortungsbereich der Delivery Leads.

Die Delivery Leads rekrutieren sich aus ehemaligen Teamleitern, Scrum Mastern und Senior Softwareentwicklern. Da konsequenter als bisher auf handhabbare Führungsspannen geachtet wurde, gibt es jetzt mehr Delivery Leads, als es zuvor Teamleiter gegeben hat. Ein Teil der Agile Coaches hat das Unternehmen mittlerweile verlassen, weil sie mit der Veränderung nicht einverstanden waren oder nicht als Delivery Lead arbeiten wollten.

Im Zielmodell sind die Delivery Leads jeweils für komplette Teams verantwortlich. Sie wären also bzgl. der Mitarbeiterentwicklung über mehrere Disziplinen (Design, Frontend, Backend, Qualitätssicherung etc.) verantwortlich. Das ist heute noch nicht komplett verwirklicht. So haben Product Owner und Designer heute noch andere Vorgesetzte. Sollte das für die Lieferung der Software problematisch werden, kann ein Delivery Lead aber den Designer in seinem Team durch einen selbst eingestellten Designer ersetzen.

Heads

Über den Delivery-Managern finden sich in der Hierarchie Heads (Abteilungsleiter). Es ist nicht im Detail festgelegt, was die jeweilige Hierarchiestufe zu tun hat, sondern »nur« wofür sie verantwortlich ist. Entscheidend ist der Grundgedanke von Empowerment, den Delivery Leads mehr Verantwortung zu übertragen, beispielsweise für ihre Mitarbeiter und deren Gehälter. Sie können dann entscheiden, ob sie Gehälter klassisch festlegen, mit Gehaltstransparenz arbeiten etc. Entsprechend sind auch Einstellungen und Entlassungen geregelt.

Die Aufgabe der Heads ist es, strategische Entscheidungen zu treffen und für die geeigneten Rahmenbedingungen zu sorgen, damit die Teams ihre Ziele bestmöglich erreichen können.

Es gibt regelmäßige Abstimmungen zwischen den Heads (6 Personen), in denen sie sich darüber austauschen, wie die Dinge in ihren jeweiligen Bereichen geregelt werden. Dadurch erhofft man sich gegenseitiges Lernen und ausreichend einheitliche Vorgehensweisen.

Herausforderungen der Delivery-Lead-Rolle

Eine Herausforderung für die Delivery Leads liegt offensichtlich in der Kombination aus Coaching und Gehaltsfragen/Entlassungen. Für Coaching benötigt der Delivery Lead das Vertrauen seiner Mitarbeiter. Dass er über ihre Gehälter oder im Extremfall auch über ihre Entlassung entscheidet, kann es erschweren, das notwendige Vertrauen aufzubauen. Wenn aus Sicht der Mitarbeiter das notwendige Vertrauensverhältnis nicht existiert, haben sie die Möglichkeit, dies an anderer Stelle (Personalabteilung, Betriebsrat) zu melden. Außerdem gibt es vierteljährlich ein Feedback der Mitarbeiter zu ihren Führungskräften, aus dem Vertrauensprobleme ablesbar sein sollten.

Außerdem ist man sich bei ImmobilienScout24 klar darüber, dass dieser Konflikt innerhalb der Delivery-Lead-Rolle hohe Anforderungen an das Selbstmanagement der Delivery Leads stellt. Eine entsprechende Persönlichkeitsentwicklung wird über persönliche Coaches und Schulungen unterstützt.

Nach Einschätzung von Frank Schlesinger funktioniert dieses Modell jetzt, weil vorher sieben Jahre lang agile Führungsansätze gelebt und laterale Führung eingeübt wurde. »Wenn wir die heutige Struktur von Anfang an eingeführt hätten, hätte das nie und nimmer funktioniert, weil uns die entsprechende Führungskultur gefehlt hätte«, sagte Frank Schlesinger dazu.

4.7.2   sipgate

Das Unternehmen

Die sipgate GmbH wurde 2004 gegründet und ist mit mehreren Hunderttausend Kunden in Deutschland und Großbritannien einer der größten VoIP-Anbieter Europas. Sie bietet Cloud-Telefonielösungen sowie Mobilfunk für Privatkunden und Firmen an. Bei sipgate arbeiten 128 Mitarbeiter.

Teams

Das Unternehmen sipgate arbeitet mit langfristig stabilen cross-funktionalen Scrum-Teams. Die Teammitglieder (ausgenommen Product Owner und Scrum Master) sind alle Vollzeit im Team. Die Teammitglieder entscheiden selbst darüber, das Team zu wechseln.

Manchmal sind spezielle Aufgaben zu bearbeiten, die nicht gut in einem existierenden Team gelöst werden können. Dann bilden die Teams selbst temporäre Teams (Temp-Teams), die als Taskforce konzentriert die anstehende Aufgabe erfüllen. Die Mitarbeiter sind für die Dauer des Temp-Teams Vollzeitmitglieder im Temp-Team.

Product Owner und Scrum Master

Die meisten Teams haben keine exklusiven Product Owner und Scrum Master, sondern teilen sich die Personen mit anderen Teams. Einige reifere Teams haben gar keine fest zuordneten Scrum Master.

Keine Linienvorgesetzten

Bei sipgate liegt sehr viel Verantwortung in den Händen der cross-funktionalen Produktteams. Die Teams stellen ein, entscheiden über Entlassungen und regeln die persönliche Weiterentwicklung der Teammitglieder. Das Personalteam steht dabei unterstützend zur Seite.

Lediglich die Gehaltsfestlegung findet (noch) direkt bei der Geschäftsführung statt. Es gibt aber Pläne, das Gehalt über eine transparente Gehaltsformel festzulegen.

Einstellung neuer Mitarbeiter

Sieht ein Team Bedarf an einem zusätzlichen Teammitglied, startet es einen Einstellungsprozess. Es gibt hier interessanterweise keine Einschränkungen bzgl. Budget oder Anzahl Teammitglieder – sipgate möchte gerne deutlich mehr Leute einstellen, die Teams sind da eher die Bremser.

In Kooperation mit dem Personalteam schreibt das Team die Stelle aus, sichtet Bewerbungen, führt das Einstellungsgespräch durch und entscheidet über die Einstellung. Bei der Einstellungsentscheidung gibt es keine formale Regelung über die notwendige Mehrheit. Es gibt aber ein geteiltes Verständnis darüber, dass eine einfache Mehrheit nicht ausreicht, sondern eher eine Dreiviertelmehrheit. Angestrebt wird Konsens.

Neueingestellte Mitarbeiter bekommen einen Paten an die Seite gestellt, der die Einarbeitung begleitet und sicherstellt, dass der Mitarbeiter nach einem und nach vier Monaten Feedback bekommt. Wenn sich dabei herausstellt, dass es Probleme gibt, versucht man diese noch in der Probezeit zu beheben (Feedback an den Mitarbeiter; ggf. anderes Team, andere Rolle etc.). Gelingt das nicht, entscheidet das Team über die Entlassung während der Probezeit.

Gehälter

Bei Neueinstellungen fragt sipgate vor dem Einstellungsgespräch nach der Gehaltsvorstellung. Wenn diese nicht ins allgemeine Gehaltsgefüge passt, bekommt der Kandidat entsprechendes Feedback und kann seine Gehaltsvorstellung anpassen. Nach der Einstellungsentscheidung unterhält sich noch mal die Geschäftsführung mit dem Kandidaten über das Gehalt, insbesondere wenn die Gehaltsvorstellung ungewöhnlich ist – sonst folgt das Personalteam meist dem Wunsch des Kandidaten.

Gehaltserhöhungen liegen zurzeit ebenfalls noch bei der Geschäftsführung. Sie entscheidet auf Basis der Gehaltsrelation zu anderen Mitarbeitern.

Das Ziel ist aber, perspektivisch zu einer Gehaltsformel zu kommen, damit jeder Mitarbeiter weiß, welche Aspekte wie stark ins Gehalt einfließen.

Entlassungen

Das Team entscheidet über Entlassungen innerhalb und außerhalb der Probezeit. Normalerweise spürt jeder im Team, dass ein Kollege nicht ins Team oder zu sipgate passt. Allerdings wissen die Teammitglieder zunächst nicht, dass ihre Teamkollegen eine ähnliche Einschätzung haben. Oft durchbrechen die Scrum Master diese Hürde und thematisieren die Schwierigkeiten. Dann wird mehrmals versucht, das Problem, das zur Einschätzung der Teammitglieder führt, zu beseitigen. Wenn das nicht funktioniert, fällt das Team die Entlassungsentscheidung und muss diese Entscheidung dann auch persönlich mitteilen. Die Verantwortung liegt auch hier bei den Teammitgliedern als Entscheidern.

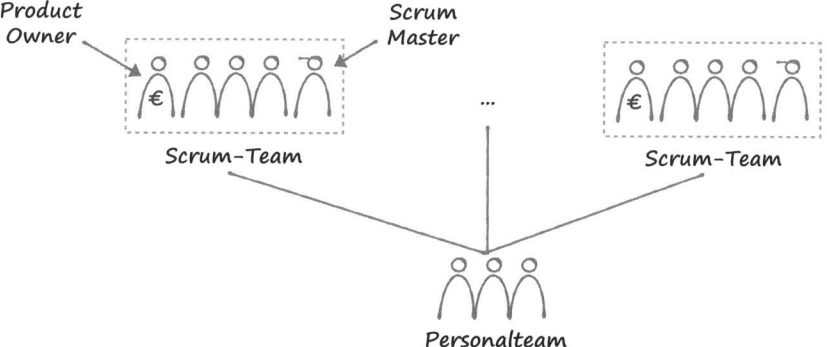

Die Produktteams werden vom Personalteam unterstützt bei:
• Einstellungen und Entlassungen
• Fürsorge

Abb. 4–28   *Führung bei sipgate ohne Linienvorgesetzte*

Persönliche Weiterentwicklung

Die Mitarbeiter sind selbst für ihre Weiterentwicklung verantwortlich. Es existiert die Erwartungshaltung, mindestens zwei Weiterbildungen pro Jahr in Anspruch zu nehmen. Dazu gibt es ein physisches Board, das pro Mitarbeiter zwei Slots vorsieht, in die der Mitarbeiter seine geplanten Weiterbildungen einträgt. Es gibt kein festes Budget für Weiterbildung. Jeder entscheidet selbst, welche Ausgaben er für angemessen hält. Durch Weiterbildung bedingte Abwesenheiten werden im Team abgestimmt.

Fürsorge

Bei sipgate stempeln die Mitarbeiter ihre Arbeitszeiten. Dadurch soll sichergestellt werden, dass die Wochenarbeitszeit von 40 Stunden nicht überschritten wird. Dass es hier nicht um Kontrolle geht, kann man daran erkennen, dass jeder seine Zeiten nachträglich über ein Web-Interface ändern kann. Wenn jemand zu viel arbeitet, sucht das Personalteam das Gespräch mit ihm.

Darüber hinaus achten die Scrum Master und die anderen Teammitglieder aufeinander (z.B. wie es Kollegen persönlich geht). Und nicht zuletzt steht das Personalteam als Gesprächspartner bei Problemen zur Verfügung.

Der lange Weg zur Freiheit

Die heute bei sipgate existierende Struktur hat sich über Jahre in kleinen Schritten entwickelt. Corinna Baldauf sagt dazu: »Freiheit muss man lernen. Wenn wir das alles von Anfang an gemacht hätten, wäre das nach hinten losgegangen.«

4.7.3   it-agile

Das Unternehmen

it-agile ist ein Beratungsunternehmen, das zu agiler Entwicklung berät und coacht. Zurzeit beschäftigt it-agile gut 30 Mitarbeiter. it-agile wendet die agilen Prinzipien auch für die interne Organisation an. Selbstorganisierte Teams stehen also im Zentrum der Firmenstruktur.

Teams

Die Berater sind in Business-Teams organisiert, die die komplette Wertschöpfung von der Kontaktgenerierung bis hin zur Abrechnung verantworten. Sie nutzen dabei die Unterstützung von zwei Zentralteams: Marketing und Moneypenny (für Abrechnung, Büroorganisation etc.). Marketing ist ein virtuelles Team – die Teammitglieder sind auch Mitglieder in Business-Teams. Im Moneypenny-Team sind die Teammitglieder exklusiv nur im Moneypenny-Team tätig.

Es gibt also keine Mitarbeiter außerhalb von Teams (auch die beiden Geschäftsführer sind Mitglieder in Business-Teams). Innerhalb der Teams gibt es keine weiteren Rollen wie Product Owner oder Scrum Master.

Fürsorge

Die Teams sind auch für die Fürsorge gegenüber ihren Teammitgliedern verantwortlich. Sie haben im Auge, ob Mitarbeiter sich überlasten, häufig krankheitsbedingt ausfallen oder unzufrieden mit ihrer Arbeit sind.

Rollen statt Positionen

Generell versucht it-agile, feste Positionen zu vermeiden und stattdessen mit temporären Rollen zu arbeiten. So sind Geschäftsführung, Datenschutz, Gehaltsfestlegungen etc. über temporäre Rollen organisiert.

Geschäftsführung

it-agile hat eine formelle Definition der Geschäftsführer-Rolle: Die Geschäftsführer sind im Wesentlichen dazu da, um formalrechtliche Unterschriften zu leisten (Arbeitsverträge, Kündigungen, Kontovollmachten), nachdem andere die entsprechenden Entscheidungen getroffen haben. Außerdem haben sie die Aufgabe, nach Bereichen Ausschau zu halten, die durch das existierende System der Selbstorganisation nicht ausreichend abgedeckt sind, und diese Defizite explizit zu machen. Die Reaktion auf diese Defizite obliegt allerdings den Mitarbeitern und nicht der Geschäftsführung.

Dass Geschäftsführung als temporäre Rolle begriffen werden kann, hängt mit den Beteiligungsverhältnissen bei it-agile zusammen. Der Großteil des Unternehmens gehört einer Mitarbeiterbeteiligungsgesellschaft, an der alle Mitarbeiter beteiligt sind. Somit wählen faktisch die Mitarbeiter die bei einer GmbH notwendige Geschäftsführung.

Einstellungen

Der Einstellungsprozess beginnt mit einem informellen Vorgespräch zwischen dem Bewerber und einem Mitarbeiter. Findet sich kein Mitarbeiter für dieses Vorgespräch, wird dem Bewerber abgesagt. Fand das Vorgespräch statt, schildert der Mitarbeiter seine Eindrücke allen Mitarbeitern und sucht nach Interessenten für ein formelles Bewerbungsgespräch. Sind mindestens vier Mitarbeiter dazu bereit, findet das Bewerbungsgespräch mit diesen Mitarbeitern als Einstellungsgruppe statt. Ansonsten wird dem Bewerber abgesagt. Das Bewerbungsgespräch dauert ½ bis 1 Tag. Am Ende des Gespräches entscheidet die Einstellungsgruppe, ob und auf welcher Gehaltsstufe sie dem Bewerber ein Angebot macht. Außerdem wird direkt festgelegt, in welches Team der Bewerber am Anfang kommt und wer sein Einarbeitungsmentor wird. Der Einarbeitungsmentor kümmert sich darum, dass der neue Mitarbeiter gut bei it-agile ankommt. Am Ende der Probezeit entscheidet der Einarbeitungsmentor, ob der neue Kollege übernommen wird – seine Entscheidung basiert auf Konsultationen mit Kollegen.

Gehaltserhöhungen

Für Gehaltserhöhungen sind die Gehalts-Checker verantwortlich. Die Gehalts-Checker sind eine Gruppe aus vier Mitarbeitern, die jährlich von allen Mitarbeitern gewählt werden. Sie legen den Prozess zur Gehaltserhöhung fest und fällen die endgültigen Gehaltsentscheidungen.

Momentan basiert der Prozess zu Gehaltserhöhungen auf dem Konsultationsprinzip. Wer hochgestuft werden möchte, konsultiert Kollegen zu dem Hochstufungswunsch. Auf Basis der Konsultationen entscheidet der Mitarbeiter, ob er wirklich hochgestuft werden möchte. Wenn das der Fall ist, meldet er diesen Hochstufungswunsch bei den Gehalts-Checkern an und schildert die durchgeführten Konsultationen. Auf dieser Basis entscheiden die Gehalts-Checker, ob der Mitarbeiter hochgestuft wird.

Weiterentwicklung der Mitarbeiter

Jeder Mitarbeiter kümmert sich um einen für ihn passenden Mechanismus zur persönlichen Weiterentwicklung. Einzige Bedingung ist, dass dieser Mechanismus Feedback von Kollegen integrieren muss. Die meisten Kollegen arbeiten mit Peergroups. Sie suchen sich Peergroups von drei oder vier Kollegen, die ihnen bei der persönlichen Weiterentwicklung helfen. In der letzten Zeit haben sich vermehrt Rudel-Peergroups gebildet: Hier finden sich vier bis sechs Mitarbeiter zu einer Peergroup zusammen. Damit werden die Transaktionskosten zur Terminkoordination gesenkt.

Jeder Mitarbeiter investiert für seine Weiterbildung das, was er für sinnvoll hält, und reicht die Kosten als Spesen ein. Da die Spesen generell öffentlich für alle Kollegen sind, findet darüber eine soziale Kontrolle statt. Im Arbeitsvertrag sichert it-agile zehn Weiterbildungstage pro Jahr zu. In Absprache mit dem eigenen Team können Mitarbeiter auch mehr Tage in ihre Weiterbildung investieren.

 ...

Team   Team
• Fürsorge   • Fürsorge

Peergroup
• Weiterentwicklung
  Mitarbeiter

Einstellungsgruppe   Gehalts-Checker
• Einstellung neuer Mitarbeiter   • Prozess Gehaltserhöhungen
• initiale Gehaltseinstufung   • Finale Entscheidung über
• Entlassung während der   Gehaltserhöhungen
  Probezeit

Abb. 4–29   *Mitarbeiterführung bei it-agile*

Kündigungen

Kündigungen sieht it-agile als Spezialfall von Konflikten an. Es gab ja mal gute Gründe, den Mitarbeiter einzustellen. Zuerst wird daher versucht, wieder ein gutes Miteinander zu ermöglichen. Wenn ein Mitarbeiter der Meinung ist, dass ein Kollege entlassen werden sollte, muss er zuerst das Gespräch mit dem Kollegen suchen. Dort sollte darüber gesprochen werden, worin das Problem liegt und welche Verhaltensänderung das Problem ggf. beseitigen kann. Gelingt den beiden Mitarbeitern keine Klärung, ziehen sie einen internen oder externen Mediator hinzu. Kommt es auch mithilfe des Mediators zu keiner Klärung, benennt der Mediator einen Entscheider, der darüber entscheidet, ob der Mitarbeiter entlassen wird.

4.7.4   Zusammenfassung der Fallbeispiele für Mitarbeiterführung

Der Abschnitt hat sehr unterschiedliche Modelle in sehr unterschiedlichen Unternehmen vorgestellt. Es gibt eine Gemeinsamkeit zwischen den vorgestellten Modellen und viele Unterschiede. Die große Gemeinsamkeit ist, dass inhaltliche Führung und Weiterentwicklung von Team und Teammitgliedern voneinander getrennt sind – so wie es auch in der Scrum-Rollentrennung zwischen Product Owner und Scrum Master angelegt ist. Die Unterschiede sind:

- Die meisten Unternehmen arbeiten mit stabilen Teams, sodass sich die Personalfrage nicht stellt.
- Die meisten Unternehmen haben neben dem Scrum Master/Team-Coach einen disziplinarischen Vorgesetzten. In den von uns vorgestellten Unternehmen sind in einem Fall diese beiden Rollen in einer Rolle verschmolzen (Delivery Lead bei ImmobilienScout24). In zwei Fällen (sipgate, it-agile) gibt es faktisch keinen disziplinarischen Vorgesetzten.

Es gibt offensichtlich nicht das eine richtige oder perfekte Modell für Mitarbeiterführung. Jedes Modell hat seine Stärken und Schwächen. Jedes Unternehmen muss das Modell finden, das für den eigenen Kontext passt und mit der gewünschten Kultur harmoniert. Und man darf nicht erwarten, dass sich das einmal gefundene Modell nicht mehr ändert. ImmobilienScout24 und sipgate arbeiten heute mit Modellen, die nach ihrer eigenen Einschätzung vor fünf Jahren bei ihnen nicht funktioniert hätten. Das it-agile-Modell hat sich über 12 Jahre hinweg schrittweise entwickelt. Das verwendete Führungsmodell muss sich mit dem Unternehmen weiterentwickeln.

4.8   Unternehmenskultur

Wir haben Fälle erlebt, in denen sich Unternehmen agil(er) strukturiert haben und sich faktisch nichts geändert hat. Und wir haben Unternehmen kennengelernt, die sich deutlich agil verhalten haben, obwohl ihre Strukturen eher klassisch anmuteten. Was wir bisher ausgespart haben, ist die Unternehmenskultur.

Peter Drucker sagt: »Culture eats strategy for breakfast«, und verdeutlicht damit die überragende Bedeutung von Unternehmenskultur.

Unternehmenskultur lässt sich aber leider nicht direkt ändern. Niels Pfläging bezeichnet Unternehmenskultur als Schatten der Strukturen, Prozesse und Verhaltensweisen in Organisationen. Man kann sie wahrnehmen, aber nur indirekt ändern – indem man die Strukturen, Prozesse und Verhaltensweisen beeinflusst. Das PARC-Modell von John Roberts bringt es auf folgende Formel (siehe [Roberts 2007]):

> People
> + Architecture (formell und informell)
> + Rituals (formell und informell)
> _____
> = Culture

Abb. 4–30   Das PARC-Modell

Offensichtlich spielen die *Menschen* (People) eine gewichtige Rolle für die Unternehmenskultur. Sie bringen ihre Werte, Hoffnungen und Ängste mit ins Unternehmen und prägen damit ihr Verhalten und die Interaktionen mit ihren Kollegen.

Die *formelle Architektur* bezeichnet in dem PARC-Modell sowohl die Gebäudearchitektur (Räume, Stockwerke) wie auch die Aufbauorganisation des Unternehmens. Die *informelle Architektur* bildet sich z.B. über Freundeskreise im Unternehmen.

Formelle Rituale sind z.B. offizielle Besprechungen, Planungssitzungen oder Daily Scrums. *Informelle Rituale* sind z.B. die Gespräche in der Teeküche oder auch der berüchtigte Flurfunk.

Möchte man also die Unternehmenskultur ändern (z.B. stärker in Richtung Vertrauen und Zusammenarbeit ausprägen), muss man Menschen, Architektur und Rituale betrachten. Dabei reicht es häufig nicht aus, an nur einer Stellschraube zu drehen, um eine nachhaltige Veränderung zu bewirken. Das Gesamtsystem Unternehmen befindet sich in einem selbststabilisierenden Zustand. Wird ein Element geändert, kompensieren das die anderen Elemente. Entfernt man beispielsweise ein unnützes Meeting, in dem lediglich Gerüchte verbreitet wurden, wird die Gerüchteküche vermutlich schlicht in die Teeküche verlegt.

4.8.1   Unternehmenskultur und agiles Arbeiten

Warum ist die Frage nach der Unternehmenskultur überhaupt von Relevanz? Wenn wir eine beliebige Firma betrachten und alle Mitarbeiter in Methoden agiler Zusammenarbeit ausbilden ist das eine notwendige, aber nicht hinreichende Bedingung. Die Erfolgschancen sind so zu niedrig.

Die Art, wie z.B. das Scrum Framework heute verstanden wird, basiert auf agilen Werten und Prinzipien – sowie den Scrum-Werten.

Die agilen Werte und Prinzipien sind im Agilen Manifest [Beck et al. 2001] formuliert. Die älteste Referenz auf die Scrum-Werte findet sich in dem ersten Buch zu Scrum [Schwaber & Beedle 2002] im 9. Kapitel. Die Autoren betonen dort, dass die Scrum-Werte keine Voraussetzung für die Anwendung von Scrum sind. Sie haben aber beobachtet, wie die Scrum-Werte ganz automatisch wachsen, wenn Scrum ernsthaft als Werkzeug benutzt wird.

Die agilen Werte und Prinzipien stehen also im Zentrum. Das Scrum Framework ist eine mögliche Umsetzung, die situationsabhängig um weitere agile Praktiken ergänzt wird (siehe Abb. 4–31).

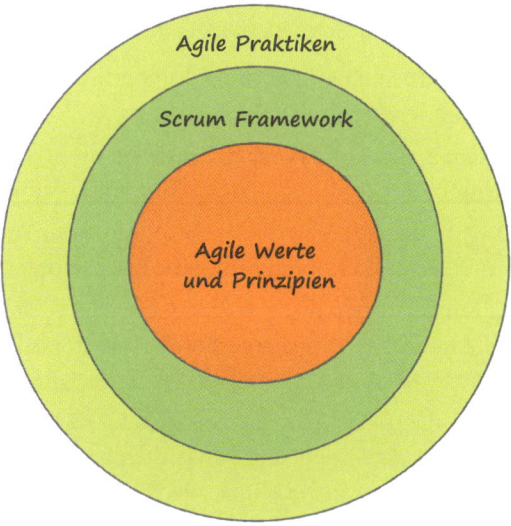

Abb. 4–31   *Im Kern stehen die agilen Werte und Prinzipien.*

Wenn die in der Firma tatsächlich gelebten Werte und Prinzipien nicht zu agilen Werten und Prinzipien passen, dann wird die Organisation allergisch auf die Anwendung von z.B. Scrum reagieren. Das ist nachvollziehbar, weil die neuen Werte inkompatibel mit den traditionellen Firmenwerten sind.

Fallbeispiel: Zu große Transparenz (von Jürgen Hoffmann)

Vor einigen Jahren durfte ich bei einem großen Konzern eines der ersten Scrum-Teams begleiten. In den ersten Sprints wurde für alle in der Organisation offensichtlich, dass die Softwareentwickler in diesem Team nicht in der Lage waren, zu einem Ergebnis zu kommen. Die Reviews waren für alle frustrierend und in den Retrospektiven offenbarten sich die nicht vorhandenen Spielräume des Teams für Veränderungen. Diese Transparenz wiederum war nicht tolerierbar, denn in der Firmenlogik bedeutete das Versagen der Mitarbeiter ein Versagen der zuständigen Führungskräfte. Nach einiger Zeit wurde sowohl der Product Owner als auch der Scrum Master aus seiner Verantwortung entlassen und das Projekt unter einem anderen Namen in traditioneller Weise neu aufgesetzt. Mit dem etablierten Projektmanagement war es kein Problem, die nicht vorhandene Lieferfähigkeit über lange Zeiten zu ignorieren, weil die Kollegen ja ständig beschäftigt waren und die nächsten Meilensteine in weiter Ferne lagen.

4.9   Das Kapitel in Stichworten

- Agil bedeutet im Kern, dass autonome Teams in kurzen Zyklen Probleme von Endkunden lösen.

- Viele Unternehmen haben einen ganzen Zoo von Störungen dieses einfachen Zyklus wertschöpfender Arbeit installiert.

- Unternehmen müssen sich so entwickeln, dass sie diese Störungen beseitigen und das ganze Unternehmen der Wertschöpfung unterordnen.

- Das Zellmodell von Niels Pfläging treibt diese Denkweise auf die Spitze: Niemand macht den Teams, die Kundenprobleme lösen, Vorschriften.

- Solch extrem dezentrale Strukturen laufen Gefahr, ins Chaos abzurutschen. Das notwendige Alignment wird hergestellt, wenn allen Beteiligten das Was und Warum klar ist.

- Peter Drucker hat dazu ein Managementsystem namens Management by Objectives (MbO) oder auch »Führen durch Ziele« definiert. Dieses erfährt in der Variante Objectives and Key Results (OKR) zurzeit eine Renaissance.

- MbO/OKR können Alignment herstellen, sind aber auch nicht ohne Probleme. Diese hängen unter anderem damit zusammen, dass das installierte Zielsystem statisch ist und damit die notwendige Dynamik behindert wird. MbO folgt tendenziell dem »Unternehmen als Maschine«-Modell.

- Feedbackschleifen sind eine alternative Möglichkeit zur Unternehmenssteuerung, die dem »Unternehmen als Organismus«-Modell folgt. Sie basieren auf kontinuierlicher Überprüfung des Status quo und Anpassung der nächsten Schritte.

Bei aller Dezentralisierung müssen Unternehmen auch übergreifende Entscheidungen treffen. Konsent und der Advice-Prozess sind zwei Möglichkeiten, wie das geschehen kann, ohne dass Unternehmen zurück in Top-down-Führung per Command & Control verfallen.

Neben der Unternehmensstruktur muss sich auch Führungsstruktur und Führungsverhalten ändern. In agilen Unternehmen werden Führungsaufgaben auf mehr Köpfe verteilt und tendenziell von temporären »Führungskräften« wahrgenommen.

Dadurch wird die gesamte Unternehmensstruktur anpassungsfähiger und kann besser auf den Markt reagieren.

Zusätzlich muss sich das Selbstverständnis der permanenten oder temporären Führungskräfte ändern. Sie müssen zu Dienstleistern der wertschöpfenden Teams werden. Aus Reporting Lines werden Supporting Lines: Die Hierarchie wird auf den Kopf gestellt.

Neben den Unternehmensstrukturen ist die Unternehmenskultur relevant. Das PARC-Modell erklärt, welche Einflussmöglichkeiten existieren.

5 Organisationsentwicklung

Wir haben uns im vorigen Kapitel mit der Struktur von Organisationen beschäftigt, die kundenwertoptimierende Teams optimal unterstützen. Die meisten Unternehmen weisen die für kundenwertoptimierende Teams notwendigen Strukturen noch nicht auf. Dies macht eine Organisationsentwicklung notwendig.

Da Organisationsentwicklung selbst ein komplexes Unterfangen ist, muss sie ebenso wie agile Softwareentwicklung iterativ und inkrementell erfolgen.

Dieses Kapitel beschäftigt sich mit agilen Ansätzen zur Organisationsentwicklung – sowohl für größere Reorganisationen wie auch für kleinere schrittweise Optimierungen.

Zunächst diskutieren wir, warum genau Organisationsentwicklung nicht im Detail planbar ist. Anschließend diskutieren wir die kritischen Erfolgsfaktoren für agile Organisationsentwicklung. Auf dieser Basis lässt sich ein iterativer Ansatz zur Organisationsentwicklung skizzieren.

Wenn man eine größere Reorganisation in Richtung kundenwertoptimierender Teams durchgeführt hat, hat man leider nicht »ausgesorgt«. Nach dem Change, ist vor dem Change, könnte man sagen. Zielführender ist es allerdings, von einem ständigen Change-Prozess auszugehen – also die Denkweise und Strukturen für kontinuierliche Verbesserung überall im Unternehmen zu installieren. Wir stellen dazu passende Werkzeuge vor.

5.1 Organisationsentwicklung als komplexe Aufgabe

In den Hochzeiten der Industrialisierung war der Großteil der Mitarbeiter mit mechanischen Tätigkeiten befasst (z.B. am Fließband). Das ganze Unternehmen als Maschine zu begreifen, in denen die Mitarbeiter im Grunde »nur« Zahnräder sind, war vielleicht menschenverachtend, aber durchaus zielführend. Die Unternehmen waren am Markt erfolgreich und haben dazu beigetragen, den Wohlstand der Industrienationen zu mehren.

Heute sind viele dieser mechanischen Jobs automatisiert und durch Roboter ersetzt worden. Dieser Trend wird sich fortsetzen. Folglich sind heute in vielen Unternehmen die Produktionsmitarbeiter in der Minderheit. Der Anteil von Wissensarbeitern bzw. Kreativmitarbeitern hat deutlich zugenommen und damit auch der menschliche Faktor. Mitarbeiter sind wichtige Wissensträger geworden und können nicht einfach ausgetauscht werden.

Für den Unternehmenserfolg ist es daher enorm wichtig geworden, dass die Interaktionen zwischen den Mitarbeitern effektiv funktionieren. Wie erfolgreich ein Unternehmen ist, hängt immer stärker davon ab, wie gut die *Gemeinschaft* der Mitarbeiter funktioniert. Die Gestaltung von Unternehmen hat folglich immer weniger mit der Mechanik von Abläufen zu tun und immer mehr mit dem sozialen Gefüge zwischen Menschen. Die Auswirkungen von Änderungen des sozialen Gefüges sind deutlich schlechter vorherzuschen.

Daher funktioniert es heute nicht mehr, einen großen Vorabplan für eine Reorganisation zu erstellen und diesen dann umzusetzen. Stattdessen muss – wie in der agilen Entwicklung – schrittweise vorgegangen werden. Nach jedem Schritt müssen die erzielten und ausgebliebenen Effekte bewertet und das weitere Vorgehen adaptiert werden.

5.1.1   Satir Change Model

Ein nützliches Modell in Veränderungsprozessen stammt von Virginia Satir [Satir et al. 1991]. Ursprünglich in der Familientherapie entwickelt, hat es sich auch bei der Analyse und Begleitung von Veränderungsprozessen in Organisationen und Teams bewährt.

Das Modell hilft dabei, einen guten eigenen Weg für den Umgang mit Veränderungen zu finden (siehe Abb. 5–1).

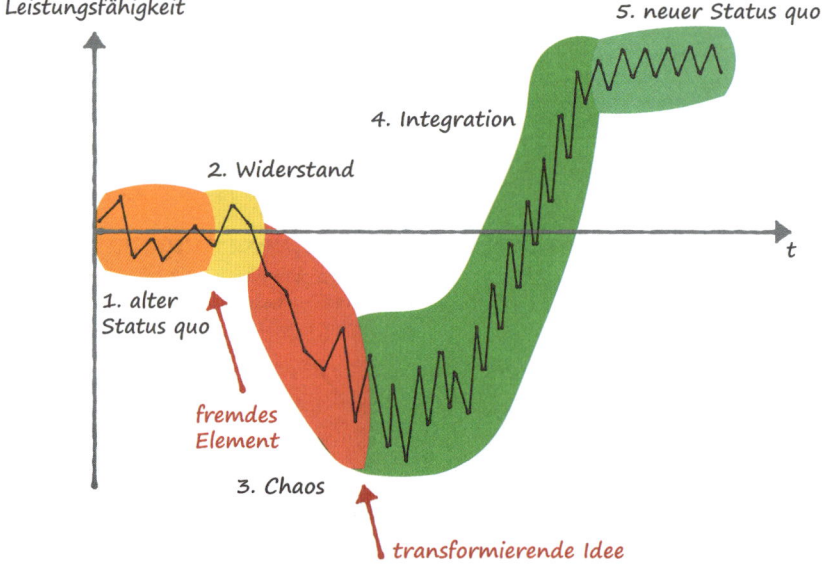

Abb. 5–1   *Satir Change Model*

Die Organisation durchlebt fünf Phasen in dem Veränderungsprozess:

1. *Alter Status quo*

   Stabilität in den Beziehungen der Menschen in ihrer Arbeitssituation gibt ein Gefühl von Zugehörigkeit und Identität. Prinzipiell weiß jeder, was er erwarten kann und wie man sich zu verhalten hat. Die Organisation ist in einer vertrauten Situation. Das Verhalten wird von bewussten und unbewussten Regeln gesteuert. An diesen Regeln, die die Unternehmenskultur formen, wird festgehalten – auch wenn ein distanzierter Beobachter dies als kontraproduktiv bezeichnen würde. Nehmen wir an, der CEO eines Unternehmens mit dem Namen ABC Plan AG predigt das Arbeitsprinzip: »Nur perfekte Planung führt zu einem perfekten Produkt.« Wenn das Management und die Mitarbeiter diesem Glaubenssatz folgen, dann kann es passieren, dass sie sich in immer längeren und komplexeren Planungsprozessen verstricken, ohne dass ein Produkt fertig wird. Solange das Unternehmen an anderer Stelle noch genügend Wertschöpfung aufweist, kann das System so stabil bleiben.

2. *Widerstand*

   Ein fremdes Element dringt in das System ein. Für unser Beispielunternehmen könnte das ein neuer Mitbewerber sein. Wenn jetzt nichts passiert, drohen dramatische Verluste an Marktanteilen. Die Veränderungen des Systems führen zum Bruch von vertrauten Regeln und Glaubenssätzen. Daraus resultiert aber nicht unmittelbar ein neuer stabiler Zustand, sondern eine Phase, die durch Unklarheiten und Verwirrung geprägt ist.

3. *Chaos*

   Manche Kollegen der ABC Plan AG versuchen auf die veränderte Situation zu reagieren, während andere fassungslos das Zerbrechen des Gewohnten beobachten und dagegen ankämpfen. Ängste und Chancen, Herausforderungen und Glücksmomente führen zu einem Wechselbad der Gefühle und zu Unsicherheit. Der »richtige« Weg ist nicht vor Augen. Das Unternehmen kommt nur mit einer schnellen Folge von Hypothesen, passenden Experimenten und beschleunigtem Echtzeitlernen voran. Mitten im Chaos entsteht aus einer Lernerfahrung die entscheidende verändernde Idee, die aus dem Chaos herausführt.

4. *Integration*

   Die ABC Plan AG experimentiert und probiert verschiedene Aspekte der neuen Situation aus. Langsam weicht die Verwirrung einer Begeisterung über die neuen Wege der Arbeit. Hier beobachten wir immer noch eine geringere Produktivität, aber die positiven Effekte werden langsam messbar. Aus der neuen Ordnung erwachsen neue Regeln und Glaubenssätze, die die Zusammenarbeit prägen. Es entsteht ein neuer stabiler Zustand.

5. *Neuer Status quo*

   Wir beobachten die ABC Plan AG in einem neuen dynamischen Gleichgewicht. Ideen aus den Experimenten der Chaosphase sind voll in die standar-
   disierten Abläufe eingebunden. Ihre Nützlichkeit ist nachgewiesen und
   offensichtlich und wird nicht mehr infrage gestellt. Eine neue Unternehmenskultur ist etabliert und wird gelebt.

Für unseren Kontext ist die Chaosphase besonders relevant. Zum einen ist offensichtlich, dass man nicht vor Beginn der Veränderung wissen kann, welche Probleme hier genau auftreten und wie sie zu lösen sind. Außerdem wird die Situation zusätzlich dadurch komplexer, dass die Mitarbeiter das Satir Change Model
nicht im Gleichschritt durchlaufen. Die einen sind möglicherweise noch in der
Phase »Widerstand«, während andere sich schon in der Chaosphase befinden
und einige wenige vielleicht schon die transformierende Idee umsetzen und
bereits Licht am Ende des Tunnels sehen. In dieser Situation hilft nur kleinschrit-
tiges »Inspect & Adapt«. Insbesondere im Chaos ergeben sich normalerweise
drei mögliche Auswege:

a) Es stellt sich ein neuer Status quo ein. Der kann, wie gewünscht, auf höherem
    Niveau liegen. In dem Fall würde die ABC Plan AG sehr gute Produkte in
    kürzerer Zeit auf den Markt bringen und ihren Marktanteil verteidigen oder
    ausbauen. Der neue Status quo kann aber auch auf einem niedrigeren Niveau
    liegen. Vielleicht haben in der Chaosphase relevante Mitarbeiter das Unter-
    nehmen verlassen. Oder es hat kein strukturierter Lernprozess stattgefunden.
    Oder schwelende Konflikte lähmen die effektive Zusammenarbeit.

b) Aus dem Chaos kehrt das System zum bekannten alten Status quo zurück. Je
    nach Lernerfahrung kann die ABC Plan AG gestärkt oder geschwächt in die-
    sen Zustand zurückkehren.

c) Das Chaos und das System lösen sich in einem Prozess des Scheiterns auf.

Mitten im Chaos entsteht aus einer Lernerfahrung die entscheidende verändernde
Idee, die aus dem Chaos herausführt. Der Wunsch bei Führungskräften und Management der ABC Plan AG ist groß, direkt von einem Status quo in einen neuen
wechseln zu können. Dieser Versuchung sollte widerstanden werden. Ansonsten
verpasst man die Chance, wichtige Fragen zu klären. So verstecken sich im
Widerstand von Mitarbeitern und Kollegen der ABC Plan AG wichtige Informationen über relevante Fragen, die mit der Veränderung aufgeworfen wurden. Fehlen unabdingbare Schritte auf dem Veränderungsweg, werden die oben genannten Optionen b) und c) wahrscheinlicher. Und die ABC Plan AG könnte bei einem
unerwünschten niedrigeren Leistungsniveau landen.

   Helfen kann in einer solchen Situation nur empirische Prozesskontrolle:
Erzeuge Transparenz, untersuche die Situation und passe das Verhalten an. Ein
solcher Zyklus realisiert sich zum Beispiel im PDCA-Zyklus oder noch konkreter

im Scrum Framework für die Produktentwicklung. Dies lässt sich auf das Lernen der Organisation übertragen und anwenden. Wir führen diesen Gedanken weiter unten detailliert aus.

Wir können für unseren Kontext der Organisationsentwicklung eine Reihe von hilfreichen Erkenntnissen aus dem Satir Change Model ableiten:

- Bei jeder Veränderung müssen wir damit rechnen, dass sich die Situation zuerst verschlimmert und dann erst verbessert.
- In der Chaosphase hilft eine schnelle Abfolge von Hypothesen und Experimenten, um etwas Struktur zu schaffen. Für jeweils kurze Zeiträume entsteht für die Mitarbeiter so Sicherheit über die nächsten sinnvollen Schritte.

5.2   Erfolgsfaktoren für agile Organisationsentwicklung

Kotter definiert mit seinem Veränderungsmodell eine Reihe von Erfolgsfaktoren für Organisationsentwicklung [Kotter 2012]. In seinem Modell unterscheidet Kotter acht »Phasen« (siehe Abb. 5–2).

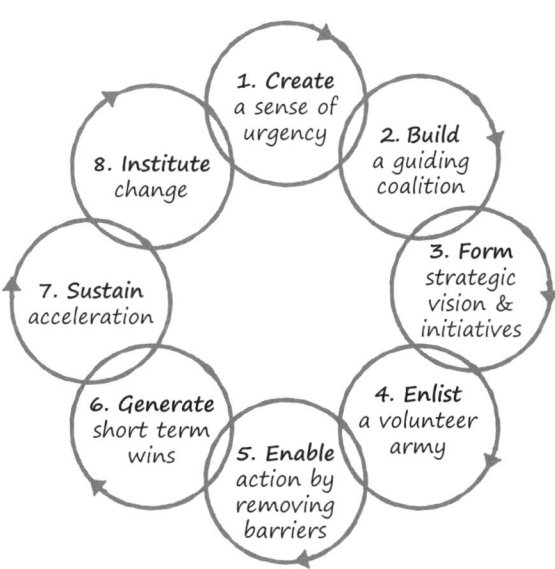

Abb. 5–2   *Kotter Change Model*

1. *Create a sense of urgency*
    Zunächst muss allen Beteiligten klar sein, warum sich die Organisation ändern muss und warum dies gerade jetzt notwendig ist. Diese »Urgency« wird häufig leichtfertig mit »Krise« gleichgesetzt. Es muss aber keine krisenartige Situation heraufbeschworen werden. Man kann auch klarmachen, dass die Organisation in der aktuellen Form nicht in der Lage ist, wertvolle Chancen

zu ergreifen, und sich ändern muss, um zukünftige Chancen nutzen zu können – auch wenn es dem Unternehmen heute noch sehr gut geht.

2. *Build a guiding coalition*
   Es soll sich eine Gruppe von Personen im Unternehmen finden, die gemeinsam die Veränderung begleitet.

3. *Form strategic vision & initiatives*
   Diese Gruppe sorgt dafür, dass eine Vision für die Veränderung definiert
   wird. Der in Schritt 1 geschaffene »sense of urgency« macht ja zunächst nur
   deutlich, dass sich die Organisation bewegen muss. Er lässt aber offen,
   wohin. Die Vision macht klar, in welche Richtung die Entwicklung gehen
   soll.

4. *Enlist a volunteer army*
   In den meisten Unternehmen wird die »guiding coalition« alleine nicht ausreichen, um die vielen kleinen Veränderungen zu bewirken, die notwendig
   sind, um die Organisation nachhaltig zu verändern. Die Mitarbeit von vielen
   Mitarbeitern ist notwendig. In diesem Schritt sollen die Mitarbeiter ermutigt
   werden, an der Veränderung zu partizipieren.

5. *Enable action by removing barriers*
   Wenn man eine Reihe von Freiwilligen für die Veränderungsarbeit gefunden
   hat, können diese meist nicht so agieren, wie sie wollen. Das Unternehmen
   hat sich wahrscheinlich Strukturen geschaffen, die verhindern, dass es von
   den Mitarbeitern verändert wird. Diese Hindernisse für die Veränderungsarbeit müssen jeweils schnell beseitigt werden. Sonst werden die Mitarbeiter
   frustriert und nichts wird sich ändern.

6. *Generate short term wins*
   Veränderungsarbeit ist anstrengend (und muss häufig zusätzlich zur eigentlichen Arbeit stattfinden). Daher ist es wichtig, dass Erfolge schnell sichtbar
   werden. So können die Mitarbeiter, die Veränderungsarbeit leisten, ihre
   eigene Wirksamkeit spüren. Zumindest einige Skeptiker können durch echte
   Erfolge überzeugt werden. Und nicht zuletzt möchte der Sponsor der Veränderung auch Erfolge sehen. Ohne kurzfristige Erfolge schlafen Verände-
   rungsinitiativen häufig schnell wieder ein.

7. *Sustain acceleration*
   In diesem Schritt geht es darum, die Veränderungsenergie aufrechtzuerhal-
   ten. Dazu werden Unternehmensstrukturen verändert, die sich als hinderlich
   auf dem Weg zur Vision erwiesen haben. Während in Schritt 5 Workarounds
   und Quick Fixes akzeptabel sind (z.B. Umgehen einer Compliance-Regel mit
   Ausnahmegenehmigung), sind hier nachhaltige Lösungen gefragt.

8. *Institute change*

Nicht zuletzt darf das Unternehmen nicht in seiner neu geschaffenen Struktur eingefroren werden. Dann stünde in Kürze ein erneutes Auftauen mit erneut schmerzhaften großen Veränderungen an. Stattdessen soll Veränderung zur Konstante im Unternehmen werden. Dazu müssen geeignete Strukturen und eine passende Kultur geschaffen werden.

Auch wenn der Abfolge der Schritte eine gewisse Sequenz innewohnt, ist das Kotter Change Model kein strikt sequenzielles Modell. Es ist durchaus vorgesehen, dass die Schritte sich überschneiden und überlagern. So kann man z. B. bereits an den Schritten 7 und 8 arbeiten, während man noch mit Schritt 5 beschäftigt ist.

5.2.1   Erfahrungen mit dem Kotter Change Model

Wir haben das Kotter Change Model in einer Reihe von Veränderungsvorhaben verwendet. Dabei haben wir die folgenden Erfahrungen gemacht:

▪ Häufig gibt es bei denjenigen, die die Veränderung wollen, nur eine diffuse Vorstellung über die »urgency«. Meistens trifft ihr Gefühl zu, dass etwas nicht stimmt und eine Veränderung notwendig ist. Allerdings reicht hier das Gefühl nicht aus. Alle betroffenen Mitarbeiter müssen verstehen, *warum* die Veränderung *jetzt* notwendig ist. Es muss viel Zeit und Aufwand investiert werden, um die »urgency« zu schärfen.

▪ Ist den Treibern der Veränderung die »urgency« klar, ist sie damit noch lange nicht kommuniziert. Eine wunderbar klare »urgency« verliert häufig ihre Wirksamkeit, wenn sie einfach per E-Mail kommuniziert wird. Es muss auch hier Aufwand und Zeit investiert werden, um die »urgency« zu transportieren. Dies lässt sich auch schlecht an eine interne Abteilung *Unternehmenskommunikation* delegieren. Diejenigen, die die Veränderung wollen, müssen hier selbst Hand anlegen.

▪ Möchte ein Unternehmen beispielsweise agile Entwicklung mit Scrum einführen, so entsteht »Widerstand« in den bisherigen Entwicklungsteams zuerst dadurch, dass den Teammitgliedern nicht klar ist, warum sie ihre Arbeitsweise umstellen sollen. »Es hat doch bisher auch alles geklappt. Warum müssen wir jetzt diesem Hype hinterherlaufen?«

▪ Die »guiding coalition« kann nicht einfach von demjenigen zusammengestellt werden, der die Veränderung will. Gefragt sind hier Personen, die sich selbst für die Veränderung engagieren, die das gewünschte neue Verhalten vorleben und sich selbst tief in die Materie (in unserem Fall die Entwicklung mit agilen Prinzipien) einarbeiten. Auf keinen Fall kann ein Geschäftsführer die Veränderung wünschen und dann top-down aus einigen seiner Manager eine »guiding coalition« bilden. Nach relativ kurzer Zeit wird dieser Gruppe die Energie ausgehen und die Veränderung versanden.

▓   Die Vision darf ruhig sportlich sein. Mit dem Nordstern-Konzept lernen wir weiter unten einen Ansatz kennen, wie eine fähigkeitsbasierte Vision definiert werden kann. Auch hier ist wesentlicher Aufwand in die Ausarbeitung und Kommunikation der Vision zu stecken. Ist die Vision so anspruchsvoll, dass sie aus Sicht der Mitarbeiter nur nach Jahren erreicht werden kann, geht die Vision schnell im Tagesgeschäft unter. Dann können kleinere Veränderungs-initiativen helfen, realistische Zwischenziele zu finden, die tatsächlich Aus-wirkungen auf die tägliche Arbeit haben können.

▓   Zwischen den drei Schritten »Form strategic vision & initiatives«, »Enlist a volunteer army« und »Enable action by removing barriers« entsteht eine Eigen-dynamik, die man nicht unterschätzen sollte. Beginnt man damit, die Vision der Veränderung zu kommunizieren, wollen engagierte Mitarbeiter auch gleich mithelfen. Daher müssen sofort die Mechanismen vorhanden sein, mit denen sie sich melden und mitwirken können. Wenn man die Mitarbeiter um mehrere Wochen vertröstet, geht die durch die Vision entfachte Energie häu-fig schnell wieder verloren. So ähnlich verhält es sich beim nächsten Über-gang: Konnten sich die Mitarbeiter als Freiwillige melden und können dann aber nichts verändern, weil die »barriers« nicht beseitigt werden, sind sie schnell frustriert und wenden sich von der Veränderung ab.

5.3   Steuerung iterativer Organisationsentwicklung

Das Kotter Change Model gibt wichtige Hinweise auf die Dinge, die für eine erfolgreiche Veränderung geschehen müssen. Es gibt aber keine konkrete Aus-kunft darüber, wer diese Dinge erledigt bzw. erledigen lässt. Häufig wird das dem Management zugeschrieben.

Das mag in vielen Kontexten plausibel sein. Um kundenwertoptimierende Teams zu erreichen, brauchen wir allerdings eine größere Durchlässigkeit zwi-schen den Hierarchieebenen und den nebeneinanderstehenden Abteilungen. Wird das Kotter Change Model top-down durchgeführt, stellt das für unsere Verände-rung ein massives Problem dar: Das Management verhält sich gegenüber seinen Mitarbeitern so, wie es dies in der Vergangenheit getan hat. Stattdessen muss es aber Vorbild für agiles Denken und Arbeiten werden.

Der Einsatz des Kotter Change Model muss für eine agile Transition deutlich partizipativer geschehen. Das ist durchaus im Kotter Change Model angedeutet, z.B. über »Enlist a volunteer army«. Wenn diese dann aber einfach nur kleintei-lige Arbeitsaufträge zum Abarbeiten erhält, hilft das wenig.

5.3.1   Das agile Transitionsteam

Ein häufig anzutreffender und plausibler Mechanismus für agile Veränderung besteht darin, ein agiles Transitionsteam (z. B. mit Scrum) aufzusetzen (siehe Abb. 5–3).

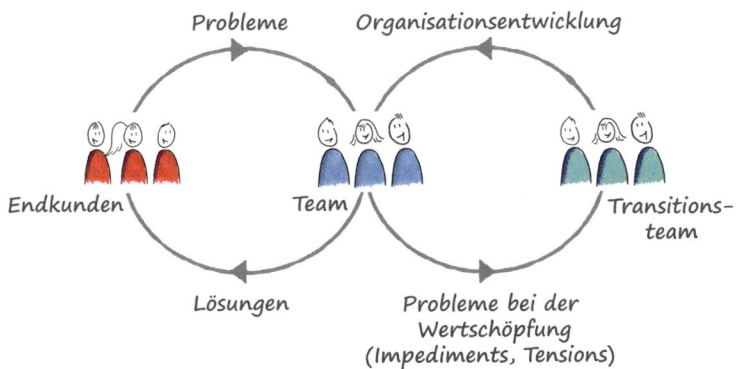

Abb. 5–3   *Transitionsteam steuert die Veränderung.*

Das Transitionsteam lebt dabei das Verhalten vor, das man sich in der zukünftigen Organisation wünscht. Es ist nah an den agilen Teams dran, die Lösungen für Endkunden entwickeln. Darüber entdeckt das Transitionsteam viele Probleme in der Wertschöpfung. Die Scrum Master werden zusammen mit den Teams einen pragmatischen Weg finden, um mit den Problemen umzugehen. Eine Reihe von Problemen können die Scrum Master nicht nachhaltig beseitigen, weil dazu größere organisatorische Änderungen notwendig wären.

5.3.2   Transition Backlog und Product Owner

Diese organisatorischen Hindernisse werden vom Transitionsteam erkannt und durch Organisationsentwicklung beseitigt. Sowohl die Verbesserungen innerhalb der agilen Teams wie auch die Arbeit des Transitionsteams finden ausgerichtet an der definierten Vision für die Veränderung statt.

Dabei werden die betreuten Teams viel schneller organisatorische Hindernisse sichtbar machen, als das Transitionsteam diese abarbeiten kann. Folglich wird ein Transition Backlog benötigt, in dem die erkannten Hindernisse gesammelt und priorisiert werden (siehe Abb. 5–4).

Vision

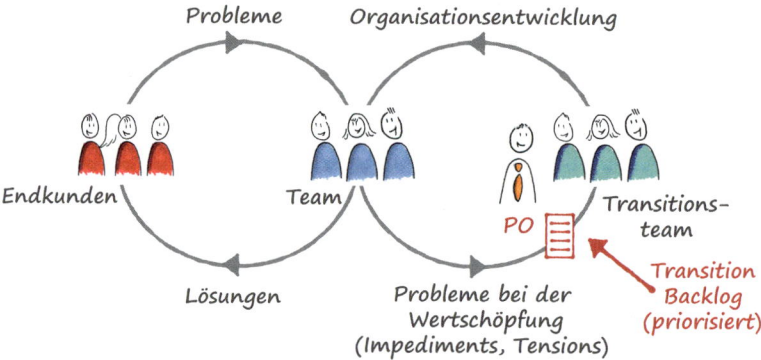

Abb. 5–4   *Transitionsteam mit Transition Backlog*

Wenn man zu einem Transition Backlog gelangt ist, muss man sich der Frage stellen, wer dieses wie priorisiert. Geht das Transitionsteam nach Scrum vor, ist die Frage einfach zu beantworten: Der Product Owner des Transitionsteams priorisiert das Transition Backlog und wählt eine passende Technik zur Priorisierung aus.

Besonders naheliegend ist es hier, wenn derjenige, der die Veränderung angestoßen hat (z. B. Geschäftsführer), die Product-Owner-Rolle übernimmt.

In der Praxis haben wir mehr oder weniger gute Gründe gesehen, warum der Geschäftsführer nicht der Product Owner der Transition sein wollte oder konnte. In diesem Fall hat der Geschäftsführer dann die Product-Owner-Rolle an einen anderen Manager delegiert. In diesem Fall war der Product Owner nicht so ermächtigt, wie es wünschenswert gewesen wäre. Er wird dann eher zu einem Moderator, der herauszufinden versucht, was getan werden sollte. Dabei können Techniken wie z. B. »Prune the Product Tree«[1] und »Buy a Feature«[2] helfen, zwischen verschiedenen Stakeholdern einen Austausch darüber zu etablieren, was wichtig für das Unternehmen ist [Hohman 2006]. Im Übrigen kann hier jede Methode angewandt werden, mit der ein guter Product Owner seine Stakeholder dazu bringt, in einen wertstiftenden Dialog über das Produkt zu treten.

---

1. »Prune the Product Tree« ist eine Visualisierungstechnik, die geplante Produkteigenschaften mit ihren Abhängigkeiten zeigt und hilft, die Produkteigenschaften zu identifizieren, die zunächst zurückgestellt werden sollten.
2. »Buy a Feature« ist eine Technik, mit der eine Gruppe von Personen kooperativ darüber entscheidet, welche Features in das nächste Release kommen sollen.

5.3.3   Produktvision und Produktinkremente des Transitionsteams

Die Vision wird damit zur »Produktvision« des Transitionsteams und wird meist in Richtung »kundenwertoptimierende Teams in einer agilen Organisation« gehen. Entsprechend wären valide Produktinkremente in Richtung »mehr agilere Teams in einer agileren Organisation« zu suchen. Ein Haufen PowerPoint-Folien als Ergebnis eines Transition Sprints entstammen noch einer klassisch-sequenziellen Denkweise. Ein solches Sprint-Ergebnis ist kein valides Produktinkrement. Denn durch die PowerPoint-Folien ist kein zusätzliches agiles Team entstanden, die existierenden Teams wurden nicht agiler und die Organisation auch nicht.

Es erfordert ein Umdenken, um die Einträge des Sprint Backlogs des Transitionsteams so zu gestalten, dass am Sprint-Ende tatsächlich ein potenziell lieferbares Produktinkrement entsteht, also die Organisation ein Stückchen agiler geworden ist.

Als Denkansatz hilft Dimensional Planning [van Exem & Hesius 2007] – eine Technik, die auch bei der Softwareentwicklung als Werkzeug zum Aufsplitten großer User Stories nützlich ist.

Einschub: Dimensional-Planning-Konzept

Dimensional Planning zergliedert User Stories entlang von Ausbaustufen bzw. Benutzungsqualität. Das Verfahren lässt sich gut mit der Straßenmetapher erläutern, in der User Stories in vier Ausbaustufen zerteilt werden:

- Feldweg
- Kopfsteinpflaster
- Asphaltstraße
- Autobahn

Mit der Feldweg-Implementierung ist das Ziel der User Story mit minimaler Unterstützung erreichbar. Durch die nur minimale Unterstützung kann der Anwender das Ziel allerdings sehr umständlich und fehleranfällig erreichen. Bei einem System zur Rechnungserstellung könnte eine Feldweg-Implementierung z. B. so aussehen, dass die Anwender eine vorgefertigte SQL-Abfrage direkt an die Datenbank senden, aus dem Abfrageergebnis die relevanten Daten in eine Word-Vorlage kopieren und die Rechnung dann aus Word heraus ausdrucken.

Bei der Kopfsteinpflaster-Implementierung gibt es bereits einen deutlich höheren Automatisierungsgrad, und die Fehleranfälligkeit ist ebenfalls reduziert. Man nimmt aber weiterhin spürbare Abstriche beim Komfort in Kauf. In unserem Rechnungssystembeispiel könnte eine Kopfsteinpflaster-Implementierung die Rechnungen automatisch aus der Datenbank erzeugen, jedoch nur mit den rechtlich notwendigen Informationen wie Adressat, Datum, Gesamtsumme und Mehrwertsteuer. Das System unterstützt jedoch noch keine Einzelpersonen, auch

Rabatt und Skonto gibt es noch nicht.⊠Die Asphaltstraßen-Implementierung entspricht dem »Stand der Technik« und enthält die Funktionen und den Komfort,
die die Anwender erwarten. Das System erzeugt Rechnungen mit Einzelpositio-
nen, Rabatt und Skonto.

Die Autobahn-Implementierung geht über den »Stand der Technik« hinaus.
Häufig finden sich hier Begeisterungsfeatures, die die Anwender und Kunden
nicht erwarten und die Alleinstellungsmerkmale gegenüber der Konkurrenz darstellen. Das Rechnungssystem könnte anbieten, dass Kunden das Rechnungslay-
out selbst festlegen können – z.B. so, dass sie die Rechnungen leichter weiterver-
arbeiten können.

Dimensional Planning für agile Transitionen

Diese Denkweise hilft auch dem Transitionsteam: Nehmen wir beispielsweise an,
das Transitionsteam stellt nach einer Weile fest, dass die Arbeitsweise des Ein-
kaufs einer unternehmensweiten Scrum-Einführung im Wege steht. Denn der Einkauf beauftragt Dienstleister immer nur nach Festpreis, was für Scrum nicht optimal ist. Das Transitionsteam möchte erreichen, dass Scrum-Projekte als
Aufwandsprojekte (Time & Material) vergeben werden können. Dazu muss es
eine Reihe von Bedingungen herstellen: Der Einkaufsleiter muss verstehen,
warum die Vertragsform so wichtig für den Projekterfolg ist. Es müssen Strategien entwickelt werden, wie man bei Aufwandsprojekten die Anbieterauswahl
vornimmt, wie man die Gewährleistung handhabt und wie die Schnittstelle zum
Controlling bzgl. der Aktivierung in der Bilanz aussieht. Es ist sehr einfach, sich
an diesen Bedingungen beim Schreiben der Stories zu orientieren. Leider landet
man dann bei einer ganzen Reihe von PowerPoint-Präsentationen. Zuerst erstellt
man eine Präsentation für den Einkaufsleiter, die erläutert, warum die Vertragsform so wichtig ist. Und dann eine mit Vorschlägen für das Verfahren zur Anbieterauswahl usw. Keine dieser Konzepte bzw. Präsentationen stellt einen beobacht-
baren Fortschritt in Richtung des Ziels der Unternehmensagilisierung dar.

Hilfreicher ist es, sich wieder an dem ursprünglichen Ziel zu orientieren (Aufwandsprojekte vergeben) und sich mit Dimensional Planning die Frage zu stellen,
was der kleinste messbare Fortschritt in Richtung des Ziels sein kann. Und dann
kommt man vielleicht zu folgenden Transitions-Stories:

- Ein Pilotprojekt wurde so nach Festpreis beauftragt, dass die Abnahmeent-
  scheidung vollständig beim Product Owner des Auftraggebers lag (und nicht
  mehr bei der QS-Abteilung oder gar dem Einkauf).

- Es wurde ein Vertragsmuster im Einkauf etabliert, das es generell erlaubt, die
  Abnahme in die Hände des Product Owners zu geben.

- Ein Pilotprojekt wurde als Festpreisprojekt mit der Möglichkeit des Anforde-
  rungstausches beauftragt.

▓ Diese Vertragsform wurde in ein generelles Vertragsmuster überführt.

▓ Ein Pilotprojekt wurde so beauftragt, dass der Preis feststand, aber der Auftragnehmer keine Verpflichtung über den zu liefernden Funktionsumfang einging (Design to Cost).

▓ Diese Vertragsform wurde in ein generelles Vertragsmuster überführt.

▓ Ein Pilotprojekt wurde als reines Aufwandsprojekt beauftragt.

▓ Diese Vertragsform wurde in ein generelles Vertragsmuster überführt.

Jeder Schritt ist konkret, stiftet Nutzen und stellt einen Fortschritt in Richtung des eigentlichen Ziels dar.

5.3.4   Transitionsteam: Besetzung und Rollen

Die Besetzung des Transitionsteams spielt eine essenzielle Rolle für den Erfolg der Veränderungsinitiative. Ähnlich wie in Scrum ist es auch für Transitionsteams meist hilfreich, wenn es einen Product Owner und einen Scrum Master gibt. Der Product Owner priorisiert die Einträge des Transition Backlogs nach Nützlichkeit bezogen auf die Vision.

Der Scrum Master hilft dem Transitionsteam bei der Selbstorganisation und coacht die beteiligten Personen. Dazu gehört z.B. auch die Verwendung geeigneter Techniken zum Schreiben und Schneiden von Einträgen des Transition Backlogs (z.B. mithilfe des oben vorgestellten Dimensional Planning).

Häufig wird das Transitionsteam schnell sehr groß. Neben den üblichen Problemen großer Teams bzgl. Kommunikation bringt die Größe in Transitionsteams eine zusätzliche Herausforderung mit sich: Die meisten Mitglieder werden nur einen Teil ihrer Zeit für Transitionsarbeiten investieren können. Dadurch wird der Planungsoverhead im Team häufig unangemessen groß. Er kann dann durchaus 50 % der Gesamtarbeitszeit im Transitionsteam ausmachen.

Dabei reicht meistens auch ein kleines Transitionsteam aus. In vielen Unternehmen haben die Manager allerdings die Erfahrung gemacht, dass bei Entscheidungen nicht konsultiert wird, sondern stattdessen diejenigen entscheiden, die dabei waren. Mitglied im Transitionsteam zu sein erscheint daher als logischer Mechanismus, um die anstehenden Veränderungen beeinflussen zu können. In der Folge drängen viele Personen ins Transitionsteam.

Hier können klare Vereinbarungen zwischen Transitionsteam und dem Rest der Organisation helfen, die insbesondere Transparenz und Konsultation regeln. Auf dieser Basis hat das Transitionsteam auch die Chance, eine veränderte Kultur vorzuleben: Der Entscheidungsträger optimiert nicht für sich selbst, sondern verschafft sich über Konsultationen Einblicke in die verschiedenen Perspektiven und entscheidet dann zum Wohle des Unternehmens.

5.3.5   Sprints im Transitionsteam

Ein Sprint-Konzept für das Transitionsteam hat sich bewährt. Die meisten Mitglieder des Transitionsteams werden nicht vollständig für die Veränderungsarbeit freigestellt sein. Mitunter leisten sie die Veränderungsarbeit noch zusätzlich zu ihren »eigentlichen« Aufgaben. (In diesem Fall sollte sich das Transitionsteam mit dem Product Owner ernsthaft die Frage nach der Priorität der Veränderung stellen.)

Auf jeden Fall müssen wir davon ausgehen, dass die Mitglieder des Transitionsteams womöglich nur einen kleinen Teil ihrer Arbeitszeit für die Veränderung investieren werden.

Daher ist ein klarer, nahegelegener Fokus sehr hilfreich. Sprints erzeugen so einen Fokus: Bis zum Sprint-Ende sollen die vom Transitionsteam geplanten gemeinsamen Ergebnisse vorliegen.

Während in der Softwareentwicklung heute 2-Wochen-Sprints die Regel sind, können bei organisatorischen Veränderungen auch längere Sprints sinnvoll sein. Häufig sind eine Reihe von Abstimmungsgesprächen notwendig, die vielleicht nicht immer binnen 2 Wochen zu schaffen sind.

Wir präferieren auf jeden Fall 4-Wochen-Sprints mit wirksamen und relevanten Veränderungen vor 2-Wochen-Sprints, in denen viel angefangen, aber wenig abgeschlossen wird.

Ein zweiter Aspekt, der eher für längere Transition Sprints spricht, ist der Meetingoverhead.

In einem Fall verständigten sich die Mitglieder des Transitionsteams darauf, jeweils mindestens 8 Stunden pro Woche an der Transition zu arbeiten. Den Donnerstag deklarierten sie als »Magnettag«: Transitionsarbeit sollte nach Möglichkeit donnerstags im Raum des Transitionsteams stattfinden. Dadurch gab es nur an diesem Donnerstag ein gemeinsames Daily Scrum für den Austausch über den Projektfortschritt.

Es entstand allerdings viel Overhead durch Sprint Planning, Sprint-Review und Sprint-Retrospektive. Dieser summierte sich anfänglich auf einen ganzen Tag. Bei vierwöchigen Sprints resultiert daraus ein Meetingoverhead von 30 %.

Dieser Meeting-Overkill entsteht ganz leicht. Die gefundenen Gegenmaßnahmen waren in den von uns begleiteten Transitionen sehr unterschiedlich:

- Einmal wurden die Mitglieder des Transitionsteams für deutlich mehr Zeit freigestellt, sodass die Netto-Transitionsarbeitszeit stieg.
- Einmal hatten wir es mit einem sehr kleinen Team zu tun und der Sprint-Wechsel war deutlich kürzer.
- In einem anderen Fall konnte der Sprint-Wechsel durch Kleingruppenarbeit und später durch das Aufsplitten des Transitionsteams kürzer gestaltet werden.

Letztlich muss das Transitionsteam in seinem Kontext einen passenden Umgang mit der Situation finden.

5.3.6 Einbindung ins Unternehmen

Das Transitionsteam muss angemessen ins Unternehmen eingebunden werden. Es ist eine naheliegende Idee, dass der Topmanager, der die Veränderung möchte (z. B. Geschäftsführer), die Product-Owner-Rolle im Transitionsteam übernimmt. Schließlich weiß er am besten, was er erreichen möchte, und kann die einzelnen kleinen Veränderungen entsprechend priorisieren.

In der Praxis fühlen sich die eigentlich für die Rolle prädestinierten Personen nicht immer in der Lage, die Product-Owner-Rolle auszufüllen. Sie benennen dann einen Product Owner oder überlassen dem Transitionsteam die Besetzung der Rolle. Das ist prinzipiell möglich, birgt aber die Gefahr eines Schatten-Transitionsteams: Irgendwann verliert der Geschäftsführer die Geduld: Die Veränderungen sollen schneller geschehen. Oder es stehen im Rahmen der Transition personelle Veränderungen an, die nicht offen im Transitionsteam diskutiert werden können. Dann trifft sich der Geschäftsführer mit engen Vertrauten und startet seine eigenen Veränderungen. Es entsteht ein zweites Transitionsteam.

Diese zwei nicht synchronisierten Transitionsteams können zu vielfältigen Irritationen und Verstimmungen führen. Es ist hier also auf jeden Fall dafür zu sorgen, dass transparent ist, welche Teams oder Gruppen wie involviert sind und miteinander interagieren.

5.3.7 Weitere Probleme im Transitionsteam

Neben den bereits genannten Problemen und Herausforderungen treten in der Praxis immer wieder auch die folgenden Probleme auf:

- Kapazität
  Die Mitglieder des Transitionsteams bringen nicht ausreichend Zeit ein.
- Arbeiten
  Das Transitionsteam plant viel, setzt aber nichts um.
- Loslassen
  Das Transitionsteam versucht, die komplette Kontrolle über die Veränderungen zu behalten, und kann nicht loslassen.

Kapazität des Transitionsteams

Die meisten Organisationen stellen die Mitglieder des Transitionsteams nicht für die Arbeit im Transitionsteam frei. Stattdessen ist die Transitionsarbeit neben der »eigentlichen« Arbeit zu erledigen. Die meisten Mitglieder in Transitionsteams haben ohnehin schon zu viel zu tun, sodass die wichtige – aber nicht dringende – Transitionsarbeit vernachlässigt wird. Nicht selten beichten die Mitglieder des Transitionsteams wöchentlich, dass sie wieder zu nichts gekommen seien.

Es muss also sichergestellt werden, dass die Mitglieder des Transitionsteams ein Minimum an Transitionsarbeit auch wirklich leisten können – z.B. 8 Stunden pro Woche. Dazu ist Priorisierung wichtig. Die Mitglieder des Transitionsteams müssen die Transitionsarbeit wichtiger nehmen als einen Teil ihrer operativen Tätigkeiten. Die wöchentlichen 8 Stunden dürfen also nicht die (Über-)Stunden 42–50 sein, sondern z.B. die Stunden 20–27.

Unterstützen kann man diese garantierte Minimalkapazität, indem das Transitionsteam einen Magnettag vereinbart, z.B. Donnerstag, an dem präferiert Transitionsarbeit stattfindet. So können die Mitglieder des Transitionsteams an dem Tag gemeinsam arbeiten (häufig in Paaren). Gleichzeitig entsteht Transparenz darüber, wer an dem Tag wie viel Transitionsarbeit leistet, und der entstehende Gruppendruck erhöht die Chance, dass die vereinbarten Stunden auch geleistet werden.

Arbeiten im Transitionsteam

Ein Teil des Transitionsteams wird aus Managern bestehen. Und ohne diesen zu nahe treten zu wollen, sind viele Manager eher gewohnt, Arbeit zu planen, als diese durchzuführen. Die Arbeit im Transitionsteam erfordert also gleich eine doppelte Umstellung: Die Mitglieder des Transitionsteams müssen nicht nur Arbeit planen, sondern diese auch erledigen. Und zusätzlich müssen sie Planen und Arbeiten auch noch kleinschrittig und iterativ erledigen.

Ohne passende Begleitung kann es passieren, dass ein Transitionsteam immer nur Veränderungen plant, diese Arbeit aber nie erledigt wird.

Loslassen

Ein Transitionsteam überschaubarer Größe kann in einer etwas größeren Organisation nicht alle Veränderungen durchführen. Es wäre schlicht zu viel Arbeit zu erledigen.

Stattdessen ist das Transitionsteam auf die Mitarbeit vieler anderer Menschen angewiesen. Im Kotter Change Model ist von der »volunteer army« die Rede. Diese Vorgehensweise ist für viele Unternehmen ungewohnt. Das Transitionsteam muss lernen, loszulassen, und sich von der Illusion verabschieden, die Veränderung vollständig kontrollieren zu können.

Wenn Transitionsteams versuchen, die Veränderungen vollständig zu kontrollieren, laufen sie Gefahr, jegliche Veränderung im Keim zu ersticken. Wenn die Mitarbeiter im Unternehmen das Gefühl bekommen, dass sie ohne »Freigabe« des Transitionsteams nichts unternehmen können, werden sie schnell frustriert (weil das Transitionsteam nicht schnell entscheiden kann) und die Mitarbeit an der Veränderung einstellen.

5.4   Organisationsentwicklung über Experimente

Veränderungen hin zu mehr Agilität im Unternehmen haben immer Experiment-charakter: Wir greifen in komplexe soziale Systeme ein und können die Auswirkungen unserer Interventionen nicht sicher prognostizieren. Daher müssen wir dafür offen sein, dass die Interventionen andere Auswirkungen zeigen als gedacht. Und explizit über die Auswirkungen reflektieren und unser Vorgehen anpassen. Der im nächsten Abschnitt vorgestellte PDCA-Zyklus liefert uns dazu das passende Vorgehen. Und wir müssen aktives Risikomanagement betreiben, z. B. dadurch dass wir mit sogenannten Safe-to-Fail-Experimenten arbeiten. Diese betrachten wir nach der detaillierten Diskussion des PDCA-Zyklus.

5.4.1   Der PDCA-Zyklus

Der PDCA-Zyklus nach Shewhart/Deming ist der Klassiker zur Strukturierung von Verbesserungsprozessen (siehe Abb. 5–5). Deming hat Toyota stark beeinflusst und so verwundert es nicht, dass Toyota seit Jahrzehnten den PDCA-Zyklus für seine Prozessverbesserungen verwendet.

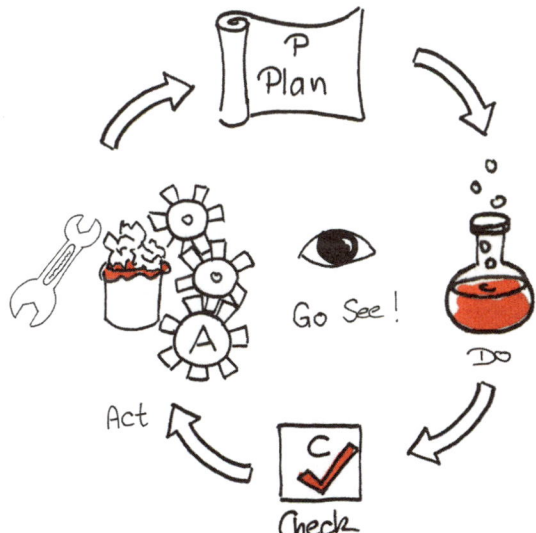

Abb. 5–5   *PDCA-Zyklus nach Shewhart/Deming*

Im PDCA-Zyklus werden vier Schritte durchlaufen: *Plan, Do, Check, Act.*

Plan

Der erste Schritt »Plan« besteht aus der Erkenntnis von Verbesserungsmöglichkeiten und einer Idee für einen besseren Prozess bei der Arbeitsausführung. Dabei arbeiten Management und Mitarbeiter zusammen.

Do

Der zweite Schritt »Do« ist im Kern ein Experiment, mit dem man feststellen will, ob die Idee eine echte Verbesserung darstellt. Es wird im kleinen Rahmen und in kurzer Zeit ausgeführt.

Check

Im dritten Schritt »Check« wird die Wirkung des Experimentes festgestellt. Bei Erfolg wird das Vorgehen als neuer Standard empfohlen.

Act

Der vierte Schritt ist die Reaktion auf die Erkenntnisse bei »Check«: Es werden Folgeaktionen definiert. Dabei sind ganz unterschiedliche Aktionen denkbar:

- Wir können die Veränderung einfach in den Regelbetrieb übernehmen, weil die Effekte ausreichend positiv waren. Die Veränderung wird damit meist auf andere Teams oder Unternehmensbereiche ausgebreitet.

- Wir können die Veränderung soweit möglich rückgängig machen, wenn die Auswirkungen sehr negativ waren.

- Am häufigsten werden wir jedoch positive *und* negative Aspekte feststellen und die Veränderung überarbeiten und den PDCA-Zyklus erneut durchlaufen.

Im letzten Punkt drückt sich die Erkenntnis aus, dass die meisten Veränderungsideen weder ausschließlich gut noch schlecht sind. In jeder großartigen Idee finden sich negative Aspekte und in absurd schlechten Ideen verstecken sich häufig gute Ideen. Über *Do* und *Check* versuchen wir die positiven und negativen Aspekte einer Veränderung zu verstehen und dann zu einer besseren Veränderung zu kommen.

Und: Go & See

Während des gesamten PDCA-Zyklus ist »Go & See« essenziell. Die grundsätzliche Idee ist, dass man die Situation nur vor Ort durch eigene Beobachtung vollständig verstehen kann (und nicht durch Reports oder Statistiken). Daher muss man sich an den Ort des Geschehens (japanisch Gemba) begeben. [Rother 2013] berichtet von Toyota, dass es kaum automatische Erfassung von Daten während der Produktion gibt (z. B. darüber, wie lange es durchschnittlich dauert, eine Tür herzustellen). Die Toyota-Manager sollen nicht in ihren Büros über Reports und Statistiken grübeln. Sie sollen an den Ort des Geschehens (die Produktion) gehen, um zu verstehen, wie die Situation ist und wodurch Probleme entstehen.

5.4.2   PDCA in der Praxis

Der PDCA-Zyklus stellt trotz seiner Einfachheit Unternehmen immer wieder vor große Herausforderungen, insbesondere was »Check« und »Act« angeht. In einigen Kontexten kommen die Beteiligten nicht über »Plan« hinaus: Es werden immer wieder neue Pläne gemacht, diese aber nie umgesetzt. In anderen Kontexten werden die Pläne zwar umgesetzt, die Auswirkungen aber nicht systematisch ausgewertet. Wenn wir davon ausgehen, dass die Hälfte unserer Veränderungen positive und die andere Hälfte negativen Auswirkungen hat, dann führt Plan-Do-Plan-Do-Plan-Do... zu Betriebsamkeit, ohne dass das Unternehmen leistungsfähiger wird.

Man muss sich in »Check« die Zeit nehmen, um über die Wirkungen der Veränderung zu reflektieren und dann geeignete Folgemaßnahmen für »Act« abzuleiten. Bei Veränderungen in sozialen Systemen wird es eher die Regel als die Ausnahme sein, dass die Veränderung nicht sofort den erwünschten Effekt hat und mehrfach nachgesteuert werden muss.

Beispiel: Mehrfaches Nachsteuern bei it-agile

Wir haben in einem Team bei it-agile nach einem Mechanismus gesucht, wie die Teammitglieder trotz hohem Verteilungsgrad und unterschiedlichen Beratungskunden ein Minimum an gegenseitiger Awareness haben können. Dazu haben wir im Team vereinbart, wöchentlich einen kurzen Eintrag auf der firmeninternen Microblogging-Plattform zu veröffentlichen.

Wir haben dabei mit einem Schema begonnen, das wir aus einem Blogartikel im Unternehmen entlehnt haben. Dieses Schema hat zwar die gewünschte Awareness geschaffen, war allerdings sowohl für die Autoren wie auch die Leser im Team letztlich zu schwerfällig. Wir haben dann über vielfältige Anpassungen in den Act-Schritten über einen Zeitraum von einem Jahr ein leichtgewichtiges Schema gefunden, das für uns gut funktionierte.

Dieses Beispiel zeigt, dass man mitunter ein gehöriges Maß an Hartnäckigkeit mitbringen muss, bis man eine wirklich gute Lösung gefunden hat. Wir haben also den PDCA-Zyklus mehrfach durchlaufen und immer wieder unsere Lösung angepasst.

Danach sind wir dann im Act-Schritt an die anderen it-agile-Teams herangetreten und haben ihnen unsere Lösung »angeboten« (siehe Abb. 5–6).

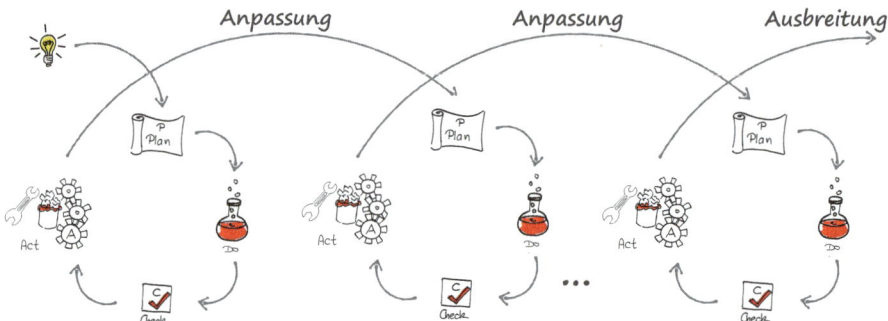

Abb. 5–6   *Anpassungen und Ausbreitung mit dem PDCA-Zyklus*

5.4.3   Organisationsentwicklung als Abfolge von Experimenten

Indem wir Veränderungen als Experimente begreifen (siehe Abb. 5–7), machen wir explizit, dass wir nicht sicher wissen, welche Auswirkungen eintreten werden.

Abb. 5–7   *Organisationsveränderungen sind Experimente.*

Für jedes Experiment sollten mindestens die folgenden Fragen beantwortet werden:

▪ Was erhoffen wir uns von dem Experiment?
▪ Wie führen wir das Experiment durch?
▪ Woran erkennen wir, dass das Experiment erfolgreich war?
▪ Bis wann läuft das Experiment (Timebox)?

Interessanterweise nutzt Toyota für Veränderungen in der Produktion ebenfalls diesen Ansatz (faktisch ist Toyota seit Jahrzehnten der Vorzeigeanwender des PDCA-Zyklus), und das, obwohl Auswirkungen von Änderungen in der Produktion prinzipiell viel überschaubarer sind als in sozialen Systemen der Wissensarbeit. Wenn sich dieses Vorgehen also in der Produktion bewährt hat, muss es in der Wissensarbeit noch viel stärker verwendet werden.

5.4.4   Safe-to-Fail-Experimente

Um die Risiken bei der Organisationsentwicklung zu begrenzen, sollten die Experimente sogenannte Safe-to-Fail-Experimente sein: Wenn ein Experiment fehlschlägt, sollen die potenziellen negativen Auswirkungen begrenzt sein.

Manchmal werden Safe-to-Fail-Experimente fälschlicherweise gleichgesetzt mit *reversiblen* (umkehrbaren) Experimenten. Wenn wir prüfen wollen, ob Stehtische uns produktiver machen, können wir einfach einen normalen Tisch durch einen Stehtisch austauschen. Wenn wir mit dem Ergebnis nicht zufrieden sind, können wir den Stehtisch wieder durch einen normalen Tisch ersetzen und die Situation ist wieder so wie vor Beginn des Experimentes. Dieses Experiment ist reversibel.

Reversible Experimente sind in sozialen Systemen allerdings selten möglich. Sehen wir uns als Beispiel die Gehaltstransparenz an. Wir vermuten vielleicht, dass transparente Gehälter in der Firma Misstrauen und Gerüchte abbauen. Gleichzeitig wissen wir nicht, ob es Unruhe unter den Mitarbeitern geben wird, weil sie Ungerechtigkeiten im Gehaltsgefüge entdecken. Gefallen uns die Experimentergebnisse nicht, können wir das Wissen um die Gehälter der Kollegen nicht wieder aus den Köpfen der Mitarbeiter entfernen (jedenfalls nicht so lange, wie wir nicht in Besitz eines Blitzdings aus »Men in Black« gelangen). Das Experiment ist nicht reversibel.

Man kann das Experiment allerdings *Safe-to-Fail* gestalten, sodass der potenzielle »Schaden« akzeptabel wird. Das kann im vorliegenden Fall z. B. dadurch geschehen, dass nur innerhalb einer kleinen Gruppe von Mitarbeitern die Gehälter transparent gemacht werden. Natürlich können diese Mitarbeiter dann immer noch Ungerechtigkeiten feststellen und sich beschweren. Mit sechs unzufriedenen Mitarbeitern kann man aber viel besser umgehen als mit 600.

5.4.5   Experimente erleichtern die Veränderung

Die Experimentsichtweise macht es den Mitarbeitern auch einfacher, sich auf die Veränderungen einzulassen. Viele Menschen tun sich schwer damit, sich auf etwas Unbekanntes einzulassen, wenn sie annehmen, dass sie dieses Unbekannte bis zur Rente begleiten wird. Die meisten Menschen können sich auf etwas Neues viel leichter einlassen, wenn die Veränderung erst einmal zeitlich begrenzt ist und sie bei der Auswertung gehört werden. »Bin ich bereit, bis zur Rente Pair Programming zu praktizieren, ohne zu wissen, was das ist?« ist viel schwieriger positiv zu beantworten als »Bin ich bereit, Pair Programming für zwei Wochen auszuprobieren, um zu lernen, worum es sich dabei handelt?«.

5.4.6   Organisation der Organisationsentwicklung

Um die Organisation mit Experimenten zu entwickeln, darf der Veränderungsprozess nicht zu stark reglementiert sein. Man kann sehr viel lernen durch viele
kleine Experimente mit lokal begrenzten Auswirkungen. So könnte ein Team
damit experimentieren, was es bedeutet, sich gegenseitig Feedback zum Verhalten
zu geben. Wenn die Mitarbeiter solche Experimente durch ein Gremium freige-
ben lassen müssen, finden sie entweder gar nicht mehr statt oder sie werden heim-
lich durchgeführt. Im letzteren Fall wird es aber sehr schwierig, das Experiment
später öffentlich zu machen, und so kann die Organisation nur schwer etwas aus
dem Experiment lernen.

Das ist bei it-agile z. B. vor Jahren passiert mit dem sogenannten Change-Ban-
Board (eine Wortkombination aus Change und Kanban). Der daran gekoppelte
Prozess führte zu einer Art Freigabe jeglicher Experimente. Diese Freigabe wurde
schnell zum Bottleneck und in der Konsequenz gab es kaum noch Bewegung auf
dem Board. Veränderungen wurden gar nicht mehr angegangen oder liefen als
U-Boot außerhalb des Boards.

Auf der anderen Seite kann beliebiges Experimentieren auch zu Chaos führen. Zu viele parallele Experimente können die Organisation überlasten und
Experimente, die sich überschneiden, können negative Aspekte verstärken. Es
muss also ein geeigneter Prozess etabliert werden, der einen angemessenen
Umgang mit Experimenten sicherstellt.

Das kann z. B. so aussehen, dass man für Experimente bestimmte Fragen vorher geklärt haben muss (z. B. wer ist davon potenziell betroffen) und betroffene
Personen angemessen eingebunden werden müssen. Dann darf man das Experiment ohne zentrale Freigabe durchführen, muss es aber transparent machen. So
wissen alle, welche Experimente gerade laufen. Dadurch kann man verhindern,
dass sich die Experimente gegenseitig behindern, und die Wahrscheinlichkeit
erhöhen, dass Synergien zwischen Experimenten genutzt werden. Abbildung 5–8
zeigt das Experimenteboard, das zurzeit bei it-agile verwendet wird. Wir sehen
mindestens monatlich auf das Board und prüfen, welche Experimente abgeschlossen sind und welche Ergebnisse sie erbrachten. (Das Experimentboard ist
übrigens selbst auch ein Experiment auf dem Experimentboard.)

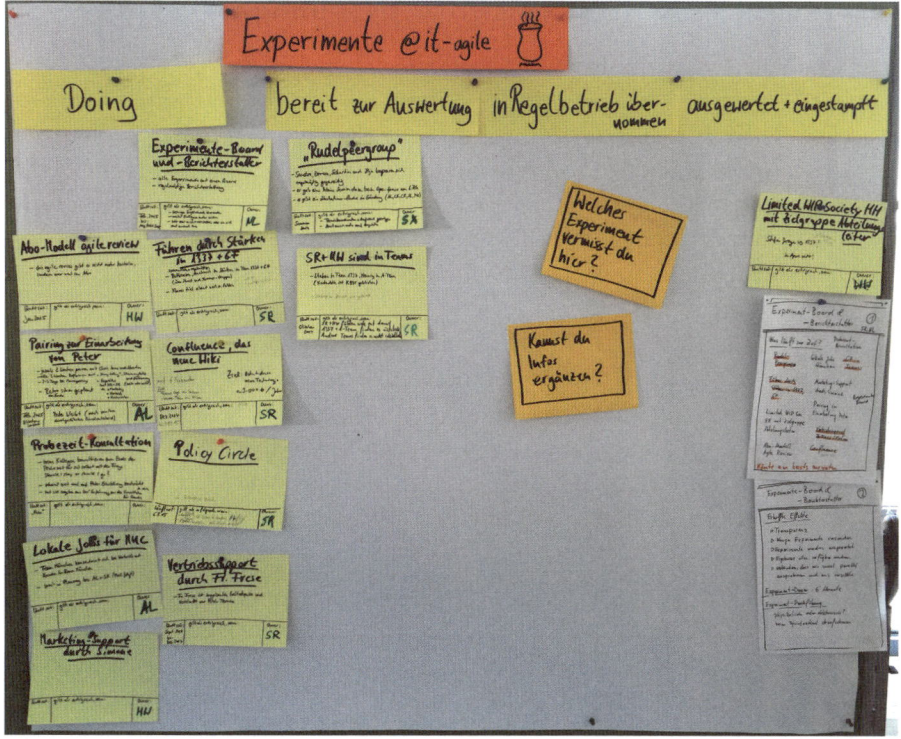

Abb. 5–8   *Experimenteboard bei it-agile*

Auf dem Experimenteboard sind Karten angebracht wie in Abbildung 5–9 dargestellt. Neben der Überschrift und einer Beschreibung finden sich das Startdatum,
das Erfolgskriterium und der Experiment-Owner auf der Karte. Der Experiment-
Owner fungiert als Ansprechpartner und sorgt dafür, dass das Experiment geeignet ausgewertet und die Ergebnisse allen zur Verfügung gestellt werden.

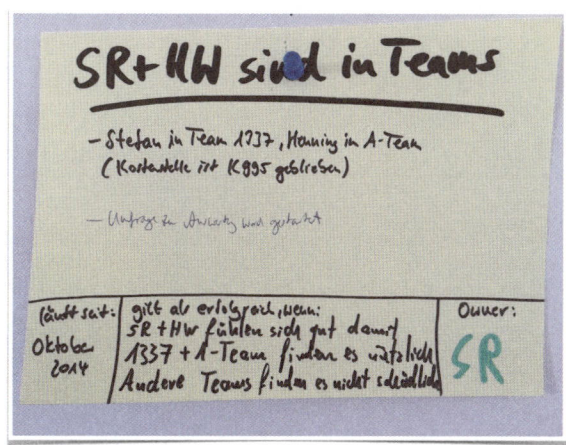

Abb. 5–9   *Experimentbeschreibung*

5.5   Kultur der kontinuierlichen Verbesserung

Der klassische Zyklus, in dem Organisationen aufwendig »aufgetaut«, verändert und dann wieder für mehrere Jahre »eingefroren« wurden, passt nicht mehr zur aktuellen Marktdynamik.

Wenn eine initiale größere Veränderungsinitiative (z. B. die komplette Entwicklung wird auf agile Teams umgestellt) erfolgreich durchgeführt wurde, sollte man im Modus der kontinuierlichen Verbesserung bleiben.

Damit das funktioniert, muss kontinuierliche Verbesserung fest ins Denken und Handeln jedes Mitarbeiters integriert werden. Dazu gehört auch das Verständnis, dass nicht nur der Prozess innerhalb des Teams den Teammitgliedern gehört, sondern auch der teamübergreifende Prozess. Die Teams reflektieren gemeinsam, was in ihrer Zusammenarbeit gut und weniger gut funktioniert, leiten daraus passende Verbesserungsmaßnahmen ab und setzen diese um. Dazu führen sowohl Teams für sich Retrospektiven sowie auch mehrere Teams gemeinsam übergreifende Retrospektiven durch. Außerdem betrachten die Teams auch die Interaktion mit dem Rest des Unternehmens und passen diese in Abstimmung mit den anderen Organisationseinheiten an.

Fallbeispiel: Regelmäßige Retrospektiven von Teams, gelegentlich von zwei oder mehr Teams (von Jürgen Hoffmann)

Bei der Tochtergesellschaft von dm-drogerie markt, der FILIADATA GmbH, lieferten vier Teams gemeinsam die Softwareentwicklungsleistung für die Online-Shopping-Funktionen auf der Internetpräsenz von dm-drogerie markt, dm.de. In 14-tägigen Retrospektiven wurde am Ende eines jeden Sprints über die Zusammenarbeit im Team und mit anderen Menschen im Unternehmen reflektiert. Aus diesen Retrospektiven sind vielfältige Initiativen hervorgegangen: ein zeitweiliger Fokus der Entwicklung auf höhere Softwarequalität; der Wunsch nach stärkerer Zusammenarbeit mit den Fachbereichen; die Veränderung der Ausgestaltung von Release- und Freigabeprozessen; Veränderungen im Teamzuschnitt und in der Zusammenarbeit mit Zulieferern; der Wunsch nach stärkerer Präsenz der Scrum Master; aber auch der Wunsch nach punktuellen teamübergreifenden Retrospektiven. All diese Initiativen haben den Entwicklungsprozess beeinflusst und verändert. Es gibt nie den »fertigen« Prozess – und er steht alle 14 Tage wieder auf dem Prüfstand.

Fallbeispiel: Bereichs- und Teamzuschnitte stehen zur Diskussion (von Jürgen Hoffmann)

Aus den Erfahrungen eines von uns beratenen Unternehmens bei der Entwicklung von marktentscheidenden Zusatzfunktionen für die Internetpräsenz kam die Frage auf, ob die existierenden Bereichs- und Teamzuschnitte so noch passen. Der Geschäftsführer forderte in einer Versammlung zweier Bereiche alle Mitarbeiter auf, ihre Gedanken und Ideen in einen Veränderungsprozess einfließen zu lassen. Im Anschluss wurden dann die Vor- und Nachteile von Veränderungen auf allen Ebenen beraten und überdacht.

5.5.1 Transparenz in alle Richtungen

Damit Mitarbeiter über die kontinuierliche Verbesserung das Unternehmen angemessen gestalten können, brauchen sie Transparenz über die relevanten Unternehmensaspekte. Mitarbeiter können z. B. nicht sinnvoll darüber diskutieren, ob Reisezeiten komplett Arbeitszeiten sein sollen, wenn sie nicht wissen, wie viel Reisezeiten pro Jahr im Unternehmen entstehen, und auch kein Verständnis davon haben, wie hoch die Gewinne des Unternehmens sind.

Fallbeispiel: Kennzahlen bei WEB.DE (von Jürgen Hoffmann)

Bei der WEB.DE AG gab es vor mehr als 10 Jahren ein Informationssystem, mit dem jeder Mitarbeiter relevante Kennzahlen aller Dienste rund um das WEB.DE-Portal einsehen konnte. Die täglich aktualisierten Zahlen wie z. B. Anzahl der Benutzer und Neuanmeldungen jeder einzelnen digitalen Dienstleistung auf dem WEB.DE-Portal zeigten für jeden Mitarbeiter die Auswirkungen seiner Arbeit für das Gesamtergebnis des Unternehmens.

Wertbildungsrechnung bei dm-drogerie markt

Einen ähnlichen Gedanken schildert Götz Werner in seiner Autobiographie [Werner 2015] in Kapitel 12. Der dm-drogerie markt hat das Werkzeug der Wertbildungsrechnung in einem drei Jahre dauernden Projekt mit vielen Mitarbeitern entwickelt. »Um den damals gerade neu ins Geschäftsführungsteam gerückten Marco Mescoli versammelten sich nach und nach und in wechselnder Besetzung Mitarbeiterverantwortliche, Marketingbeauftragte, Bezirksverantwortliche, Filialleiter und und und. [...] , dass es über 3 Jahre gedauert hat, bis es in seiner vollständigen Form entstanden war« [Werner 2015, S. 224]. Offensichtlich hat Transparenz einen hohen Wert für dm-drogerie markt.

5.6   Orientierung mit einem Nordstern (True North)

Agile und Lean-Ansätze wie Scrum und Kanban basieren ganz wesentlich auf der Idee kontinuierlicher Verbesserung. Wir haben dafür plädiert, diese Denkweise nicht auf agile Teams zu beschränken, sondern im ganzen Unternehmen zu etablieren. Wir verbessern unsere Zusammenarbeit, Prozesse und Strukturen schrittweise parallel zur geschäftlichen Arbeit.

In der Praxis liefert die kontinuierliche Verbesserung aber nicht immer die durchschlagenden Erfolge, die man sich erhofft (und die z.B. bei Toyota sehr deutlich zu beobachten sind). Das Konzept des *Nordsterns* kann helfen, den kontinuierlichen Verbesserungsprozess effektiver zu gestalten, indem er den Verbesserungsbemühungen eine Richtung gibt.

Toyota hat es geschafft, sich im Laufe von Jahrzehnten vom unbedeutenden Autohersteller zum internationalen Topkonzern zu entwickeln. Dabei war Toyota so erfolgreich, dass die anderen großen Autohersteller versucht haben, Toyota-Techniken zu kopieren – häufig mit geringem Erfolg. Über die Jahre gab es immer wieder neue Einsichten über die Arbeitsweise bei Toyota und mit jeder Einsicht glaubte man, die eine entscheidende Technik gefunden zu haben, die den Unterschied macht: Verschwendung eliminieren, Just-in-Time-Produktion, 5S, A3 etc. Vermutlich hat Toyota nicht eine dieser Praktiken erfolgreich gemacht, sondern die Summe aller dieser Praktiken und die dahinterliegende Denkweise der kontinuierlichen Verbesserung in kleinen (*Kaizen*) und großen Schritten (*Kaikaku*). Natürlich hat man im Westen auch Kaizen kopiert – natürlich ebenfalls mit geringem Erfolg. Es gehört eben mehr dazu, als ein betriebliches Vorschlagswesen einzurichten. Toyota gibt der kontinuierlichen Verbesserung mit einem Nordstern eine Richtung und sorgt so dafür, dass das ganze Unternehmen bei Verbesserung an einem Strang zieht (*Alignment*).

Der Nordstern dient als Navigationshilfe bei Verbesserungsprozessen. Die Orientierung durch den Nordstern soll so stark sein, dass sich nicht mehr die Frage stellt, ob eine Verbesserungsmaßnahme umgesetzt werden *kann*. Stattdessen schafft der Nordstern Klarheit darüber, welche Verbesserungsmaßnahmen umgesetzt werden *müssen*. Streben wir beispielsweise als Ideal an, dass IT und Fachseite nicht mehr unterscheidbar sind, dann darf der vermeintlich höhere Aufwand für eine gemeinschaftliche Definition der Anforderungen kein Argument gegen diesen Schritt sein. Stattdessen müssen wir die Herausforderung annehmen, herauszufinden, wie das gemeinsam effizient funktionieren kann (siehe Abb. 5–10).

Abb. 5–10   *Verbesserung mit und ohne Nordstern*

5.6.1   Nordstern bei Toyota

Toyota benutzt für die Produktion den folgenden Nordstern (Toyota spricht übrigens intern von »Vision«):

- Single Piece Flow (nur ein Fahrzeug zur Zeit in Bearbeitung)
- 100 % Value Adding Activities (100 % wertschöpfende Tätigkeit)
- Zero Defects (keine Defekte)

Der Nordstern erklärt, warum Toyota z.B. so sehr darauf erpicht ist, den Work in Progress und damit verbunden die Lagerhaltung zu reduzieren. Jede Reduktion des Work in Progress bedeutet einen Fortschritt in Richtung *Single Piece Flow*. Es stellt sich daher bei Toyota nicht die Frage, ob der Work in Progress reduziert werden kann, sondern was getan werden muss, damit der Work in Progress reduziert werden kann.

Mike Rother zitiert in seinem Buch (siehe [Rother 2013]) einen Fall von einem Hersteller von Sensorkabeln. Ein Sensorkabel besteht aus einem Sensor und einem Kabel, um den Sensor an weitere Geräte anzuschließen. Die Fabrik produziert zwei verschiedene Typen von Sensorkabeln, in geraden Wochen Kabel vom Typ A und in ungeraden Wochen Kabel vom Typ B. Dazu wird die Fabrik jede Woche umgerüstet. Jetzt wird vorgeschlagen, die Losgrößen zu halbieren, um die Lagerbestände zu reduzieren. Wenn zusätzlich in der Wochenmitte die Fabrik umgerüstet wird, muss weniger auf Vorrat produziert werden und man kann schneller auf Marktdynamiken reagieren. Der Produktionsleiter weist darauf hin, dass sich damit die Gesamt-Umrüstaufwände verdoppeln. Da Umrüsten im Lean-Sinne Verschwendung (*Waste*) ist, würde die Maßnahme die Verschwendung vergrößern und das könne ja nicht das Ziel sein. Also wird der Vorschlag abgelehnt.

Mit einem klaren Nordstern, der Losgrößen-Reduktion erfordert, wäre klar gewesen, dass man den Vorschlag umsetzen muss. Der Produktionsleiter hätte herausfinden müssen, wie das geschehen kann, ohne die Verschwendung zu vergrößern.

5.6.2   Nordsterne für die Wissensarbeit

Das Nordstern-Konzept leistet nicht nur in der Produktion gute Dienste. Auch in der Wissensarbeit (Softwareentwicklung, Services, Vertrieb, Marketing etc.) hilft der Nordstern, eine klare Richtung für Verbesserungsmaßnahmen zu bekommen und auch schwierige Probleme zu lösen (vor denen man ohne Nordstern zurückschrecken würde).

Bei unseren Kunden wurden z.B. diese Nordstern-Definitionen geschaffen:

Scrum-Projektteams

»Teams können sofort nach Zusammenstellung performen und jeder Mitarbeiter ist für jedes Projekt der Fachabteilung sofort nützlich einsetzbar.«

Interne Projektteams

»Wir haben keine von außen induzierten Kontextwechsel bei der Teamarbeit, haben 100 % wertschöpfende Arbeit, arbeiten nie alleine und lernen jeden Tag etwas Neues dazu.«

Verlässlicher Webshop-Produzent

»Alle Projekte dauern gleich lang, werden im Single Piece Flow bearbeitet und produzieren keine Bugs.«

IT Operations

»Wir haben keine Downtimes und jede Aufgabe kann von mindestens zwei Mitarbeitern erledigt werden.«

Internetplattform

»Wir haben keine Bugs in der Produktion.«

Koch bei Jimdo

»Ich werfe kein Essen weg.«

5.6.3 Eigenschaften eines guten Nordsterns

Ein guter Nordstern hat die folgenden Eigenschaften:

▨ **Produkt**
Der Nordstern hat einen Bezug zum hergestellten Produkt bzw. der angebotenen Dienstleistung. (Toyota produziert Autos mit dem Ziel, diese möglichst preisgünstig bei hoher Qualität herzustellen. Der Toyota-Nordstern zielt genau darauf ab.)

▨ **Utopie**
Der Nordstern ist idealisiert und in der Regel unerreichbar. (Single Piece Flow, 100 % wertschöpfende Tätigkeiten und keine Defekte wird Toyota vermutlich nie erreichen.)

▨ **Stabilität**
Der Nordstern ist langfristig stabil. (Der Toyota-Nordstern wurde über die Jahrzehnte nur marginal geändert.)

▨ **Prozess**
Der Nordstern bezieht sich auf Prozesseigenschaften und nicht auf Ergebnisziele. (Single Piece Flow ist eine Prozesseigenschaft. Eine bestimmte Produktionsmenge wäre ein Ergebnisziel. Ergebnisziele geben zu wenig Orientierung für Verbesserungsmaßnahmen und führen häufig zu Überlastung und Überforderung der Mitarbeiter.)

▨ **Mehrwert**
Wenn man den Nordstern vollständig erreichen würde, dann wäre das Unternehmen beherrschend in seinem Markt. (Wenn Toyota Single Piece Flow wirtschaftlich hinkriegen würde, wäre die Wartezeit bei der Bestellung eines Neuwagens extrem gering. Außerdem gäbe es keine Rückläufer aufgrund von Defekten, was nicht nur direkte Kosten reduzieren, sondern auch dem Unternehmensruf nützen würde.)

▨ **Selektion**
Der Nordstern ist so klar, dass man entscheiden kann, ob eine spezifische Verbesserungsmaßnahme sinnvoll ist oder nicht.

▨ **Messbar**
Es muss objektiv ermittelbar sein, ob eine durchgeführte Verbesserungsmaßnahme uns näher an den Nordstern gebracht hat.

▨ **Klein**
Der Nordstern sollte nur wenige Punkte enthalten, damit der Fokus nicht verloren geht.

Häufig kann nicht vorher validiert werden, ob das Verfolgen eines bestimmten Nordsterns tatsächlich Unternehmenserfolg herstellt. (In den Anfängen von Toyota war Flow-basierte Fahrzeugproduktion sehr unüblich und seinerzeit war

nicht sicher, ob das Anstreben von Single Piece Flow tatsächlich Unternehmenserfolg nach sich zieht.)

5.6.4   Arbeiten mit dem Nordstern

Der Toyota-Nordstern zeigt, dass der Nordstern in der Regel nicht erreichbar ist
(Null Fehler sind wünschenswert, aber vermutlich nicht erreichbar). Das ist nicht
weiter tragisch, schließlich soll der Nordstern keinen Endzustand definieren, sondern eine Richtung geben (so wie der Nordstern eine Richtung für die Navigation
gibt, ohne erreichbar zu sein). Es muss aber feststellbar sein, ob man sich dem
Nordstern genähert hat. Eine Metrik ist dabei hilfreich (z.B. Anzahl Bugs, Work
in Progress, Durchlaufzeiten). Abbildung 5–11 zeigt die Zusammenhänge.

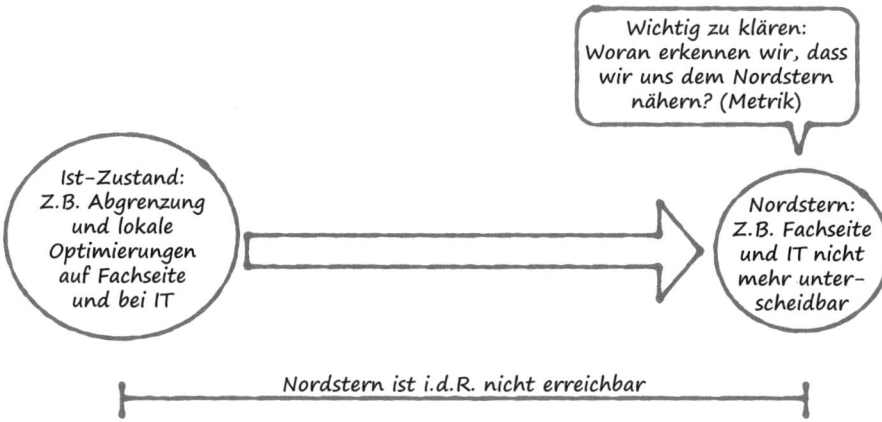

Abb. 5-11   Orientierung bei Verbesserungen mit einem Nordstern

Wir arbeiten systematisch und kontinuierlich in Richtung Nordstern. Dazu definieren wir konkrete Zwischenziele – sogenannte *Target Conditions* –, die über-
schaubar klein sind. Zielzustände sollten in wenigen Wochen erreichbar sein
(siehe Abb. 5–12).

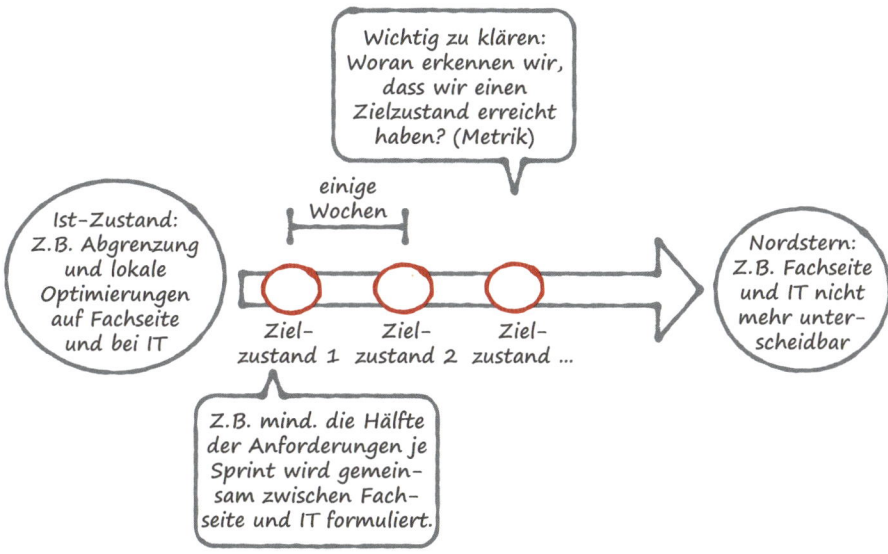

Abb. 5–12   *Zwischenziele (Target Conditions)*

Dabei haben wir jeweils den nächsten Zielzustand im Fokus und planen nicht mehrere Zielzustände in die Zukunft. Wenn wir einen Zielzustand erreicht haben, verschaffen wir uns Klarheit über die vorliegende Situation und erst dann definieren wir den nächsten Zielzustand.

5.6.5   Nordstern und der PDCA-Zyklus

Die Arbeit an Zielzuständen sollte dem oben beschriebenen PDCA-Zyklus folgen. Im ersten Schritt (P-Plan) wird der Zielzustand definiert. Das damit gesetzte Ziel sollte SMART sein:

- **S**pecific (spezifisch)
- **M**easurable (messbar, ob es erreicht wurde)
- **A**chievable (erreichbar binnen weniger Wochen)
- **R**elevant (in Bezug auf den Nordstern)
- **T**ime-based (versehen mit einem Endtermin, bei dem spätestens über den Zielzustand und die Maßnahmen reflektiert wird).

Außerdem werden in der Planung die ersten Schritte definiert, die man unternehmen will, um den Zielzustand zu erreichen.

Anschließend werden die Maßnahmen zum Erreichen des Zielzustands umgesetzt (D-Do). Meistens werden hier die definierten Maßnahmen noch einmal angepasst, weil man bei der Umsetzung die Situation besser versteht und geeignetere Maßnahmen findet.

Schließlich wird die erreichte Situation analysiert und geprüft, ob die erhofften Effekte eingetreten sind (C-Check). Auf Basis dieser Analyse wird über die nächsten Schritte entschieden (A-Act): Muss weiter am Zielzustand gearbeitet werden, weil er noch nicht vollständig erreicht wurde? Sollte die Arbeit am Zielzustand ganz eingestellt werden, weil er mit dem jetzigen Wissen unerreichbar scheint? Sollte die erreichte Verbesserung auch in anderen Teams oder Unternehmensbereichen angestrebt werden?

5.6.6   Die A3-Technik

Für die Arbeit mit Zielzuständen nach dem PDCA-Zyklus hat sich Toyotas A3-Technik (siehe [Shook 2008]) auch außerhalb der Produktion bewährt. Der Name stammt schlicht und ergreifend vom verwendeten Papierformat A3. Dieses Papierformat wurde bei Toyota gewählt, weil es das größte Format war, das sich per Fax verschicken ließ.

Bei der A3-Technik werden auf einem DIN-A3-Papierbogen die Schritte aus dem PDCA-Zyklus dokumentiert (z. B. mit einem Schema wie in Abb. 5–13). Die Beschränkung des verfügbaren Platzes auf einem A3-Papier führt zur Konzentration auf das Wesentliche.

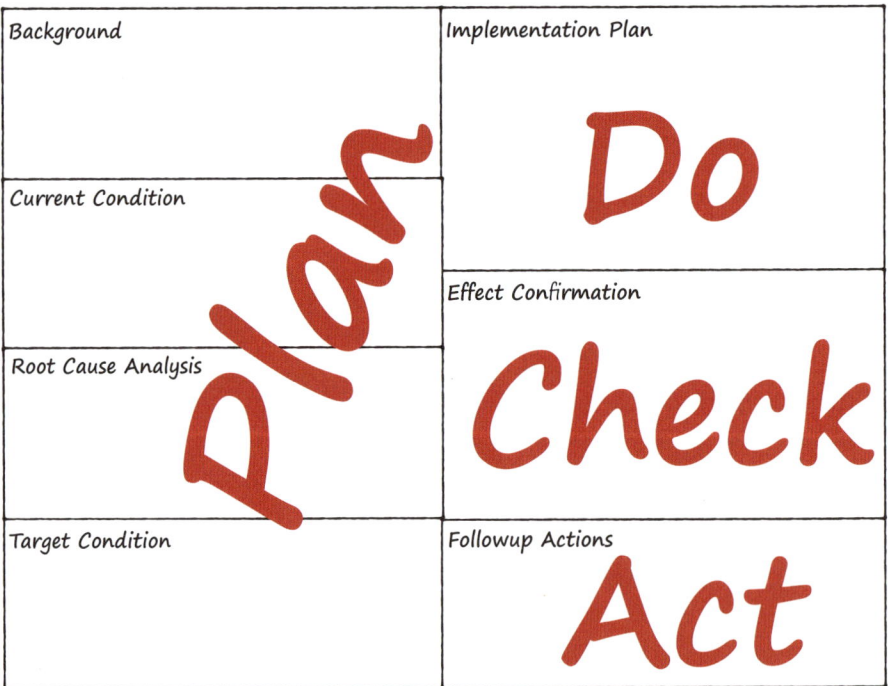

Abb. 5–13   *Mögliches A3-Template*

Die verschiedenen Bereiche des A3-Papiers werden bevorzugt mit Diagrammen und Tabellen und nicht mit reinem Text befüllt; außerdem wird mit Papier und nicht elektronisch gearbeitet (siehe Abb. 5–14). Durch Diagramme und Tabellen lassen sich auch komplexe Sachverhalte mit der DIN-A3-Beschränkung übersichtlich darstellen.

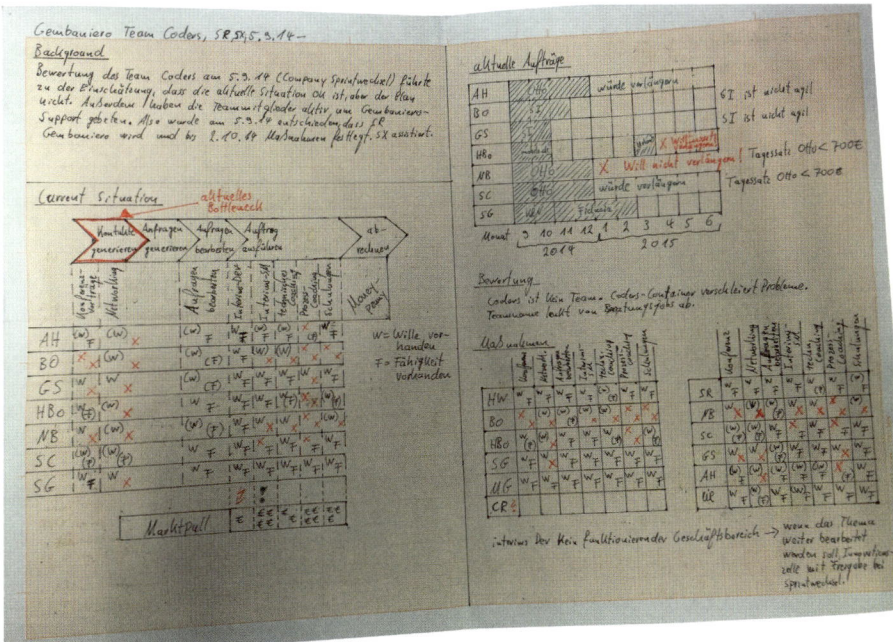

Abb. 5–14   *Beispielhaftes A3*

Außerdem soll die A3-Technik zu Gesprächen anregen. Es sollte mindestens ein Mentor vorhanden sein, um eine angemessene Reflexion sicherzustellen.

Wie bei anderen Toyota-Techniken auch haben viele Unternehmen die A3-Technik kopiert, ohne ihre Denkweise anzupassen. Ohne die passende Denkweise, die Fakten über Meinungen stellt und nach größtmöglicher Klarheit der Situation sucht, ist A3 nur ein Stück Papier. Die Einbettung in den Nordstern-Kontext und den PDCA-Zyklus ergibt hingegen ein stimmiges Bild.

5.6.7   Der Weg zum eigenen Nordstern

Um einen eigenen Nordstern zu finden, sind drei Schritte notwendig (siehe Abb. 5–15): Man muss zuerst festlegen, wie groß der Geltungsbereich des Nordsterns sein soll. Suchen wir einen Nordstern für ein Team, eine Abteilung, einen Geschäftsbereich oder für das ganze Unternehmen? Im zweiten Schritt brauchen wir Klarheit darüber, was das hergestellte Produkt bzw. der angebotene Service des ausgewählten Bereiches ist. Und ausgehend davon diskutiert man, wohin man die internen Strukturen und Prozesse optimieren müsste, um das Produkt bzw. den Service optimal herstellen oder anbieten zu können.

Abb. 5–15   *Auf dem Weg zum eigenen Nordstern*

Schritt 1: Klarheit über den betrachteten Geltungsbereich

Der Nordstern kann sich auf ein ganzes Unternehmen beziehen, auf einen Geschäftsbereich, einen Unternehmensteil oder ein Team. Zuerst sollte geklärt werden, für welchen Bereich der Nordstern gelten soll.

Schritt 2: Klarheit über das eigene Produkt bzw. den eigenen Service

Dann muss man sich darüber klar werden, was das hergestellte Produkt bzw. der angebotene Service ist.

Das Produkt bzw. der Service sollte sich vom Markt deutlich unterscheiden. Dafür helfen häufig ungewöhnliche Perspektiven. So sagt Starbucks über sich selbst, dass sie keinen Kaffee verkaufen, sondern einen Kurzurlaub. Für einen IT-Dienstleister macht es einen deutlichen Unterschied, ob man das Verleihen von »Ressourcen« als seinen Service ansieht oder das Entwickeln von Projekten oder gar meint, man stellt eine Entwicklergemeinschaft her, die Kunden bei der Problemlösung hilft.

Schritt 3: Vision für die internen Prozesse und Strukturen

Jetzt, wo wir Klarheit über das Produkt bzw. den Service haben, können wir uns mit der Frage der internen Prozesse und Strukturen beschäftigen. Dabei gehen wir davon aus, dass die Situation so komplex ist, dass wir die optimale Struktur und die optimalen Prozesse nicht vorab festlegen können. Wir suchen also nach einem unerreichbaren Idealzustand, den wir bei der schrittweisen Verbesserung der Strukturen und Prozesse anstreben.

Dazu sollten wir uns überlegen, wie die internen Prozesse und Strukturen aussehen müssen, damit wir das Produkt bzw. den Service überragend erstellen oder erbringen können.

5.7   Das Kapitel in Stichworten

- Man kann nicht sicher sagen, welche Konsequenzen eine bestimmte Änderung der Organisation hat.
- Der erste Anlauf für eine Veränderung hat selten direkt den erhofften Effekt.
- Veränderungen müssen iterativ angegangen werden.
- Welche Auswirkungen eine bestimmte Änderung hat, kann man nur dadurch lernen, dass man die Änderung ausprobiert.
- Für Veränderungen ist es notwendig, dass allen Beteiligten klar ist, warum man sich jetzt ändern muss (»sense of urgency«).
- Neben der Notwendigkeit der Veränderung muss die Richtung klar sein (»motivating vision«).
- Meist ist es sinnvoll, wenn sich eine Gruppe von Menschen darum kümmert, dass Veränderungen angestoßen und begleitet werden (Transitionsteam bzw. »guiding coalition«).
- Dieses Transitionsteam geht wiederum agil vor (meist nach Scrum oder Kanban).
- Veränderungen an der Organisation haben immer Experimentcharakter.
- Mit dem PDCA-Zyklus können Veränderungen trotzdem systematisch angegangen werden.
- Mit Safe-to-Fail-Experimenten kann dieses Ausprobieren so gestaltet werden, dass die Risiken akzeptabel sind.
- Transparenz über die Experimente hilft, viele Menschen in die Gestaltung und Durchführung von Experimenten einzubeziehen.
- Mit einem klaren Nordstern kann Alignment über Verbesserungsinitiativen hergestellt werden.
- Damit verschiebt sich die Frage weg vom »Was können wir ändern?« hin zum »Was müssen wir ändern?«. Dadurch bekommen Veränderungen mehr Schwung und eine gemeinsame Richtung.

Anhang

A User Research

Hier in den Anhängen findet der interessierte Leser tiefergehende Beschreibungen und Tipps zur Moderation von Design-Thinking-Prozessen, Design Sprints und Lean-Startup-Prozessen.

Im Kontext des 3-Horizonte-Modells ist der Einsatz von Design Thinking besonders in Horizont 3 sinnvoll – wir wollen eine steile Lernkurve zu den echten Bedürfnissen potenzieller Zielgruppen, um neue Produktideen zu generieren. Kurz vor dem Übergang von Horizont 3 zu Horizont 2 sind Lean-Startup-Prozesse geeignet. Zu diesem Zeitpunkt haben wir schon eine grobe Idee von den Bedürfnissen der potenziellen Kunden. Jetzt geht es darum, viele Annahmen kurzfristig zu verifizieren und die Produktausrichtung zu korrigieren.

In Horizont 2 bilden Design Sprints ein effektives Werkzeug, um Entscheidungen zum Produktdesign und einzelnen Funktionen zu beschleunigen. Im Gegensatz zum Design Thinking fehlt den Design Sprints die Empathiephase, was den Prozess weniger fuzzy und dadurch zielgerichteter werden lässt. Im Detail betrachten wir im Folgenden alle drei Werkzeuge aus der Perspektive eines Moderators. Als Manager können Sie diese drei Texte überspringen oder dem Moderator Ihres Vertrauens als Moderationsleitfaden an die Hand geben.

A.1 Design Thinking konkret

Design Thinking ist das Ergebnis einer Zusammenarbeit der Produktdesignfirma IDEO in Kalifornien mit der Universität Stanford. In Deutschland hält das Hasso-Plattner Institut in Potsdam die Design-Thinking-Flagge hoch und bietet Studiengänge an.

Design Thinking definiert fünf Schritte (siehe Abb. A–1), die iterativ durchlaufen werden.

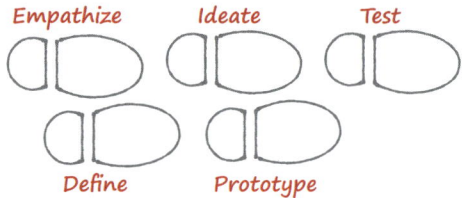

Abb. A–1   *Design-Thinking-Elemente*

Der entscheidende erste Schritt im Design Thinking ist das Aufbauen von Empathie für den Menschen – »**Empathize**«. Es geht um ein Kennenlernen und Einfühlen. Zuhören, Beobachten und Mitgehen sind entscheidende Schritte in dieser Phase. In dem auf YouTube verfügbaren kurzen Video [IDEO 2009] ist sehr schön zu beobachten, wie das Team von Produktentwicklern sich den Benutzern von Einkaufswagen emotional nähert.

Anschließend definiert das Team das Bedürfnis, das zu befriedigen ist – »**Define**«. Design Thinking spricht hier vom *Standpunkt*. Die Lernerfahrung aus dem ersten Schritt wird hier verdichtet zu einer Annahme über ein Kundenbedürfnis.

Im dritten Schritt – »**Ideate**« – öffnet das Team den Lösungsraum und skizziert mögliche Lösungsansätze. Hier wird insbesondere darauf geachtet, dass die einzelnen Ideen der Teammitglieder aufeinander aufbauen und miteinander verwoben werden.

Schließlich ist der Zeitpunkt gekommen, eine Lösung zu wählen und einen Prototyp zu entwickeln – »**Prototype**«. Der Prototyp ist üblicherweise sehr einfach z. B. aus Papier gestaltet. Der Fokus liegt immer noch nicht bei der technischen Lösung, sondern nach wie vor bei der Lernerfahrung.

Diese macht einen großen Schritt nach vorne beim fünften Schritt – »**Test**«. Das Team geht mit dem Prototyp in die Interaktion mit den potenziellen Kunden. Aus den überraschenden Interaktionen der Kunden mit dem Prototyp formen sich klarere Bilder. Vielleicht wird der Standpunkt aus dem zweiten Schritt infrage gestellt. Oder die Lösung passt noch nicht wirklich. Das ist die Gelegenheit für das Produktentwicklungsteam, alle oder einzelne Schritte erneut zu durchlaufen. Das Design-Thinking-Team wechselt – ja nach Lernerfahrung – ständig zwischen den fünf Schritten hin und her. Die oben geschilderten fünf Schritte sind nicht einmalig in dieser Reihenfolge zu durchlaufen, sondern eher wie Tanzschritte zu verstehen. Je nach Situation, Stimmung und Musik tanzen die Tänzer die eine oder andere Kombination (siehe Abb. A–2).

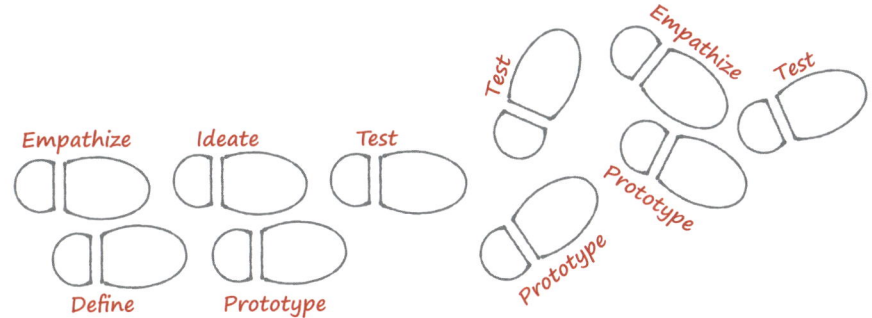

Abb. A–2   *Design Thinking als Tanzschritte*

Der ganze Prozess braucht einen Zeitrahmen, starke Moderation und einen defi-nierten Endzeitpunkt. Ansonsten kann das Team sich im Entwickeln immer neuer Ideen verlieren und wird kein Produkt zu Ende denken.

Um Design Thinking erfolgreich anzuwenden, braucht es drei Zutaten: ein Team, den Raum und den Prozess.

A.1.1   Team

Das Team sollte vom Grundansatz her aus sehr verschiedenen Persönlichkeiten, Fähigkeiten und Ausbildungen zusammengesetzt sein. Dahinter steht als positive Grundhaltung der Gedanke, dass jeder aus seiner Erfahrung und Sichtweise etwas Wertvolles zu dem Produkt beitragen kann. Mit der Diversifikation wird hoffentlich kein Aspekt des Produktes vernachlässigt. Schließlich besteht das Ziel beim Einsatz von Design Thinking darin, möglichst schnell viel über die Kunden und ihre Bedürfnisse zu lernen, um dann dazu passende Produkte bereitzustellen.

Um der Diversität ein gemeinsames Ziel zu geben, ist ein erfahrener Modera-tor notwendig – er hat die Aufgabe, zu erkennen, ob das Team gerade in einer Phase der Diversifikation von Ideen oder in einer Phase der Konsensbildung ist. Es braucht beides, ansonsten wird der Prozess erratisch und erreicht kein Ziel. Auch der Einsatz von Kreativitätstechniken zum richtigen Moment sowie ein Anstoß zur Einzelarbeit oder Gruppenarbeit wird vom Moderator initiiert.

Die Erfahrung zeigt, dass auch eine Mischung von Männern und Frauen für den kreativen Prozess gut ist. Genauso wie eine Altersmischung, um unterschied-liche Lebenserfahrungen einfließen zu lassen.

Fehlt dem Team die Diversität, kann man versuchen, dies durch Dialog mit Menschen außerhalb des Teams auszugleichen. Das ist ein Kompromiss, der allerdings den Prozess langsamer und schwerfälliger macht.

Das Design-Thinking-Team ist vom Ansatz her hierarchiefrei. Die Führung übernimmt in jeder Situation derjenige, der das gerade kann. Er dient kurzzeitig der ganzen Gruppe mit seinen Fähigkeiten. Der Moderator sorgt dafür, dass das Team jede Stimme wahrnehmen kann.

Checkliste für Design-Thinking-Team:

✔ Diversität in Persönlichkeiten

✔ Diversität in Ausbildungen

✔ Diversität in Fähigkeiten

✔ Altersmischung

✔ Hierarchiefreiheit

✔ Erfahrener Moderator

A.1.2   Raum

Für die gesamte Zeitdauer des Design-Thinking-Prozesses wird ein großer Raum mit verbundenen Nebenräumen reserviert. Das kreative Arbeiten braucht mehr Raumvolumen als normalerweise Arbeitsplätzen zugestanden wird. Üblicherweise nutzen wir zur Visualisierung Flipcharts, Whiteboards, Pinnwände und die Wände der Räume – auch eine Projektionsfläche mit leistungsstarkem Beamer ist wertvoll. Die Einrichtung ist mobil: Tische, Stehtische, Stühle, Hocker und andere Möbel können mit Rollen frei bewegt werden. Der Raum unterstützt eine freie, unbefangene Arbeitsatmosphäre.

Im Raum sind grundlegende Materialien wie z. B. Moderationskoffer und Bastelmaterialien für das Prototyping vorhanden. Alles Weitere kann schnell und unkompliziert besorgt werden. Dazu gibt das Unternehmen die nötige Erlaubnis und stellt Mittel dafür bereit.

Checkliste für Design-Thinking-Raum:

✔ Großer Raum

✔ Bewegliche Tische, Stühle und Möbel mit Rollen

✔ Visualisierung: Whiteboards

✔ Visualisierung: Pinnwände

✔ Visualisierung: Flipcharts

✔ Visualisierung: Beamer & Projektionsfläche

✔ Visualisierung: Nutzbare Wandfläche

✔ Moderationsmaterialien

✔ Timer und eine große Uhr

✔ Bastelmaterialien für Prototyping

✔ Finanzielles Budget für ergänzende Materialien beim Prototyping

A.1.3   Prozess

Zu Beginn des Kapitels hatten wir den Design-Thinking-Prozess mit seinen Schritten »Empathize«, »Define«, »Ideate«, »Prototype« und »Test« kennengelernt. Hier folgen ein paar Tipps für Moderatoren zu den einzelnen Schritten.

Kreatives Arbeiten in der Gruppe führt zeitweise zu einer sehr hohen Dichte von erzeugten Ideen und Annahmen. Die Aufgabe des Moderators ist es, in diesem Prozess solchen Phasen andere Phasen der Fokussierung auf wenige Ideen und Annahmen folgen zu lassen. Ansonsten zerfasert der Prozess dramatisch und die Menge an neuen Ideen erschlägt das Team und verhindert ein Ergebnis. Den Zeiträumen der Divergenz müssen Zeiträume der Konvergenz von Ideen folgen.

Beim Schritt »Empathize« nähern sich die Teammitglieder emotional an die Menschen an, für die eine Lösung entwickelt werden soll. Am besten bietet sich dafür ein direkter Kontakt zwischen Team und den Menschen an. Dieser Schritt kann eigentlich nicht nur in einem Besprechungsraum, weit weg von den potenziellen Kunden, passieren. Wie schon anfangs ausgeführt, geht es um ein Kennenlernen und Einfühlen. Zuhören, Beobachten und Mitgehen sind entscheidende Schritte in dieser Phase. Dazu sollte das Team, mit der entsprechenden Erlaubnis, den Lebensraum der Menschen betreten.

Dazu ein konkretes Beispiel: Wir haben vor einiger Zeit über ein Problem von Mitarbeitern im Einzelhandel nachgedacht. Um im Team Empathie entstehen zu lassen, haben alle Teammitglieder für jeweils einen Tag in einem der Geschäfte mitgearbeitet. Das war ein kleiner, aber wertvoller Schritt auf die echte Mitarbeitersituation zu. Vorher hatten wir die Läden nur aus der Kundenperspektive wahrgenommen. Der Perspektivwechsel war sehr wertvoll.

Für das Problem, das Sie mit Design Thinking lösen wollen, kann dieser Schritt natürlich ganz anders aussehen. Wichtig ist aber sicher der echte persönliche Kontakt von Team und späteren Nutzern für das Aufbauen von Empathie.

Während der erste Schritt den Lösungsraum aufgrund der unterschiedlichen Erfahrungen weit öffnet, folgt im »Define« eine konsensorientierte Phase. Als Moderator brauchen wir hier Methoden, um den Lösungsraum gezielt zu verkleinern, wie zum Beispiel gruppenorientierte Auswahlverfahren, Ein- oder Mehrpunktabfragen, dialogbasierte gemeinsame Priorisierung von Ideen und vieles mehr.

Das Team könnte sich auch auf einen »Entscheider« einigen, um so zu einer gemeinsamen Annahme über ein echtes Bedürfnis der Menschen zu kommen.

Wenn die Entscheidung sehr schwerfällt, könnte man mit bestimmten Fragen im Hintergrund noch mal einen Schritt zurücktreten und eine kurze »Empathize«-Phase einschieben. Dies ist die Entscheidung des Moderators. Er definiert die »Phasenübergänge« und erläutert die jeweils aktuelle Herausforderung dem Team.

Jetzt betritt das Team den kreativen Kernraum und erzeugt in kurzer Zeit Lösungsideen für das definierte Problem. Eigene Ideen dürfen und sollen auf den wilden Ideen der anderen aufbauen. Der Moderator achtet besonders darauf, dass in diesem Schritt keine Ideen kleingeredet oder abgewürgt werden. Bei IDEO hat Peter Skillman als Moderator eine kleine Glocke benutzt, um Teammitglieder zu erinnern, andere Ideen nicht kaputt zu machen. Knappheit von Ressourcen lässt Kreativität wachsen – als Moderator verknappe ich die Zeit und arbeite mit sehr kurzen Timeboxen von wenigen Minuten, um Ideen zu erzeugen.

Vom Moderator unterstützte Methoden wie »635« [Rohrbach 1969], paradoxe Intervention, Freak Position, Analogietechnik [Engel & Herstatt 2006], »Extreme Constraints«, semantische Intuition usw. helfen, den Lösungsraum sehr groß zu machen.

Im folgenden Schritt »Prototype« sind wir wieder konsensorientiert unterwegs. Mit wenig Zeit wird aus einfachen Materialien wie z.B. Papier oder Pappe schnell und einfach eine Lösung zur Interaktion mit dem Nutzer gestaltet. Zuvor muss das Team natürlich aus der Vielzahl von Ideen aus dem vorangegangenen Schritt eine oder zwei auswählen. Nicht vergessen: Der Fokus liegt immer noch nicht bei der technischen Lösung, sondern nach wie vor bei der Lernerfahrung. Der Prototyp soll uns zeigen, ob unsere Annahme aus dem »Define«-Schritt richtig oder falsch war und wie wir zu einem besseren Standpunkt kommen können.

Die Lernerfahrung erreicht ihren Höhepunkt bei der Interaktion der Menschen mit dem oder den Prototypen beim Schritt »Test«. Das ist eine spannende Herausforderung für den Moderator. Er muss erkennen, ob sich das Team dem Feedback der Kunden tatsächlich stellt. Eventuell wird der Standpunkt infrage gestellt. Dann sollten wir zu Schritt 2 zurückkehren. Oder die Lösung passt noch nicht wirklich gut. Dann könnte das Team über ein nächstes »Ideate« iterieren. Oder das Feedback zeigt uns, wie weit wir doch noch weg sind von den Menschen. Dann müssen wir noch mal ins »Empathize« eintauchen.

Das Design-Thinking-Team wechselt immer wieder zwischen den fünf Phasen hin und her. Das Team tanzt diese Schritte wie ein guter Tänzer, der sich vom Standard löst und seine eigenen Kombinationen tanzt. Der Moderator hilft mit seiner Erfahrung dem Team, mutig seinen eigenen Tanz zu erleben.

Der ganze Prozess braucht einen Zeitrahmen, einen definierten Endzeitpunkt und starke Moderation. Ansonsten kann das Team sich im Entwickeln immer neuer Ideen verheddern und kein passendes Produkt wird zu Ende gedacht.

A.2   Design Sprints

Design Sprints sind eine effektive Möglichkeit, Fragen rund um Kundennutzen, Produktfeatures und Kundensegmente im Lichte von Horizont 2 zu untersuchen. In seinem Buch [Knapp et al. 2016] beschreibt Jake Knapp mit seinen Kollegen von Google Ventures den Einsatz von 5-tägigen Design Sprints, um offene Fragen schnell und fokussiert zu klären. Im Zentrum stehen Beispiele, in denen schnell Antworten auf komplexe Fragen gefunden werden mussten.

Wir haben Design Sprints in Deutschland in der Automobilindustrie und bei einem Handelskonzern erfolgreich angewandt. Wenn das Unternehmen mutig genug ist, sich darauf einzulassen, steht am Ende meistens eine klare Antwort, ob das Produkt funktionieren wird und ob es den Kunden einen echten Nutzen bringen kann. Wenn die Antwort scheinbar unklar ist – dann würde ich mein Geld nicht dafür investieren und auch als Manager die Reißleine ziehen und nach etwas Spannenderem suchen.

Team

Design Sprints folgen fünf Schritten, die an fünf Tagen einer einzigen Woche ausgeführt werden. Der Erfolg hängt wesentlich davon ab, das richtige Team für diesen Zeitraum zusammen zu bekommen. Zunächst braucht es einen echten Entscheider. In einem kleinen Start-up wäre das tatsächlich der CEO und Gründer. In einem größeren Unternehmen muss man vielleicht etwas genauer hinschauen, vermutlich wird man aber dann doch auf der Ebene der Geschäftsleitung oder eine Managementebene darunter fündig. Und hier liegt schon die größte Herausforderung: Der Entscheider sollte seinen Kalender für fünf Tage frei räumen! Ansonsten hinkt der ganze Prozess. Damit ist klar, dass Design Sprints nicht ein ständiger Arbeitsmodus im Unternehmen sein können, sondern als Werkzeug gezielt bei der Findung neuer Produkte und Dienstleistungen in Horizont 2 eingesetzt werden.

Im Idealfall sollte das Team neben dem Entscheider aus einem Experten für Finanzen »Wie verdienen wir damit Geld?«, einem Experten für Marketing »Wie sagen wir's dem Kunden?«, einem Experten für die Kunden »Wer hat täglich Kundenkontakt?«, einem Experten für Technologie oder Logistik »Wer versteht am besten, was unser Unternehmen bauen und liefern kann?« und einem Designexperten »Wer designt die Produkte unserer Firma?« bestehen.

Jake Knapp empfiehlt, noch zwei weitere Personen hinzuzuziehen. Zum einen den »Troublemaker«, der vielleicht öfter die Kollegen mit anderen Sichtweisen herausfordert oder ein unkonventioneller Denker ist, und zum anderen den Moderator für den Sprint. Er bezieht keine Position und verfolgt im Prozess keine eigenen Interessen. Es kann wertvoll sein, jemanden Externes hinzuziehen, dann ist man sicherer, dass keine versteckten Interessen bedient werden, und die neutrale Rolle kann leichter eingenommen werden. Schließlich ist es sehr wahrscheinlich, dass es im Raum ein Hierarchiegefälle gibt. Es stärkt die Rolle des Moderators, wenn er dann kein Teil dieser Hierarchie ist.

Dieses Bild ist das idealtypische, das Jake Knapp entwirft. In der Praxis sind wir bisher jedes Mal von diesem Muster abgewichen – meistens ist das Unternehmen zu so einer Zusammenstellung nicht bereit. Im Wissen, dass wir etwas schwächer als möglich besetzt sind, haben wir mit dem Kunden zusammen trotzdem jedes Mal ein starkes Team zusammenstellen können.

Zeit und Raum

Einer der Erfolgsfaktoren im Design Sprint ist der absolute Fokus auf das eine Thema – keine Fragmentierung des Arbeitstages, keine Unterbrechungen. Das klingt wie ein Traum, oder? Unter solchen Bedingungen könnte ich auch mehr schaffen. Klar, das ginge jedem von uns so! Fünf Tage am Stück: Montag bis Freitag. Jake Knapp hat mit längeren und kürzeren Sprints experimentiert, aber bei kürzeren Sprints fehlte Zeit für Prototypen und Tests und bei längeren Sprints kam kein fühlbar besseres Ergebnis heraus.

Für den Raum gelten ähnliche Regeln wie beim Design Thinking: viel Fläche für die Visualisierung. Unser Kurzzeitgedächtnis ist dafür gemacht, schnell viel zu vergessen, aber unser räumliches Gedächtnis ist hervorragend im Lernen.

Und natürlich sollte der Raum die ganze Woche geblockt werden. Ein Raumwechsel kostet zu viel Zeit.

Vorlauf

Im Design Thinking ist der erste Schritt die emotionale Annäherung an den Kunden, indem Empathie aufgebaut wird. Im Modell der Design Sprints von Jake Knapp passiert dies nebenläufig – während der ganzen anderen Arbeit und am stärksten erst am letzten Tag beim Test mit den Kunden.

Wir haben gute Erfahrung damit gemacht, dem Design-Sprint-Team vor dem Sprint individuell einen Tag zum Aufbau von Empathie zur Verfügung zu stellen. Konkret hat jeder aus dem Team für einen Design Sprint bei einem Handelsunternehmen einen Tag in einer Filiale mitgearbeitet. Das hat verschiedene Schritte während des Sprints inspirierter und vielfältiger werden lassen.

Montag

Am ersten Tag kommt die gemeinsame Antwort auf die wichtigste Frage zuerst: »Warum tun wir das überhaupt? Wo wollen wir in sechs Monaten, einem Jahr oder fünf Jahren sein?«

Erst danach geht es weiter mit der Sammlung von Fragen, die wir beantworten wollen. Damit sollen Annahmen und Hindernisse für alle offensichtlich gemacht werden. Der Moderator hilft dem Team dabei, die Annahmen und Hindernisse als Fragen zu formulieren, denn diesen kann man leichter Artefakte, Prototypen und Tests zuordnen.

Anschließend erzeugt das Team eine einfache Karte, um die Customer Journey durch oder mit dem Produkt zu visualisieren. Später wird die Karte dem Team Orientierung geben, wenn es Prototypen und Tests baut. Die Karte zeigt den Kunden und alle anderen Personen und Systeme, mit denen er direkt interagiert. Außerdem visualisiert die Karte drei bis fünf wichtige Schritte, eventuell mit alternativen Pfaden für den Kunden, und das Ziel. Eine einfache Geschichte kann mit einem Blick erfasst werden.

Mit diesen Ergebnissen im Rücken interviewt das Team jetzt Experten, um das Problem aus verschiedenen Sichten kennenzulernen. Diese Experten können schon im Team sein, manchmal sind es aber auch andere Mitarbeiter im Unternehmen oder externe Experten. Das verteilte Wissen in den Köpfen der Experten soll jetzt zu gemeinsamem Teamwissen werden. Es gibt ein paar große Themen, die dabei berührt werden sollten: Strategie, Kundensicht, die Frage »Wie funktioniert das Produkt?« und Informationen über frühere Lösungsversuche.

Alle Teammitglieder machen sich während der Interviews individuell ihre Notizen. Und das Team passt falls nötig die zuvor gemalte Karte an.

Parallel sammelt das Team interessante Fragen, die alle mit »Wie könnten wir …?« beginnen. Entlang dieser Fragen wird das Team später weiterarbeiten. Die Fragen machen aus Problemen offensichtliche Chancen.

Am Ende der Interviews werden Gruppen von Fragen mit Überschriften zusammengestellt und über eine Mehrpunktabfrage ermittelt, welche Fragen das Team an den folgenden Tagen untersuchen will.

Zum Tagesabschluss formuliert das Team das Ziel des Design Sprints. Es sollte klar werden, wer der wichtigste Kunde und wo der kritischste Punkt in der Customer Journey ist. Wo liegen die größten Risiken und größten Chancen?

Das ist der Moment des Entscheiders – er sollte jetzt entscheiden. Falls er sich nicht in der Lage sieht, sich festzulegen, bezieht der Moderator das Team mit ein, um dem Entscheider zu helfen. Das Team muss am folgenden Tag mit einem Ziel weiterarbeiten. In jedem Fall wird das Team viel lernen – insofern darf der Entscheider gerne seinem Bauchgefühl folgen, wenn er die Entscheidung nicht logisch begründen kann.

Spätestens am Ende des Montags sollte auch klar sein, welche Art von Kunden das Team für den Test am Freitag braucht. Handelt es sich um ein Produkt für Endkunden, sollten Endkunden zur Verfügung stehen. Wenn es ein Produkt für die eigenen Mitarbeiter des Unternehmens ist, dann müssen freiwillige Mitarbeiter für den Test gefunden werden. Immer wenn wir mit Firmen Design Sprints durchgeführt haben, war dies schon vorher klar. Deshalb haben wir schon vor dem Beginn des Sprints die Freiwilligen für den Test rekrutiert.

Dienstag

Heute startet das Team zur Inspiration mit Mixen und Verbessern. Existierende Ideen aus anderen Anwendungen, anderen Fachdomänen oder anderen Produkten werden in kurzen drei Minuten dauernden Vorführungen präsentiert. Manchmal wurde ein ähnliches Problem schon mal im Unternehmen bearbeitet, aber aus verschiedenen Gründen nicht abgeschlossen. Oder es gab Ideen, die aus Zeitmangel nicht weiterverfolgt wurden. Jetzt kann das alles in aller Kürze auf den Tisch kommen.

Zur Auswahl und Vorbereitung macht das ganze Team eine Liste. Daraus wählt jedes Teammitglied eine Idee aus und bereitet in ca. 10 Minuten eine

3-Minuten-Präsentation vor: Das kann der Besuch einer Webseite sein, Ausschnitte aus einem Video, Vorführung eines Produktes oder ein paar wenige PowerPoint-Folien. Jedes Teammitglied wählt das Medium selbst. Bei der Präsentation wird »die zentrale Idee« formuliert und mit einer kleinen Skizze visualisiert, damit das Team später darauf zurückkommen kann.

Wenn die Zeit es erlaubt, wird noch eine zweite Runde gedreht, um die Zahl der präsentierten Ideen auf 10 bis 20 zu erhöhen.

Jetzt steht eine strategische Entscheidung an. Soll das Team ein Problem gemeinsam bearbeiten oder sich aufteilen? Die Antwort hängt ein bisschen von dem am Tag zuvor gewählten Ziel des Sprints ab. Wenn es hochfokussiert und ohne Nebenthemen ist, dann wird das Team als eins agieren. Das ganze Team berät darüber und entscheidet gemeinsam.

Jetzt kommen höchst kreative Momente. Jeder im Team wird jetzt alleine Lösungen skizzieren. Und mit Skizzieren ist tatsächlich Malen mit Papier und Faserschreiber gemeint. Das vorgeschlagene Verfahren hat vier Schritte:

1. In etwa 20 Minuten werden auf einem Blatt Papier **Notizen** zu Lösungen gemacht. Dafür dürfen alle Dinge und Information im Raum benutzt werden. Alle Aufzeichnungen und Post-ist, die jetzt die Wände zieren, sind möglicher Input.

2. Noch mal haben alle Teammitglieder 20 Minuten, um alleine auf einem anderen Blatt sehr grobe Skizzen von verschiedenen **Ideen** zu entwerfen.

3. Jetzt benutzt das Team die Methode »Crazy 8s« (Englisch: Crazy eights), um in 8 mal 60 Sekunden acht verschiedene **Variationen** einer Idee zu skizzieren. Dafür wird ein A4-Blatt dreimal kleiner gefaltet, damit man dann acht gleiche Felder zum Ausfüllen hat. Der Zeitdruck erhöht den Fokus dramatisch. Wenn einem keine Variante mehr einfällt, dann wird einfach die zweitbeste Idee mit Varianten gezeichnet. Und schon ist die Zeit um.

4. Im letzten Schritt nimmt man sich mindestens 30 Minuten Zeit, um die beste Idee auszuarbeiten. Am beliebtesten ist eine **Skizze** in drei Bildern, die eine Geschichte lebendig und detailliert erzählt. Diese Skizze wird am nächsten Tag mit allen anderen geteilt werden und sollte möglichst selbsterklärend und mit einem mitreißenden Titel versehen sein. Die Skizze kann hässlich aussehen, aber sie sollte detailliert, gut durchdacht und vollständig sein. Wenn die Skizze Worte enthält, sollten diese »echt« sein und nicht nur Schnörkel oder Blindtext. Denn auch die Worte tragen zum Sinn bei. Ein Senden-Knopf in einer Skizze könnte zum Beispiel das Wort »Senden« tragen. Dann wissen die Betrachter, was er tut, denn Klicken zum Ausprobieren geht ja auf Papier nicht.

Die fertigen Skizzen werden gesammelt und am Morgen des folgenden Tages von allen frisch und ausgeruht zum ersten Mal betrachtet.

Mittwoch

Jetzt, kurz vor der Mitte des Sprints, muss wieder eine Entscheidung gefällt werden. Das Team kann nicht alle skizzierten Lösungen vom Vortag als Prototyp realisieren und testen.

Der Entscheidungsprozess erfolgt in fünf Schritten, die helfen, fruchtlose Hin-und-Her-Diskussionen zu vermeiden. Der Moderator sollte mit den Details der Schritte vertraut sein. Hier hängt viel von seinem Können ab. Wir empfehlen die Lektüre von Jake Knapps Buch »Sprint« [Knapp et al. 2016] – es steckt voller praktischer Hinweise für Moderatoren. Aus Platzgründen gehen wir hier nicht so ins Detail, wie Jake es in seinem Buch machen kann.

1. Alle **Lösungsskizzen** werden nebeneinander an Pinnwände oder die Wand gehängt.

2. Das Team erstellt eine »**Heatmap**«: Dann betrachten die Teammitglieder die Lösungen schweigend und markieren mit Klebepunkten interessante Details der Lösungen. Man markiert direkt in den Skizzen die spannenden Details und nicht irgendwo am Rand oder einer Ecke der Skizze. Sollte jemand eine Frage haben oder ein Problem bei der Lösung sehen, schreibt er die Frage auf ein Post-it und hängt sie unter die Skizze.

3. Sehr kurz wird über die **herausragenden Ideen** in den Lösungsskizzen gesprochen und die Ideen mit einem Stichwort auf extra Post-ist geschrieben, die über den Skizzen platziert werden.

4. Jedes Teammitglied bekommt einen großen Klebepunkt und 10 Minuten Bedenkzeit. Dann schreibt sich jeder seine **favorisierte Lösungsskizze oder Idee** in einer Lösungsskizze auf. Gleichzeitig werden die Klebepunkte platziert und anschließend hat jeder etwa eine Minute Zeit, seine Entscheidung zu erläutern.

5. Im letzten Schritt des Prozesses **platziert der Entscheider** drei speziell markierte Klebepunkte. Nur was er auswählt, wird auch in den Prototyp einfließen und am Freitag getestet werden.

In den fünf Schritten geht es nicht um eine demokratische Abstimmung. Es geht darum, dem Entscheider im Unternehmen eine möglichst fundierte Basis für **seine** Entscheidung zu geben. In bisherigen Verfahren wäre er ja auch derjenige, der nach der Beratung mit seinen Kollegen alleine eine Entscheidung fällen muss.

Sollten mehrere Lösungsskizzen vom Entscheider ausgewählt worden sein, versucht das Team, diese in einen Prototyp zu integrieren. Wenn das nicht möglich ist, ergibt sich eine fantastische Chance: Zwei Prototypen gehen parallel in den Test am Freitag und das Unternehmen bekommt eine gute Antwort darauf, was die bessere Lösungsidee ist.

Am Nachmittag des Mittwochs erstellt das Team ein Storyboard. Diesmal besteht es aus etwa 12 bis 15 Karten. Die Interaktion des Kunden mit dem Produkt ist in einzelnen Schritten dargestellt. Unklare Punkte im »Was?« werden jetzt angesprochen und diskutiert – sodass das Team am Donnerstag den Fokus auf die Umsetzung, das »Wie?«, richten kann.

Die einzelnen Karten des Storyboards werden üblicherweise von derselben Person gezeichnet. Sie führt den Stift und hört dabei auf das ganze Team, das mit ihr vor dem Board steht.

Ein paar Grundsätze helfen dabei, bis zum Ende des Tages fertig zu werden:

- Die Interaktion der Kunden mit dem Prototyp sollte nicht länger als 15 Minuten dauern. Die Beschränkung dient dazu, den Test handhabbarer zu machen, und hilft dem Team, jetzt bei den wichtigsten Ideen zu bleiben.
- Im Zweifel sind eher risikoreiche Ideen einzubauen. Die kleinen Verbesserungen kann man im Produkt später selbst ausprobieren.
- Schwarz-Weiß reicht völlig aus, um das Ziel zu erreichen. Verzichten Sie auf Farben – die können Sie gerne im Prototyp verwenden.
- Es dürfen keine neuen Ideen eingebaut werden. Dafür waren die letzten 2 ½ Tage da.
- Texte sollten nicht in der Gruppe gemeinsam formuliert werden. Nur die Überschriften und ein paar Worte zur Orientierung. Der Rest passiert im Prototyp.
- Das Storyboard sollte grundlegende Fragen beantworten, die kleinen Details kann man dem Prototyp am folgenden Tag überlassen.
- An schwierigen Stellen überlässt das Team die Entscheidung dem Entscheider. Vielleicht lassen sich die Ideen doch nicht so gut integrieren und dann sollte das Team schnell zu einem Entschluss kommen.

Donnerstag

Heute wird das Design-Sprint-Team alle Vorbereitungen für den Test am kommenden Tag abschließen. Insbesondere wird es den Prototyp gestalten.

Im Kern ist der Prototyp wie eine Kulisse beim Film: großartig anzuschauen, aber nix dahinter. Und vom Film lernen wir auch: Alles kann als Prototyp realisiert werden. Und für den Kinogänger, in unserem Fall der Kunde, sollte die Kulisse glaubhaft und echt wirken. Bei unserem letzten Design Sprint haben wir vor dem Test deutlich erklärt, dass das Gerät eine bestimmte Funktion nur simuliert. Die Nutzer haben trotzdem mehrfach versucht, die Funktion im Test anzuwenden. Da wussten wir: Unser Prototyp funktioniert.

Das Team sollte nicht vergessen, dass der Prototyp nach dem Test weggeworfen wird. Verlieben ist also nicht drin, denn dann würde viel zu viel Zeit und Energie in dieses kleine Stück zukünftigen Mülls fließen.

Am Freitag ist eine gute Lernerfahrung gefragt. Nur das, was dafür wirklich nötig ist, realisiert das Team auch.

Das Grundrezept für diesen Tag ist einfach und besteht aus 4 Schritten:

1. Das Team wählt die richtigen Werkzeuge für den Prototyp aus. Einen App-Prototyp für ein iPhone tatsächlich zu programmieren ist schwierig und langsam. Mit dem Präsentationsprogramm Keynote lassen sich aber in wenigen Stunden Bilder für ein iPhone bauen, die aussehen wie eine App. Das ist die Art von Abstraktion, die jetzt nötig ist. Mit welchem Werkzeug bekommt man eine glaubhafte Kulisse hin? Am Filmset sind die Dinge auch nicht das, was sie darstellen.

2. Anschließend teilt sich das Team auf und löst verschiedene Aufgaben einzeln oder in Zweierteams. Es gibt Aufgaben rund um die physikalische Erstellung des Testobjekts. Dann müssen passende Texte vorhanden sein. Jemand kümmert sich um eine nahtlose Interaktion mit dem Kunden. Und natürlich braucht es einen Interviewer, der den Kunden durch den Test begleitet. Ein Verantwortlicher für das Zusammenstellen der »Requisiten« für den Test sorgt dafür, dass am Freitag nichts fehlt.

3. In diesem Schritt werden alle Elemente zu einem Testsetup zusammengefügt.

4. Dann folgt der letzte Schritt mit dem Testlauf. Ein Teammitglied oder ein spontaner Kollege aus der Firma spielt einen Kunden. Der Interviewer führt das Interview so realistisch wie möglich. Danach sollte noch Zeit für Nachbesserungen sein. Üblicherweise fällt beim Testlauf noch das eine oder andere unrunde Detail ins Auge.

Jetzt ist alles bereit – der große Tag kann kommen.

Freitag

Heute finden die Interviews statt. Von der verfügbaren Zeit her ist es realistisch, etwa fünf Interviews einzuplanen. Kürzer als 30 Minuten macht ein Design-Sprint-Interview wenig Sinn – bei mehr als 60 Minuten fügt man wenig Mehrwert hinzu. Aus der Erfahrung wissen wir, dass fünf Interviews auch ausreichend sind, um wesentliche Probleme offenzulegen.

Bei unserem letzten Design Sprint hatten wir 30 Minuten pro Interview geplant mit kurzen Fahrtzeiten dazwischen, weil wir die Kunden in ihrer natürlichen Umgebung interviewen wollten. Nach kurzer Einführung nahm sich der Interviewer etwas weniger als 15 Minuten Zeit für den Test. Die Kunden sollten zwei kleine Aufgaben mit dem Prototyp lösen. Danach folgte ein Gespräch mit wenigen offenen Fragen zum Kundenerlebnis sowie ein Kano-Interview mit einem Satz von vielen sehr strukturierten, aufeinander aufbauenden Fragen. Am Abend zuvor erschien uns die Menge an Fragen noch zu groß. Beim Einsatz am Freitag war das dann aber gar kein Thema mehr.

Man kann die Kunden zu den Interviews auch in die Arbeitsräume einladen – bei diesem Setup ist es für das Team leichter, in einem Nebenraum per Videoübertragung den Kunden zu beobachten. Die Situation ist auch für den Kunden entspannter, denn er hat nur den Interviewer mit sich im Raum. Im Nebenraum kann das ganze Team sich während des Interviews mit schwarzen Stiften auf Post-its Notizen machen. Diese können dann innerhalb von wenigen Minuten nach dem Interview am Whiteboard gruppiert und strukturiert werden.

Bei unseren Kundenbesuchen haben sich einfach zwei Beobachter mit Clipboards neben die Interviewsituation gestellt und Notizen gemacht. Die Notizen wurden nach allen Interviews ab 16 Uhr gemeinsam untersucht und das Ergebnis herausgearbeitet.

Es ist sehr wichtig, dass der Interviewer dem Tester erklärt und auch das Gefühl vermittelt, dass wir ein Produkt testen und nicht ihn prüfen. Sobald das Interview in eine Prüfungssituation kippt, hat es viel weniger Wert. Mit echter Empathie für den Kunden macht der Interviewer einen guten Job und kann den »Prüfungsstress« eher umgehen.

Ergebnis

Wie auch immer das Ergebnis aussieht – es wird ein Erfolg sein. Der Design Sprint ermöglicht es, in kurzer Zeit sehr viel zu lernen. Für das Produkt bedeutet es entweder eine Bestätigung für einen eingeschlagenen Kurs oder sehr viel häufiger mehr oder minder starke Kurskorrekturen. In frühen Phasen der Produktentwicklung können diese Korrekturen über den Erfolg des Produktes entscheiden.

Ein eher indirektes Ergebnis ist die leicht geänderte Haltung der Teammitglieder dem Kunden gegenüber. Mit jedem Sprint wächst der Kundenfokus und die Empathie. Die Teammitglieder wollen Produkte für begeisterte Kunden bauen – und begeisternde Produkte entstehen aus dieser offenen dem Kunden zugewandten Haltung.

A.3   Lean Startup

Der Lean-Startup-Ansatz geht davon aus, dass sich das Risiko bei der Entwicklung von Softwareprodukten verschoben hat. Während früher ein großes Risiko darin bestand, das Produkt überhaupt in einem realistischen Zeitraum entwickeln zu können, stellt sich heute viel stärker die Frage, ob das Produkt überhaupt entwickelt werden sollte.

Entsprechend bringt der Lean-Startup-Ansatz Vorgehensweisen und Techniken mit, um sehr früh herauszufinden, ob sich eine Produktentwicklung lohnen kann und wie das Produkt dann konkret aussehen sollte. Dieser Abschnitt führt in die Lean-Startup-Grundlagen ein, diskutiert unsere konkreten Erfahrungen mit dem Ansatz und nimmt eine kritische Einordnung vor.

A.3.1   Die Historie und das Umfeld

Bekannt geworden ist Lean Startup durch das gleichnamige Buch von Eric Ries (siehe [Ries 2011]), das stark beeinflusst wurde durch die Arbeiten von Steve Blank (siehe [Blank 2005] und [Blank & Dorf 2012]). Heute gibt es darauf aufbauende Arbeiten verschiedener Autoren (z.B. [Maurya 2012]) und Integrationsansätze mit Design Thinking, Scrum und Kanban.

Wie der Name schon sagt, entstammt das Vorgehen aus dem Bereich der Start-ups. Allerdings sieht Eric Ries den Einsatzbereich deutlich weiter und definiert in seinem Buch ein Start-up als »Produktentwicklung unter hoher Unsicherheit«. Damit spricht der Lean-Startup-Ansatz auch große etablierte Unternehmen an, wenn diese neue innovative Produkte entwickeln wollen.

A.3.2   Kundenbedürfnisse verstehen und Lösung validieren

Zunächst geht es darum, die Bedürfnisse und Probleme der Kunden zu verstehen und einen sogenannten »Problem/Solution-Fit« herzustellen: Eine Lösungsskizze, die das Kundenbedürfnis befriedigt bzw. das Kundenproblem löst. Die Validierung erfolgt über Feedback der Kunden.

Für die Validierung arbeitet Lean Startup mit Experimenten. Wir definieren zunächst, was wir lernen wollen: Welche Annahme möchten wir validieren? Ausgehend von dieser Annahme überlegen wir, wie wir feststellen können, ob sie zutrifft: Welche Daten benötigen wir dazu und wie können wir sie messen? Und ausgehend davon definieren wir, was wir dafür bauen müssen.

Anschließend durchlaufen wir den so definierten Build-Measure-Learn-Zyklus (siehe Abb. A–3). Wir entwickeln das, was wir brauchen, um die Messung durchführen zu können. Auf Basis der Daten aus der Messung lernen wir dann, ob unsere Annahme valide war. Daraus generieren wir neue Ideen für Annahmen und das Ganze beginnt von vorn.

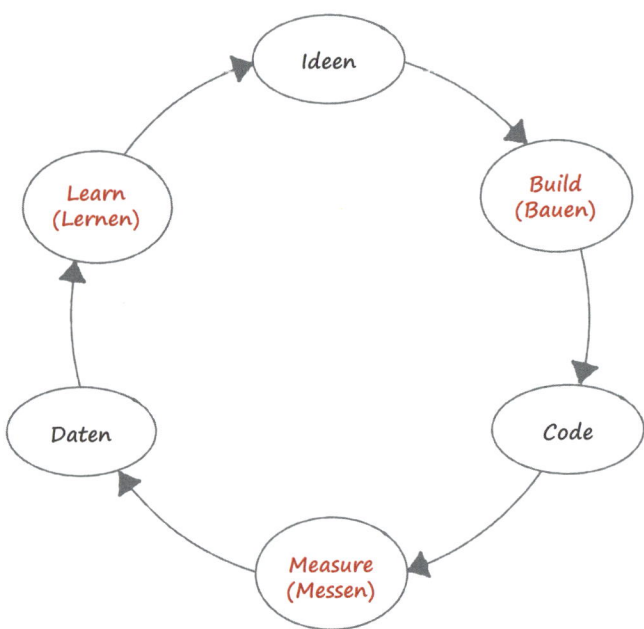

Abb. A–3   *Build-Measure-Learn-Zyklus*

Man geht davon aus, dass man mehrfach iterieren und teilweise komplett neue Wege einschlagen muss, um einen passenden »Problem/Solution-Fit« zu erreichen. Entsprechend sollen diese Iterationen möglichst kurz sein und möglichst wenig Aufwand verursachen.

Daher entwickelt man hier noch nicht das Produkt. Man arbeitet primär mit Interviews und auf jeden Fall mit direktem Kundenkontakt. Steve Blanks erste und wichtigste Empfehlung lautet:

»*Get out of the building!*«

A.3.3   Den Markt validieren

Ist man sich einigermaßen sicher, dass die Lösungsidee das Kundenbedürfnis befriedigt, stellt sich die Frage, ob sich daraus ein wirtschaftlich erfolgreiches Produkt entwickeln lässt. Daher prüft man jetzt, ob der Markt für das Produkt ausreichend groß ist und wie mögliche Finanzierungsmodelle aussehen können. Man versucht einen »Product/Market-Fit« zu erreichen, also ein Produkt, das zum Markt passt.

Auch hier wird wieder mit Experimenten und dem Build-Measure-LearnZyklus gearbeitet. Jetzt wird bei der Validierung produktnäher vorgegangen. Es kommen sogenannte »minimal brauchbare Produkte« (Minimum Viable Product – MVP) zum Einsatz.

Wieder versuchen wir, möglichst schnell und mit möglichst wenig Aufwand zu lernen, ob ein »Product/Market-Fit« möglich ist und wie dieser aussehen kann.

A.3.4   Minimum Viable Product (MVP)

Das MVP soll »minimal brauchbar« sein. »Minimal brauchbar« bedeutet hier, dass das MVP nur das Notwendigste enthält, um die *Annahme zu überprüfen*. Ob das Produkt für den Kunden bereits einsetzbar ist, spielt hier noch keine Rolle.

MVPs können sehr unterschiedlich ausfallen:

- Ein Papier-Prototyp (Paper Mockup), den man persönlich mit potenziellen Kunden diskutiert.
- Ein Video, das die Benutzung des noch nicht existierenden Produktes zeigt. (Diesen Ansatz hat beispielsweise Dropbox gewählt.)
- Ein paar statische Webseiten zusammen mit dem manuellen Erbringen der Leistung. Das nennt man dann Concierge MVP. (Diesen Ansatz hat beispielsweise Zappos eingesetzt.)
- Ad-Words-Kampagnen können prüfen, ob ausreichend viele Kunden sich für das Produkt interessieren, auch wenn der Link dann auf eine Landing-Page ohne Produkt oder sogar nirgendwohin führt.
- Prototypische Implementierungen, die tatsächlich verwendet werden können.

MVPs werden über die Zeit produktnäher und erreichen eine größere Zielgruppe. Abbildung A–4 zeigt eine Übersicht üblicher MVPs und klassifiziert diese entlang der zwei Dimensionen »Produktnähe« und »Reichweite (Anzahl Kunden)«. Die Produktnähe beschreibt, wie nah oder ähnlich das MVP dem endgültigen Produkt ist. So ist eine Skizze der Benutzungsoberfläche auf einer Serviette deutlich weiter weg vom späteren Produkt als ein Software-Prototyp. Je näher das MVP dem endgültigen Produkt kommt, desto ähnlicher ist die Nutzererfahrung (User Experience) und desto valider ist das mit dem MVP generierte Feedback. Die Reichweite beschreibt, von wie vielen Kunden mit dem MVP Feedback eingeholt werden kann. Einen Papier-Prototyp zeigt man in der Regel nur 5 bis 10 Kunden. Eine Google-Ad-Words-Anzeige bekommen mitunter Hunderttausende von potenziellen Kunden zu Gesicht.

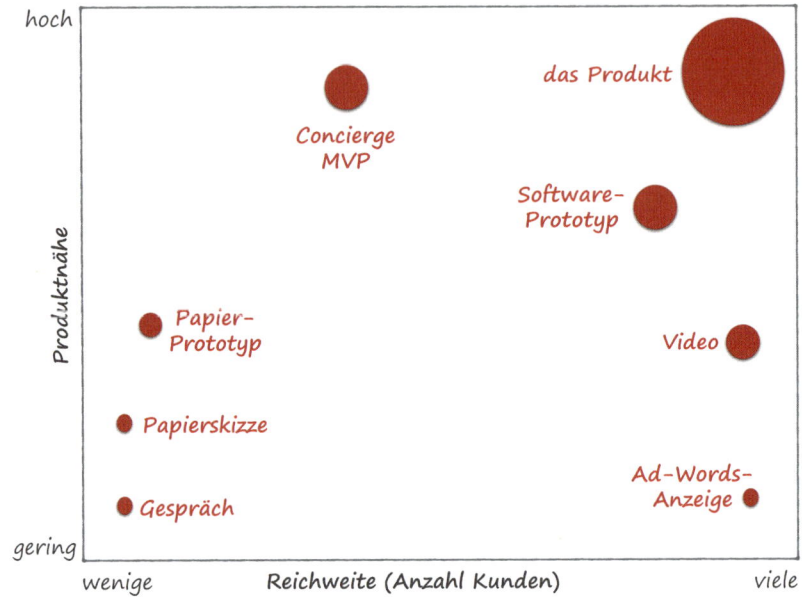

Abb. A–4   MVPs (Minimum Viable Products)

Neben der Produktnähe und der Reichweite ist für die Auswahl des passenden MVP der Aufwand und die Zeit relevant, bis verwertbares Feedback eintrifft (in Abb. A–4 visualisiert durch die Größe der Kreise). Der Charme an einem Papier-Prototyp gegenüber einem laufenden System liegt im geringen Erstellungsaufwand sowie der Geschwindigkeit, in der nützliches Feedback generiert werden kann. Sobald man ein paar Interessenten an der Hand hat, lassen sich mit Papier-Prototypen Feedbackzyklen im Bereich von Stunden erreichen. Mit der passenden Technologie kann man zwar auch in diesem Bereich Releases live ausrollen (Flickr veröffentlicht beispielsweise mehr als 10-mal pro Tag neue Produktversionen). Allerdings dauert es Tage bis Wochen, bis man aus dem Nutzungsverhalten verwertbares Feedback erhält.

Also wird man am Anfang der Entwicklung mit leichtgewichtigen, schnellen Low-Fidelity-MVPs arbeiten, die qualitatives Feedback einholen, und mit eingeschränkter Produktnähe leben. Wenn man mit diesen MVPs für eine kleine Menge von Kunden validiert hat, dass die Lösungsidee das Kundenbedürfnis adressiert (Problem/Solution-Fit), dann investiert man schrittweise mehr Zeit und Aufwand, um eine größere Kundengruppe zu erreichen und eine produktnähere Nutzungserfahrung zu erlauben. Durch das Erreichen einer größeren Benutzergruppe arbeitet man dann am »Product/Market-Fit«.

A.3.5   Pivots

Man muss davon ausgehen, dass die meisten der eigenen *Annahmen* nicht zutreffen (sonst bräuchte man einen Einsatz wie Lean Startup nicht). Also stellt sich die Frage, was aus invalidierten Annahmen folgt. Lean Startup spricht hier von »Pivot«. Ein Pivot ist übersetzt ein Sternschritt, wie er im Basketball verwendet wird. Ein Fuß verändert seine Position, während der andere an seiner Position stehen bleibt. Die Entsprechung im Lean Startup sieht so aus, dass man beim Pivot einen Teil seiner Produktstrategie ändert, aber nicht die ganze Strategie oder gar die ganze Produktvision über Bord wirft. Allerdings geht es auch nicht einfach um die Optimierung des Produktes (siehe Abb. A–5).

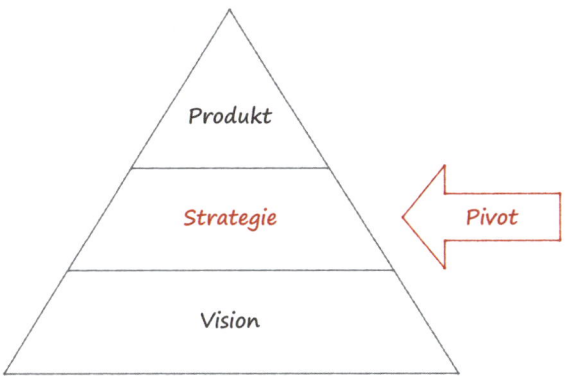

Abb. A–5   *Pivots betreffen die Strategie.*

Es gibt eine ganze Reihe von unterschiedlichen Pivot-Typen (die ausführlicher in [Ries 2011] beschrieben sind), z.B.:

- **Zoom-in-Pivot**
  Es wird nur noch ein Teil des ursprünglichen Produktes betrachtet. Bei Flickr war das Hochladen und Teilen von Bildern ursprünglich nur ein nebensächlicher Aspekt des Produktes. Man hat dann festgestellt, dass dieser Teil sehr intensiv genutzt wurde, und hat ihn ins Zentrum gestellt.

- **Zoom-out-Pivot**
  Entsprechend kann das Produkt auch erweitert werden und das ursprüngliche Produkt wird zu einem kleinen Teil im neuen Produkt.

- **Kundengruppen-Pivot**
  Es wird dasselbe Produkt für eine andere Kundengruppe platziert als ursprünglich geplant.

A.3.6   Skalierung

Erst wenn »Problem/Solution-Fit« und »Product/Market Fit« validicrt wurden,
werden größere Summen investiert. Dann geht es darum, in möglichst kurzer Zeit
ein überzeugendes Produkt an den Kunden zu bringen. Entsprechend werden
teure Marketingkampagnen, große Entwicklungsteams etc. erst zu diesem Zeitpunkt beginnen.

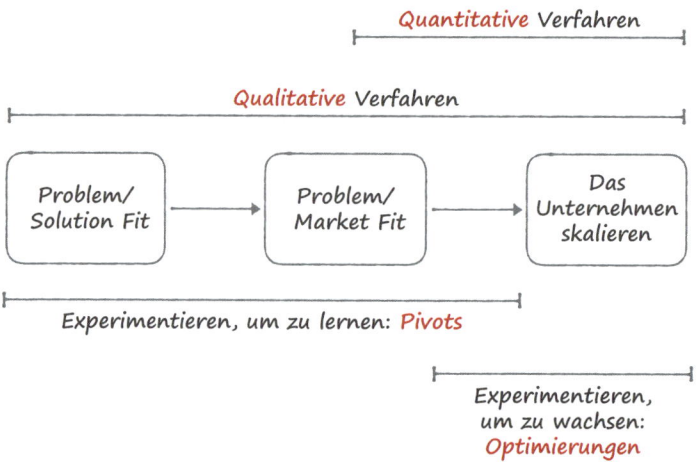

Abb. A–6   *Lean-Startup-Lebenszyklus*

Wenn es tatsächlich um ein Start-up geht, ist der Übergang von der Validierung
zur Skalierung in der Regel durch die Finanzierung des ganzen Vorhabens
gekennzeichnet. Auch diese Finanzierung ist auf die Entwicklung innovativer
Produkte in großen Unternehmen übertragbar. Für die Validierung von Kundenbedürfnissen und Markt wird nur sehr wenig Geld und Zeit investiert. Erst wenn
die Validierung Erfolg versprechende Ergebnisse liefert, wird über die Investition
größerer Summen entschieden.

A.3.7   Fallbeispiel bei it-agile

Im März 2012 führten wir bei it-agile mit sieben Kollegen einen Selbstversuch
durch. Wir gründeten ein Start-up mit dem Ziel, Online-Entscheidungen zu ver-
einfachen. Wir haben zwei Produkte an den Markt gebracht (*http://discume-
ter.com* und *http://discuss2decide.com*) und dabei viel gelernt. Die wichtigsten
Lerneffekte waren:

- Wir trennten uns für den Selbstversuch auch räumlich von den it-agile-Kollegen und richteten uns in einem Satellitenbüro ein. So konnten wir störungsfrei
arbeiten und uns ganz auf unser Ziel konzentrieren.

▦ Wir versuchten sehr früh, mithilfe statistischer Daten Annahmen zu validieren. Allerdings hatten wir viel zu wenig Benutzer, als dass die Daten aussagekräftig sein konnten. Als wir das erkannt hatten, legten wir einen viel stärkeren Fokus auf qualitative Auswertungen und befragten persönlich Benutzer und Interessenten. Letztlich haben wir dadurch viel schneller und mehr über die Kunden und den Markt erfahren.

▦ Unsere Experimente waren häufig viel zu groß und zu unspezifisch. So ist eine der Annahmen in Discuss2Decide, dass Kategorien Diskussionen besser strukturieren und so leichter Entscheidungen gefällt werden können. Wie soll man das messen? Wie lange sollte so ein Experiment laufen? Experimente müssen schnell durchzuführen sein und schnell zu Ergebnissen führen. Entsprechend muss man häufig die Annahmen, die man prüfen will, kleiner schneiden. »Wir finden in 24 Stunden mindestens einen Anwender, der Kategorien für nützlich hält« ist viel kleiner und führt schneller zu Lernerfolgen.

▦ Wir hatten häufig nicht den Mut, unsere Annahmen als ungültig zu definieren. Nur weil wir in 24 Stunden niemanden finden, der Kategorien für nützlich hält, heißt das ja nicht, dass sie nicht doch nützlich sind. Experimente müssen eine Deadline haben, damit man sich die Ergebnisse nicht irgendwie schönredet und Experimente nie beendet werden. Wenn die Deadline erreicht ist und die Annahme in dieser Zeit nicht validiert wurde, sollte man das Experiment beenden.

▦ Es ist anspruchsvoll, einerseits schnell MVPs zu erstellen und gleichzeitig die technische Qualität dabei ausreichend hoch zu halten, sodass auf derselben Basis noch weitere MVPs entwickelt werden können. Hier hilft es definitiv, wenn nur wenige MVPs gleichzeitig aktiv sind.

Details finden sich unter [Roock 2012].

A.3.8   Fazit zu Lean Startup

Lean Startup rückt die Frage in den Vordergrund, welche Produkte überhaupt entwickelt werden sollten und wie mit ihnen tatsächlich Geschäftswert geschaffen werden kann. Der dazu von Lean Startup verwendete Ansatz dreht sich im Wesentlichen um Annahmen und Experimente, mit denen wir unsere Annahmen darüber, was Wert schafft, schnell prüfen können. Der Fokus liegt auf schnellem Lernen und Anpassen der Strategie, um zum Produkterfolg zu kommen. Damit hat Lean Startup das Potenzial, einen wichtigen Beitrag zur Weiterentwicklung unserer Industrie zu liefern.

   Lean Startup ist aber kein eigenständiger Ansatz, der prinzipiell in Konkurrenz zu anderen agilen Ansätzen wie Scrum, Kanban oder eXtreme Programming steht. Stattdessen steht Lean Startup orthogonal zu diesen Ansätzen und macht zu vielen Aspekten keine Aussagen, die Scrum oder Kanban adressieren. Auf der anderen Seite ist Lean Startup deutlich mehr als ein wenig Zuckerguss, mit dem man sein existierendes Vorgehen verziert. Die Integration in Scrum und Kanban ist anspruchsvoll.

Eric Ries fordert beispielsweise ein vollständig cross-funktionales Team, das alle notwendigen Entscheidungen fällen und selbst umsetzen kann. Das bedeutet für die meisten Scrum- und Kanban-Teams, dass sie deutlich stärker in Richtung User Experience befähigt werden müssen und der Product Owner viel enger mit dem Team oder besser noch direkt im Team arbeiten muss.

Bei all dem Fortschritt, den Lean Startup bedeuten kann, sollte man nicht verkennen, dass Lean Startup im Moment ein Hype-Thema ist und entsprechend überzogene Erwartungen im Raum stehen. Man sollte sich darüber im Klaren sein, dass Lean Startup alleine nicht zu erfolgreichen Produkten führt. Der ganze Ansatz macht keine Aussagen darüber, wie man konkret zu Erfolg versprechenden Ideen kommt. Im Grunde wird »nur« eine sehr effektive Technik an die Hand gegeben, mit der man herausfinden kann, welche Produktideen nicht Erfolg versprechend sind.

A.4   Das Kapitel in Stichworten

- Design Thinking hilft dabei, innovative neue Lösungsansätze in Gruppen auszuarbeiten.

- Lean Startup unterstützt darin, Annahmen über Kundenbedürfnisse, Lösungsansätze und den Markt in kurzer Zeit zu überprüfen.

B Große Produkte mit dem LeSS-Framework entwickeln

In Kapitel 4 haben wir das Thema der agilen Skalierung angerissen. In diesem Anhang skizzieren wir das LeSS-Framework, dessen Skalierungsansatz gut zu der Idee kundenwertoptimierender Teams passt.

Dieser Anhang beschreibt die grundsätzliche Haltung von LeSS, die verwendeten Prinzipien sowie die grundlegenden Strukturelemente. Eine detaillierte LeSS-Beschreibung findet sich in [Larman & Vodde 2017].

B.1 Veränderung folgt Notwendigkeiten

Das LeSS-Framework (Large-Scale Scrum) stellt agile und Lean-Werte und Prinzipien ins Zentrum. Als methodischer Rahmen wird Scrum verwendet und minimal erweitert. Darüber hinaus haben Larman und Vodde unzählige Praktiken als Experimente beschrieben, die helfen können, konkrete Probleme zu lösen. Sie plädieren ganz deutlich dafür, eine Praktik nur anzuwenden, wenn sie wirklich ein Problem löst. Ebenso wie wir in diesem Buch schlagen auch Larman und Vodde vor, die Einführung konkreter Praktiken als Experimente zu begreifen und mit entsprechender Reflektion zu begleiten (siehe [Larman & Vodde 2017], [Larman & Vodde 2010] und [Larman & Vodde 2009]).

B.2 Agile Skalierungsprinzipien nach LeSS

LeSS orientiert sich an zehn Prinzipien, die in Abbildung B–1 dargestellt sind.

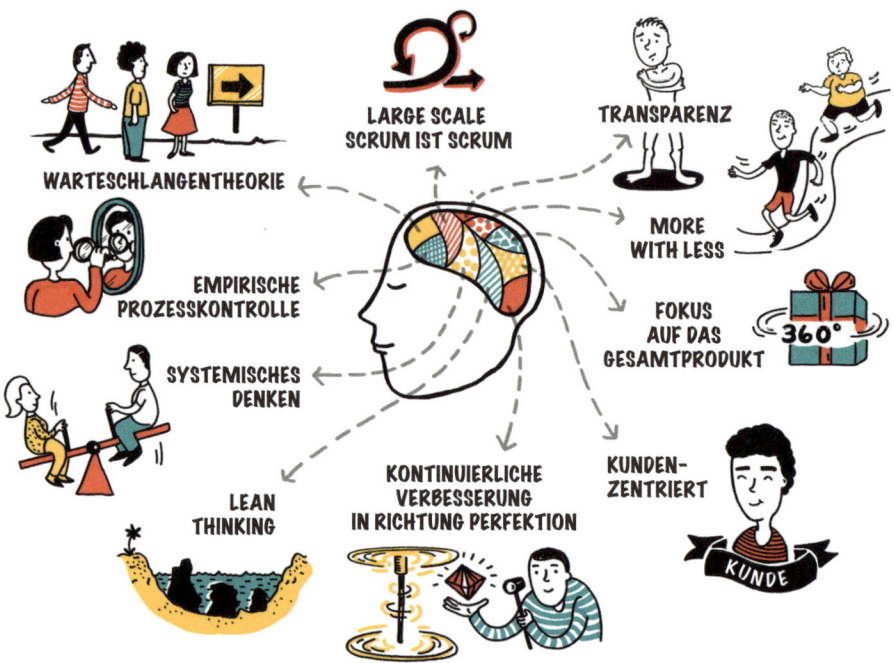

Abb. B–1   LeSS-Prinzipien [Larman & Vodde 2017]

Wir greifen hier exemplarisch die drei Prinzipien *Transparency*, *Customer Centric* und *More with Less* heraus.

Prinzip: Transparency (Transparenz)

Transparenz ist ein wichtiges agiles Grundprinzip. Auf Skalierung angewendet bedeutet es, dass auch Transparenz über das einzelne Team hinaus hergestellt wird. Abgeleitet von dem Transparenz-Prinzip kommen verschiedene Praktiken infrage, um Transparenz über die Nützlichkeit des Produktes herzustellen:

- Ein gemeinsames Sprint-Review mit allen Produktentwicklern, Stakeholdern, Kunden und Benutzern des Produktes macht allen Beteiligten das unmittelbare Feedback der Benutzer zum Produkt zugänglich.

- Die Teams stellen täglich eine Version des Produktes diesem großen Kreis von Personen zum individuellen Test zur Verfügung und sammeln online Feedback dazu ein.

- Man gibt hausintern oder der Öffentlichkeit, wie das z. B. bei manchen Open-Source-Produkten üblich ist, Zugriff auf eine Datenbank mit Kundenfeedback und Kundenwünschen.

- Im Gebäude zugängliche Monitore stellen Metriken für die Produktqualität wie z. B. bestandene automatisierte Tests minutenaktuell dar.

- …

Transparenz über die zukünftige Richtung der Produktentwicklung kann man
auf unterschiedlichen Wegen herstellen:

▦ Regelmäßige & häufige Informationsveranstaltungen durch den Product Owner
  zur Zukunft des Produktes

▦ Veröffentlichung des Product Backlogs im Unternehmen zur Einsicht für jeder-
  mann

▦ Im Unternehmen frei zugängliche Workshops zur Produktzukunft

▦ …

Fallbeispiel zum Prinzip Customer Centric (Kundenzentrierung)
(von Jürgen Hoffmann)

Bei einem Unternehmen moderierte ich einen zweitägigen Produkt-Kick-off. Ein Kunde
des Unternehmens war dabei, der mit gewissen zeitlichen Einschränkungen eng mit
dem Scrum-Team zusammenarbeitete. Am ersten Tag stellte der Product Owner das aktuelle Product Backlog vor und der Kunde sagte direkt danach: »Die beiden Dinge könnt
ihr sofort aus dem Backlog nehmen. Das brauche ich nicht.«

Kundenzentrierung und Transparenz haben sich in der Praktik, den Kunden zum Mitarbeiten einzuladen, sofort bezahlt gemacht. Tausende von Euro Entwicklungskosten
wurden schon am ersten Tag der Entwicklung eingespart.

Prinzip: More with Less (mehr mit weniger erreichen)

Das Fallbeispiel zur Kundenzentrierung folgt bereits dem Prinzip *More with Less*.
Dieses Prinzip greift aber noch viel weiter: Es stellt ständig die grundsätzliche
Frage: »Können wir das auch einfacher schaffen?« So wird aus der Skalierungs-
frage »Wie machen wir agiles Programmmanagement?« die Frage »Welches Problem löst bei uns das Programmmanagement und können wir dieses Problem
nicht auch einfacher lösen?«.

B.3   Durchstarten zur Skalierung

Bas Vodde und Craig Larman beschreiben in [Larman & Vodde 2017] ab Seite 69
fünf Schritte, um agile Entwicklung zu skalieren:

1. Schule alle Beteiligten.

2. Definiere das »Produkt«.

3. Definiere, wann es »fertig« ist.

4. Baue angemessen strukturierte Teams auf.

5. Nur der Product Owner versorgt die Teams mit Arbeit.

B.3.1   Schule alle Beteiligten

Damit Menschen sich aktiv und freiwillig auf eine Situation einlassen können, sollten sie wissen, was auf sie zukommt. Diese Vorbereitung liefert das intensive Training zu Beginn. Für manche Beteiligte kann das auch die Entscheidung bedeuten, diesen Weg nicht mitzugehen. Das ist okay. Wichtiger ist das Engagement der Mitarbeiter, die dann tatsächlich begeistert mitarbeiten.

Fallbeispiel (von Jürgen Hoffmann)

Vor ein paar Jahren begleitete ich ein Unternehmen, bei dem ein Bereichsleiter folgende Entscheidung traf: »Wir führen initial kein Training durch. Die Leute sollen ihre eigenen Erfahrungen machen.« Das führte beim Start der Entwicklung zu großer Verwirrung und vervielfachte die Aufwände in einzelnen Besprechungen. Ein anderer Bereichsleiter kommentierte das mit folgender Bemerkung: »Diese Entscheidung kostet uns vermutlich zwei Monate Entwicklungszeit.«

B.3.2   Definiere das »Produkt«

Überraschenderweise wissen längst nicht alle Mitarbeiter in Unternehmen, was ihr Produkt eigentlich ist und für welche Kundengruppen es erstellt wird. Mehrfach waren wir in Unternehmen in peinlichen Situationen, in denen klar wurde, dass Menschen orientierungslos Hunderttausende von Euros für eine unklare Produktidee ohne Markt ausgegeben hatten.

Von der Produktdefinition hängt auch wesentlich die Zusammensetzung der liefernden Teams ab. Welche Skills brauchen wir im Team, um das Produkt für die Kunden zu liefern?

Fallbeispiel (von Stefan Roock)

Ein Kunde wollte mit seiner in Deutschland sehr erfolgreichen eCommerce-Plattform in den internationalen Markt eintreten. Es stellte sich sofort die technische Frage, ob die existierende Software je Land kopiert oder lieber nur konfiguriert werden sollte. Vermeintlich waren für den internationalen Markt nur kleinere Anpassungen notwendig (Sprache, Währung), sodass man sich für die Konfiguration entschied.

Später fiel auf, dass man die Frage zu einseitig technisch diskutiert hatte. Es fehlte die Diskussion der Frage, was das Produkt ist. Gibt es ein Produkt für alle Länder oder ein Produkt je Land? Es stellte sich heraus, dass aus Geschäftssicht zwei Produkte existierten: *Plattform Deutschland* und *Plattform International*. In Deutschland hatte man fast alle möglichen Kunden an die Plattform gebunden. Wichtig war in Deutschland die Stabilität der Plattform kombiniert mit moderater Weiterentwicklung. Im internationalen Markt hingegen war man unbekannt und hatte kaum Kunden. Die Stabilität der Plattform war

→

nachrangig. Viel wichtiger war es, durch viele Experimente auf der Plattform herauszubekommen, welche Bedürfnisse in den einzelnen Ländern existierten und wie diese gut befriedigt werden können.

Diese Perspektive der Geschäftsentwicklung wurde später im Produktmanagement auch abgebildet. Technisch blieb es aber ein konfiguriertes System. Aus geschäftlicher Sicht sprach einiges dafür, die Plattform zu kopieren.

B.3.3   Definiere, wann es »fertig« ist

Je stärker die »Definition of Done« ist, desto breiter müssen die Fähigkeiten der Entwicklungsteams ausgeprägt sein. Und wenn man sehr breit aufgestellte Teams haben möchte, führt das in den meisten Organisationen mittelfristig zu organisatorischen Veränderungen (weil ggf. siloartige Abteilungsstrukturen überdacht werden müssen). Dessen sollte man sich bewusst sein, damit man seine Organisation und die Menschen darin nicht unabsichtlich überfordert.

Fallbeispiel (von Jürgen Hoffmann)

Bei einer Produktentwicklung, die ich begleitete, waren die Requirement Engineers in einem eigenen Team organisiert. Die Requirement Engineers konnten deshalb nicht Teil der liefernden Scrum-Teams sein. Nach einigen Sprints beobachtete ich, dass ein Requirements Engineer morgens bei Beginn der Arbeit sich einen Schreibtisch bei den Scrum-Teams suchte und bis zum Ende des Arbeitstages dort mit den Teams zusammenarbeitete. Er war de facto ein Mitglied der Scrum-Teams – auch wenn er disziplinarisch und organisatorisch noch woanders beheimatet war. Für die Scrum-Teams bedeutete das einen großen Schritt hinsichtlich der Lieferfähigkeit für den Kunden. Es hätte großen Widerstand gegeben bei dem Versuch, zu Beginn die Fähigkeit *Requirements Engineering* fest ins Scrum-Team zu holen. Als alle Beteiligten spürten, wie sehr die Nähe ihnen bei der täglichen Arbeit half, war es der natürlichste Schritt.

B.3.4   Baue angemessen strukturierte Teams auf

Die besten Scrum-Teams, die wir erleben durften, waren in einem großen Raum gemeinsam an der Arbeit. Sie hatten alle Fähigkeiten zum Liefern des Produktes an den Kunden. Die meisten Teammitglieder waren Vollzeit im Team und nicht mit anderen Tätigkeiten belastet. Und sie waren über lange Zeiträume als Team zusammengewachsen. Kurz gesagt: Sie waren echte Scrum-Teams.

B.3.5   Nur der Product Owner versorgt die Teams mit Arbeit

Für exzellente Scrum-Teams ist der Product Owner die einzige Quelle für Tätigkeiten. Diese können entweder aus dem Product Backlog kommen oder sind etwas kurzfristige Bitten des Product Owners, Fehler im produktiven System der Kunden zu beheben.

Nach diesen Startschritten folgt das aus jedem Scrum-Team bekannte Wechselspiel zwischen Product-Backlog-Verfeinerung und Umsetzung von Backlog Items. Je nach Zustand des Product Backlogs muss das Gewicht mehr auf der einen oder anderen Seite liegen.

Fallbeispiel (von Jürgen Hoffmann)

Bei einem Scrum-Pilotprojekt war das Scrum-Team mit dem Product Owner in den ersten drei Sprints etwa 80% der gesamten Arbeitszeit damit beschäftigt, das Product Backlog in eine gute Form zu bekommen, damit das Team liefern konnte. Danach hat das Team sich und die Organisation immer wieder positiv überrascht.

Fallbeispiel (von Stefan Roock)

Ein Projekt hatte ein knappes Jahr Entwicklungszeit hinter sich und war in deutliche Schieflage geraten. Wir führten ein Assessment durch und empfahlen eine Reihe von Änderungen. Ein Kernelement war, die Teams näher an die Kunden zu bringen. Wir integrierten die Proxy-Product-Owner, die zwischen Teams und dem eigentlichen Product Owner standen, als reguläre Mitglieder in die Teams und verlagerten auch das Schreiben der User Stories in die Teams, sodass der Product Owner sich auf seine Hauptaufgabe konzentrieren konnte: Produktnutzen durch Priorisierung optimieren. Damit die Teams die User Stories schreiben konnten, waren anfänglich viele Workshops mit Product Owner und Endkunden notwendig. Diese führten nicht nur zu einem konsolidierten Backlog, sondern auch zu einer geteilten Vorstellung darüber, was warum entwickelt werden sollte.

B.4   Ein Produkt – mehrere Teams

Das LeSS-Übersichtsbild zeigt, wie drei Teams ein Produkt liefern (siehe Abb. B–2).
Dieses Bild funktioniert mit bis zu acht Teams. Darüber hinaus braucht es weitere
Ideen, um lieferfähig zu bleiben.

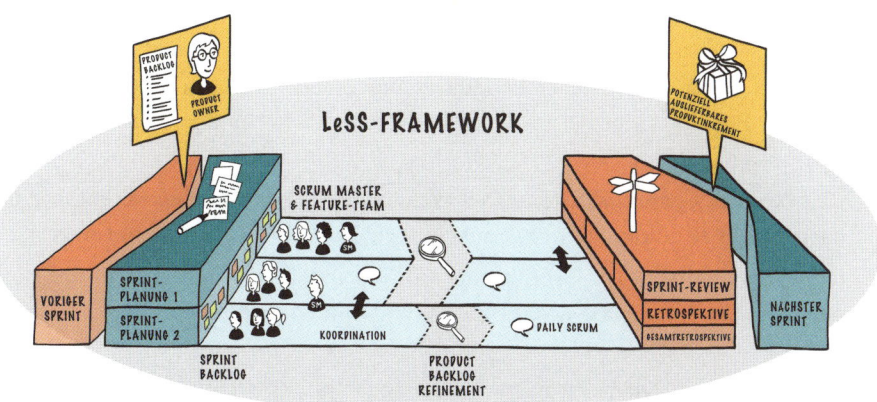

Abb. B–2   *LeSS-Struktur [Larman & Vodde 2017]*

Es gibt nur ein Produkt. Wären es drei Produkte, würden wir die Entwicklungs-
anstrengungen der Scrum-Teams entkoppeln und hätten einfach dreimal ein
Scrum-Team.

Passend zu der Feststellung, dass es nur ein Produkt gibt, gibt es nur einen
Product Owner. Dazu muss die Fähigkeit, Kundenprobleme in technische Lösungen zu überführen, vollständig in den Teams vorhanden sein. Das oft beobachtete
Muster, dass der Product Owner als Requirements Engineer »fertige« Anforderungen zur Umsetzung an die Entwickler gibt, würde den Product Owner bei
mehreren Teams überfordern. Die Rolle des Product Owners ist hier viel stärker
auf die Priorisierung der Anforderungen fokussiert.

Es gibt für alle ein gemeinsames Sprint Planning 1 – damit alle verstehen,
woran gearbeitet wird. Es gibt Sprint Plannings 2 in den jeweiligen Scrum-Teams
für die Feinplanung. Backlog-Verfeinerung findet je nach Notwendigkeit in einzelnen Teams oder mit mehreren Teams statt. Jedes Team hat sein eigenes Daily
Scrum. Der Sprint endet mit einer Kombination aus gemeinsamem Sprint-Review
– bei einer großen Gruppe von Personen häufig wie eine Messe mit fachlich spe-
zialisierten »Ständen« organisiert –, Team-Retrospektiven und einer gemeinsamen Retrospektive mit Vertretern der Teams.

Der Product Owner kann entscheiden, ob das integrierte Produktinkrement
an die Kunden ausgeliefert werden soll. Bei einer exzellenten Lieferfähigkeit der
Teams folgen aus einer solchen Entscheidung des Product Owners nur wenige
Aufwände zur Auslieferung an die Kunden. Folglich müssen die Teams bereits im
Sprint sicherstellen, dass die einzelnen Teamergebnisse gemeinsam das große
Ganze ergeben.

B.5   Das Kapitel in Stichworten

▦ Das Skalierungsframework LeSS harmoniert gut mit kundenwertoptimierenden Teams.

▦ Im Kern von LeSS stehen zehn agile und Lean-Prinzipien, an denen sich die Auswahl konkreter Skalierungspraktiken orientieren soll.

▦ LeSS ist strukturell Scrum.

▦ Es gibt für alle Teams eines Produktes nur einen Product Owner mit einem Product Backlog. Erst bei mehr als acht Teams wird eine zusätzliche Hierarchie notwendig.

▦ Der Product Owner wird dadurch gezwungen, sich auf seine Hauptaufgabe nach Scrum zu fokussieren: Produktnutzen durch Priorisierung optimieren.

▦ Die Teams müssen den Großteil der konzeptionellen Arbeit leisten und können nicht erwarten, dass der Product Owner ihnen detaillierte User Stories liefert.

▦ Das Produktinkrement ist nur dann fertig (»done«), wenn die Ergebnisse der Teams integriert wurden. Die Teams müssen sich in LeSS also sehr früh mit den dafür notwendigen Techniken wie Continuous Integration und Testautomatisierung beschäftigen.

Literaturverzeichnis

[Ackoff 2008] Ackoff, R. J.: *Ackoff's Best: His Classic Writings on Management.* 2008.

[Anderson 2011] Anderson, D. J.: *Kanban: Evolutionäres Change Management für IT-Organisationen.* dpunkt.verlag, 2011.

[Ansoff 1957] Ansoff, I.: *Strategies for Diversification.* 35(5), 1957, S. 113–124.

[Baghai et al. 2000] Baghai, M.; Coley, S.; White, D.: *The Alchemy of Growth.* Basic Books, 2000.

[Beck et al. 2001] Beck, K. et al.: *Manifesto for Agile Software Development.* 2001. Abgerufen am 23.10. 2017 von *http://agilemanifesto.org/.*

[Blank 2005] Blank; S.: *The Four Steps to the Epiphany: Successful Strategies for Products that Win.* K&S Ranch, 2005.

[Blank & Dorf 2012] Blank, S.; Dorf, B.: *The Startup Owner's Manual: The Step-By-Step Guide for Building a Great Company.* K&S Ranch, 2012.

[Bockelbrink & Priest 2017] Bockelbrink, B.; Priest, J.: *Sociocracy 3.0 – Effective Collaboration At Any Scale.* Abgerufen am 22.11.2017 von Sociocracy 3.0: *http://sociocracy30.org/.*

[Brandes et al. 2014] Brandes, U.; Gemmer, P.; Koschek, H.; Schültken, L.: *Management Y. Agile, Scrum, Design Thinking & Co: So gelingt der Wandel zur attraktiven und zukunftsfähigen Organisation.* Frankfurt am Main: Campus Verlag, 2014.

[Bungay 2010] Bungay, S.: *The Art of Action: How Leaders Close the Gaps Between Plans, Actions and Results.* Nicholas Brealey Publishing, 2010.

[Bungay 2011] Bungay, S.: *The executive's trinity: management, leadership – and command.* The Ashridge Journal, Summer 2011.

[CDE 2015] CDE-Modell. 2015. *http://wiki.hsdinstitute.org/cde.*

[Derby & Larsen 2006] Derby, E.; Larsen, D.: *Agile Retrospectives: Making Good Teams Great.* Pragmatic Bookshelf, 2006.

[Dietz et al. 2007] Dietz, K.-M.; Kracht, T.; Werner, G. W.: *Dialogische Führung.* Frankfurt/Main: Campus Verlag, 2007.

[Drucker 1954] Drucker, P. F.: *The Practice of Management*. 1954.

[Engel & Herstatt 2006] Engel, D.; Herstatt, C.: *Mit Analogien neue Produkte entwickeln*. Havard Business Manager, August 2006, S. 32–42.

[Estrin 2015] Estrin, J.: *Kodak's First Digital Moment*. 12.08. 2015. Abgerufen am 02.10.2017 von New York Times: *https://lens.blogs.nytimes.com/2015/08/12/kodaks-first-digital-moment*.

[Goodfellow et al. 2017] Goodfellow, D.; Herman, B.; Cross, C.: *An approach that gets you and your team moving foreward together*. 2017. Abgerufen am 19.10.2017 von *http://www.schwarzassociates.com/what-is-the-mutual-learning-approach/*.

[Gothelf & Seiden 2016] Gothelf, J.; Seiden, J.: *Lean UX: Designing Great Products with Agile Teams* (2 Ausg.). O'Reilly UK Ltd., 2016.

[Gürtler & Meyer 2013] Gürtler, J.; Meyer, J.: *30 Minuten – Design Thinking*. Offenbach: Gabal Verlag, 2013.

[Hackman 2002] Hackman, R.: *Leading Teams: Setting the Stage for Great Performances*. Harvard Business Review Press, 2002.

[Higman et al. 2001] Higman, J.; Mackinnon, T.; Moore, I.; Pierce, D.: *Innovation and Sustainability with Gold Cards*. 2001.

[Hohman 2006] Hohman, L.: *Innovation Games: Creating Breakthrough Products Through Collaborative Play: Creating Breakthrough Products and Services*. Pearson Education, 2006.

[HPI 2017] HPI: *School of Design Thinking*. Abgerufen am 18.07.2017 von *https://hpi.de/school-of-design-thinking/design-thinking.html*.

[IDEO 2009] IDEO: YouTube. Abgerufen am 18.07.2017 von *https://www.youtube.com/watch?v=M66ZU2PCIcM*.

[Jimdo o.J.] *Unternehmenskultur bei Jimdo – Feel Good, Wenig Schlecht*. *http://youtu.be/akS8cSLlKr0*.

[Knapp et al. 2016] Knapp, J.; Zeratsky, J.; Kowitz, B.: *Sprint. How to Solve Big Problems and Test New Ideas in Just Five Days*. Bantam Press, 2016.

[Kotter 2012] Kotter, J. P.: *Leading Change*. Harvard Business Review Press, 2012.

[Laloux 2014] Laloux, F.: *Reinventing Organizations: A Guide to Creating Organizations Inspired by the Next Stage in Human Consciousness*. Nelson Parker, 2014.

[Larman & Vodde 2009] Larman, C.; Vodde, B.: *Scaling Lean & Agile Development*. Addison-Wesley, 2009.

[Larman & Vodde 2010] Larman, C.; Vodde, B.: *Practices for Scaling Lean & Agile Development*. Addison-Wesley, 2010.

[Larman & Vodde 2017] Larman, C.; Vodde, B.: *Large-Scale Scrum – Scrum erfolgreich skalieren mit LeSS*. dpunkt.verlag, 2017.

[Larsen & Shore o.J.] Larsen, D.; Shore, J.: *Agile Fluency Model*. Video abgerufen am 02.10.2017 von *http://www.agilefluency.org/*.

[Little 2014] Little, J.: *Lean Change Management: Innovative practices for managing organizational change*. 2. Auflage, Happy Melly Express, 2014.

[Logan et al. 2011] Logan, D.; King, J.; Fischer-Wright, H.: *Tribal Leadership: Leveraging Natural Groups to Build a Thriving Organization*. HarperBusiness, 2011.

[Manns & Rising 2004] Manns, M. L.; Rising, L.: *Fearless Change: Patterns for Introducing New Ideas*. Addison-Wesley Longman, 2004.

[Martin 2008] Martin, R. C.: *Clean Code: A Handbook of Agile Software Craftsmanship*. Prentice Hall, 2008.

[Maurya 2012] Maurya, A.: *Running Lean: Iterate from Plan A to a Plan That Works*. O'Reilly and Associates, 2012.

[Mezick 2013] Mezick, D.: *The Open Agile Adoption Handbook: The User's Guide*. FreeStanding Press, 2013.

[Nonaka & Takeuchi 1995] Nonaka, I.; Takeuchi, H.: *The Knowledge-Creating Company: How Japanese Companies Create the Dynamics of Innovation*. Oxford University Press, 1995.

[Osterwalder & Pigneur 2011] Osterwalder, A.; Pigneur, Y.: *Business Model Generation: Ein Handbuch für Visionäre, Spielveränderer und Herausforderer*. Campus Verlag, 2011.

[Owen 2008] Owen, H.: *Open Space Technology: A User's Guide*. Berrett-Koehler Publishers, 2008.

[Pfläging 2014] Pfläging, N.: *Organisation für Komplexität: Wie Arbeit wieder lebendig wird – und Höchstleistung entsteht*. Redline Verlag, 2014.

[Pichler 2016] Pichler, R.: *Strategize: Product Strategy and Product Roadmap Practices for the Digital Age*. Pichler Consulting, 2016.

[Pichler & Roock 2011] Pichler, R.; Roock, S. (Hrsg.): *Agile Entwicklungspraktiken mit Scrum*. dpunkt.verlag, 2011.

[Pink 2010] Pink, D. H.: *Drive: Was Sie wirklich motiviert*. Ecowin Verlag, 2010.

[Reichheld 2003] Reichheld, F. F.: *The number one you need to grow*. Harvard Business Review 12, 2003, 47–54.

[Reinertsen 2009] Reinertsen, D. G.: *The Principles of Product Development Flow: Second Generation Lean Product Development*. Celeritas Publishing, 2009.

[Richter-Reichhelm 2013] Richter-Reichhelm, J.: *Using independent teams to scale a small company: A look at how games company Wooga works.* 2013. *https://thenextweb.com/entrepreneur/2013/09/08/using-independent-teams-to-scale-a-small-company-a-look-at-how-games-company-wooga-works/#.tnw_7ZNHdIem.*

[Ries 2011] Ries, E.: *The Lean Startup. How Constant Innovation Creates Radically Successful Businesses.* Portfolio Penguin, 2011.

[Roberts 2007] Roberts, J.: *The Modern Firm: Organizational Design for Performance and Growth.* Oxford University Press, 2007.

[Rohrbach 1969] Rohrbach, B.: *Kreativ nach Regeln – Methode 635, eine neue Technik zum Lösen von Problemen.* Absatzwirtschaft 12, 1969, S. 73–75.

[Roock 2012] Roock, S.: *Startup-March@it-agile 2012.* *http://stefanroock.de/2012/03/30/startupmarchit-agile-2012/.*

[Roock 2016a] Roock, S.: *Scrum auf dem Bierdeckel erklärt.* dpunkt.verlag, 2016. Freies PDF: *http://www.dpunkt.de/ebooks_files/free/12551.pdf.*

[Roock 2016b] Roock, S.: *Beispiele für Mitarbeiterführung in Scrum.* Agile Review 01/2016.

[Roock & Roock 2013] Roock, A.; Roock, S.: *Wie cross-funktional soll mein Team sein?* Blog auf *wordpress.com*, 2013.

[Roock & Wolf 2015] Roock, S.; Wolf, H.: *Scrum – verstehen und erfolgreich einsetzen.* dpunkt.verlag, 2015.

[Rother 2013] Rother, M.: *Die Kata des Weltmarktführers: Toyotas Erfolgsmethoden.* Campus Verlag, 2013.

[Satir et al. 1991] Satir, V.; Banmen, J.; Gerber, J.; Gomori, M.: *The Satir Model: Family Therapy and Beyond.* Science and Behavior Books, 1991.

[Sawyer 2008] Sawyer, K.: *Group Genius: The Creative Power of Collaboration.* Basic Books, 2008.

[Schwaber 2013] Schwaber, K.: *Ken Schwaber's Blog: Telling like it like it is.* 06.08.2013. Abgerufen am 18.07.2017 von *https://kenschwaber.wordpress.com/2013/08/06/unsafe-at-any-speed/.*

[Schwaber & Beedle 2002] Schwaber, K.; Beedle, M.: *Agile Software Development with Scrum.* Prentice Hall, 2002.

[Semler 2001] Semler, R.: *Maverick: The Success Story Behind the World's Most Unusual Workshop.* Random House Business, 2001.

[Shook 2008] Shook, J.: *Managing to Learn: Using the A3 Management Process.* Lean Enterprise Institute, 2008.

[Spotify 2014] Spotify Engineering Video.
http://labs.spotify.com/2014/03/27/spotify-engineering-culture-part-1/.

[Takeuchi & Nonaka 1986] Takeuchi, H.; Nonaka, I.: *The New New Product Development Game*. Havard Business Review 1, 1986.

[The LeSS Company B.V. o.J.] The LeSS Company B.V. Abgerufen am 18.07.2017 von *http://less.works*.

[van Exem & Hesius 2007] van Exem, K.; Hesius, W.: *Dimensional Planning*. XP-Days Benelux. 2007.

[Weinberg 1985] Weinberg, J.: *Secrets of Consulting. A Guide to Getting and Giving Advice Successfully*. Dorset House Publishing, 1985.

[Werner 2015] Werner, G.: *Womit ich nie gerechnet habe*. Berlin: List, 2015.

[Westphal 2009] Westphal, R.: *Konsent*. 2009. Abgerufen am 19.10.2017 von Soziokratie: *http://soziokratie.blogspot.de/2009/08/konsent.html*.

[Wikipedia Flickr] *Flickr. https://en.wikipedia.org/wiki/Flickr*.

[Wikipedia Hackathon] *Hackathon*. Abgerufen am 07.10.2017 von Wikipedia: *https://en.wikipedia.org/wiki/Hackathon*.

[Wikipedia Participatory Design] *Participatory Design*. Abgerufen am 05.09.2017 von Wikipedia: *https://en.wikipedia.org/wiki/Participatory_design*.

[Wikipedia Persona] *Persona*. Abgerufen am 02.10.2017 von *https://en.wikipedia.org/wiki/Persona_(user_experience)*.

[Wolf 2015] Wolf, H. (Hrsg.): *Agile Projekte mit Scrum, XP und Kanban*. dpunkt.verlag, 2015.

[Wolf & Bleek 2010] Wolf, H.; Bleek, W.-G.: *Agile Softwareentwicklung*. dpunkt.verlag, 2010.

[Wolf et al. 2005] Wolf, H.; Roock, S.; Lippert, M.: *eXtreme Programming*. dpunkt.verlag, 2005.

[Wolff 2016] Wolff, E.: *Continuous Delivery: Der pragmatische Einstieg*. dpunkt.verlag, 2016.

Index

Fritz-Ulli Pieper · Stefan Roock

Agile Verträge

Vertragsgestaltung bei agiler
Entwicklung für Projektverantwortliche

1. Auflage 2017,
168 Seiten,
komplett in Farbe, Broschur
€ 26,90 (D)

ISBN:
Print   978-3-86490-400-4
PDF   978-3-96088-169-8
ePub   978-3-96088-170-4
mobi   978-3-96088-171-1

Agile Softwareentwicklung ist in vielen
Bereichen längst zum Status quo geworden.
Dabei existiert häufig ein Auftraggeber-
Auftragnehmer-Verhältnis, das vertraglich
geregelt werden muss.

Die Autoren beschreiben die vertragsrecht-
lichen Grundlagen bei agiler Entwicklung,
die verschiedenen Varianten der Vertragsgestaltung sowie die einzelnen Vertragsformen mit ihren Eigenschaften, Funktions-
weisen, Vorteilen und Risiken, wobei auch
eine formalrechtliche Einordnung vorge-
nommen wird. Es werden Vertragsformen
beschrieben, die bereits bekannt und erprobt
sind, ebenso wie innovative Vertragsformen,
die sich besonders gut für agile Entwicklung eignen. Dabei wird insbesondere
zwischen klassischen kostenorientierten
Verträgen und nutzenorientierten Verträgen
unterschieden.

»Wer am Ende des Buchs angelangt
ist, hat bereits eine ganze Menge
erfahren und ist gut gerüstet, über
eigene Verträge kritisch nachzudenken. Und diese Erfahrung kommt nicht
im Juristendeutsch, sondern praxisnah
beschrieben und mithilfe zahlreicher
Grafiken untermalt daher.«
heise Developer

dpunkt.verlag
www.dpunkt.de